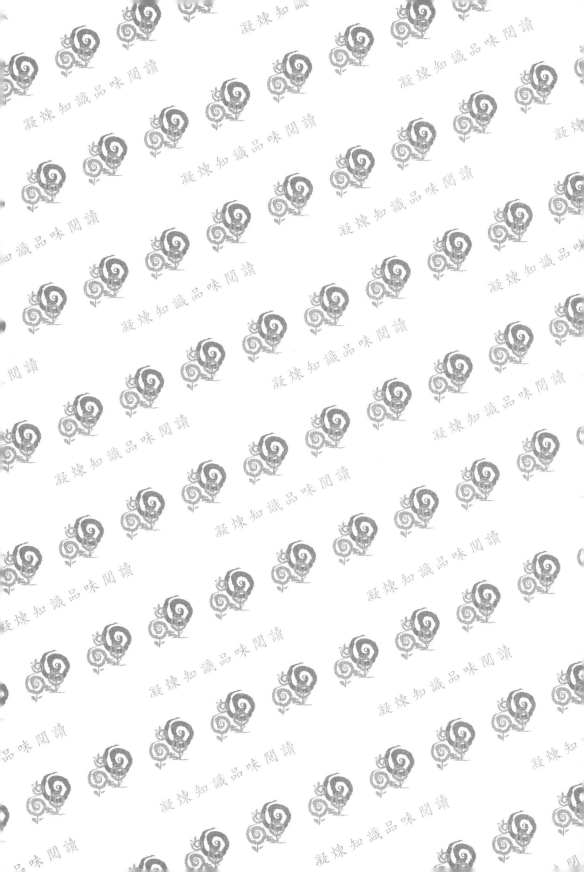

圖解

策略管理

第三版

戴國良 博士 著

五南圖書出版公司 印行

自 序

　　「策略管理」（Strategic Management）是大學企管四年級必修課程，也是企管研究所重要課題之一，因此它的重要性顯而易見。尤其在企業實務界，策略規劃與策略性決策，更扮演著企業集團化發展、成長性發展與持續性競爭優勢的最重要角色與課題，而且策略議題更是企業高階經營團隊與各級主管每天所要面對的主要工作。

　　「策略管理」是在學完行銷管理、人力資源管理、財務管理、生產管理、資訊管理、採購管理及國際企業管理等七個功能管理課程之後的一個後續且整合性的課程，所以成為放在最後面的必修課程。

　　就企業界而言，凡是晉升到經理級以上的中高階主管們，更是必須具備策略管理的知識訓練，才能做好中高階主管領導部門應有的策略規劃與執行的必要技能。

　　策略觀念正確與否，以及是否做出正確與及時的短、中、長期策略規劃，在在都影響著這一家公司、這一個集團的枯榮與成敗；所以，策略真的是很重要。

　　筆者自從臺大企管所碩士畢業後，曾在幾家中小企業擔任董事長特別助理，以及中大型企業擔任經營企劃部中高階主管，每天所接觸及所做的，即是總經理及董事長所交待的現在或是未來幾年的重大事業發展與集團發展的策略、檢討、分析、策略評估及策略企劃提案報告等高階事務工作，做得可說不亦樂乎，因為這些工作需要視野遠、戰略高度夠、思維與老闆必須相似、工作影響深遠，以及用到的知識極為廣泛等種種挑戰，促使筆者個人快速成長。

　　這幾年來，筆者聽到了廣大學生及上班族之讀者們對一本優良實用的「策略管理」用書有強烈需求的心聲，因此筆者乃以身為臺大企管博士的學術理論訓練，結合在企業界工作25年的實務工作經驗，撰成本書，相信可為廣大讀者們帶來一番有別於一般「策略管理」用書的革新面貌。

　　本書適用對象，不僅是大四學生、研究所學生，更適用廣大上班族們，包括在經營企劃部門、行銷企劃部門、事業部企劃部門、集團總公司企劃部門、財務企劃部門及經理、協理、副總經理、總經理等中高階主管們，都極適合成為辦公桌上的參考工具書。

　　總結來說，本書具有以下五點特色：

一.圖解式表達，使人一目了然，能夠快速閱讀了解及吸收

　　所謂「文字不如表，表不如圖」，圖解式是最快、最佳的表達方式。尤其，現在企業界的報告，大都是採用PowerPoint的簡報方式表達，亦與圖解書相似。

二.一本歷來本土化策略管理書籍最實用的好書

本書是歷來本土化策略管理書籍，結合最實務與最精華理論的一本實用好書。

三.本書與時俱進

本書將陳舊的傳統策略管理教科書全面翻新，並結合近幾年最新的策略趨勢與議題，而能與時俱進。

四.本書能幫助你在未來就業競爭力，比別人更有優勢

本書期盼能建立未來學生們及年輕上班族們，在企業界上班必備的策略分析與策略規劃技能，讓你未來在「就業競爭力」比別人更有優勢。

五.本書是未來晉升高階主管的必備工具書

筆者深深認為本書是廣大企業界中層與基層主管，晉升副總經理以上高階主管的必修知識與必備技能及思維。

同時，筆者衷心期望因著本書能讓你成為策略分析思考者、策略規劃撰寫者、策略判斷高手、策略執行督導者、策略方向領導者、中高階儲備人選的必選人才、未來CEO（執行長）潛力人才、企業經營管理大道知識人才，以及現代企業管理專業經理人等出色的專業人才。

本書得以問世，除了感謝我的家人、我的同事、我的學生以及五南圖書的支持與鼓勵外，也祝福各位學生及上班族等廣大讀者群們，希望你們的求學生涯及工作旅途上，都能不斷的有所突破、晉升與自我實現。

最後，筆者謹以八個字贈給廣大讀者與好朋友們，這也是我個人人生的深刻體驗──「力爭上游，終有所成」，願你們未來都能有一個美麗的人生與幸福的家庭。

戴國良

taikuo@mail.shu.edu.tw

寫在前面──五項充足

在未進入本書探討主題之前，筆者以二十五年的實務工作經驗，建議同學及年輕上班族朋友們，未來工作上應具備五項充足，才能既爭一時，也爭千秋。

一.知識充足

目前同學們除了在學校獲取各領域專業知識外，更應積極多方涉獵管理、商業、科技、經濟、行銷、藝文、體育、休閒等多方面的知識，以求具備相關知識充足，為未來進入職場或人生儲備所需知識。

二.常識充足

筆者常發現具備專業知識的專業經理人，在專業知識領域裡非常的專業與權威；但是在一般常識的思考邏輯中，卻常常出人意料之外。所以在具備知識充足之外，筆者覺得更應多方吸取知識，讓自己常識充足。這些常識，應包括多多閱讀、多多與人交談傾聽、多到國外先進國家及先進企業參訪考察。

三.經驗充足

經驗充足指的是期望同學在求學之餘，能多利用一些管道來充實豐富自己的經驗，例如：社團經驗、打工經驗、活動舉辦經驗，到企業實習機會，或是很多學校都有與產業建教合作的機會等，你可以積極參與，藉由這些活動的參與，累積自己實務工作經驗及人際間的溝通與協調藝術。

四.格局夠大

無論求學、工作、交友或處理事情上，培養自己多元化思考的面向，將架構勾勒出來，心胸放大，讓自己的格局夠大。唯有大格局，才能成就大事業。

五.視野夠遠

目前學生或一般上班族，大都只專注在自身有關的事務上，容易短視近利，只想現在，忽略了未來。建議要多方培養自己開闊與宏觀的視野，讓自己視野變遠、變高。

本書目錄

第 **3** 章 策略管理的基本架構與制定

第 **4** 章 企業的成長策略類型及規劃步驟

本書目錄

第 8 章　策略理論介紹

第 9 章　企業併購與策略聯盟

第 10 章　公司治理與企業社會責任

第 11 章　各種經營計畫及營運報告撰寫案例

第 12 章　知名企業中期經營計畫說明會

本書目錄

第 1 章

策略的內涵、功能與核心競爭力

●章節體系架構 ▼

Unit **1-1**
何謂策略與波特對策略的定義 Part I

　　我們是否經常聽到「策略」一詞，卻始終不清楚它的真正意涵？同樣地，我們也經常聽到「策略管理」一詞，也始終不明白它與其他面向的管理有何不同？

　　因此，我們就來探討什麼是「策略」，以及管理大師對策略的看法，還有什麼是「策略管理」。由於本主題內容豐富，特別分兩單元介紹。

一.策略的定義

　　我們先以下面兩個簡單公式說明策略的定義：

　　定義一：策略＝課題解決（目標－現狀＝問題）＝能夠賺錢獲利＝能夠賺錢獲利的商品，才稱策略。

　　定義二：策略＝願景＋方法＋行動

　　至此，我們可對「策略」做一個最精華與簡單的定義。策略即是為了解決公司在實務經營上，所面對的大大小小的問題，能夠以有效的策略，解決在不同三種層次所產生的任務，都可稱為「策略」。簡單來說，只要能夠使公司持續獲利的任何方向、方法、手段或行動，均可稱為「策略」。這是最現實，但也是最好的策略定義。

二.麥可‧波特教授的策略定義

　　美國哈佛大學教授，同時也是策略管理大師的麥可‧波特於1996年曾在《哈佛商業評論》發表一篇〈策略是什麼〉，提出下列四項觀點來詮釋策略的定義：

　　(一)影響企業良好績效的要件：他認為影響企業良好績效的兩大要件是：1.擁有較競爭對手為優良的經營效能與效率，以及2.擁有與競爭對手差異化的競爭策略。但他解釋經營效能不等同經營策略。

小博士解說

「策略」的由來與原意

策略（Strategy）源自希臘文「Strategia」，意味著「Generalship」，是「將才」之意，也就是將軍用兵，或布署部隊的方法。《大美百科全書》對策略的定義：「在平時和戰時，發展和運用國家的政治、經濟、心理和軍事的力量，對國家政策提供最大限度支援的藝術和科學。」《藍燈書屋辭典》對策略的定義：「一項為達成目標或結果的計畫。」《牛津大辭典》對策略的定義：「將軍的藝術；計畫和指揮大規模的軍事行動，從事作戰的藝術。」上述對「策略」的定義都不出軍事領域，由此可知，「Strategy」原是軍事用語，在中文被譯為「戰略」。

策略的簡單定義

策略	→	選擇做不一樣的事，創造自己無可取代的地位。
策略	→	我們在同業中的競爭策略是要獨一無二的。
策略	→	要擁有與競爭對手差異化的競爭策略。
策略	→	課題解決（目標－現狀＝問題）＝ 能夠賺錢獲利的商品，才稱策略。
策略	→	願景＋方法＋行動

波特教授認為 → 企業長期制勝2大要因　＝　差異化的競爭策略　＋　優良的經營效率與效能

003

策略管理在組織中的地位

董事長
↓
CEO（兼策略長）、總經理
↓

技術長 （CTO）	資訊長 （CIO）	會計長 （CAO）	廠長	營運長 （行銷長） （COO） （CMO）	法務長 （CLO）	財務長 （CFO）	人資長 （CHRO）

Unit **1-2**
何謂策略與波特對策略的定義 Part II

　　戰場上有兵法、有謀略，這是軍事家智慧的結晶，其目的不外乎要克敵制勝。商場如戰場，在商場上同樣有競爭，企業為了要求生存，為了要提高經營績效，策略乃應運而生。

　　前文讓我們了解什麼是「策略」，以及選擇好的策略，即能開創企業的永續性競爭能力。但那麼多的策略，我們要如何判斷何者對企業營運有利呢？以下探討可幫助我們聰明有智慧的選擇策略。

二.麥可‧波特教授的策略定義（續）

　　(二)什麼是經營效能：它是指你和競爭者做同樣的事情，但是你想辦法做得比他還要好。這可能是你有比較好的機器設備、電腦資訊系統、人才團隊、資金充足或管理能力。

　　而改善經營效能的作法，包括全面品質管理、改造流程、成本控管、變革管理、學習型組織、標竿學習等。

　　但他認為經營效能並不能長久，因為大家都很快會學習或模仿、挖角人才，結果最後大家可能都差不了多少。

　　(三)什麼是競爭策略：波特教授認為，策略就是：

　　1.大家都朝不同的方向上競爭，你選擇你自己的目標，和自己競爭；而別人選擇他們的目標，和他們自己競爭。

　　2.競爭策略的核心思想，就是要創造一個別人無可取代的地位，而且懂得取捨（Trade-off）、設定限制（了解何者可為，何者不可為），選擇你要跑的路程，根據自己所屬產業的位置，量身訂做出一整套活動。另一方面，企業還要執行與競爭者不同的活動，或以不同的方式執行與競爭者類似的活動。波特還強調我們在同業中的競爭策略是獨一無二的。

　　(四)經營效能與經營策略：總結來說，「經營效能」就是和競爭對手做一樣的事，但能做得更好。「經營策略」則是選擇做不一樣的事，創造自己無可取代的地位。企業要達成良好績效，效能與策略是缺一不可，但絕對不可將兩者混淆。

三.策略管理最簡單的定義

　　前文提到策略（Strategy）一詞，本身是指軍事上計畫的一種藝術，意即所謂的「戰略」，後來引申到專為某項行動或某種目標所擬定的行動方式，所以策略管理係針對未來發展的管理性活動，離開不了「目標」、「計畫」和「行動」等要素。既然如此，我們要如何以明確又簡單的方法來定義它呢？

　　我們以右圖所示，對「策略管理」（Strategic Management）做最有力且最簡單的定義，即——因應內外部環境的變化，並分析原定計畫與預算目標，為何與實績有所落差，究竟問題何在？對策又是如何？——這就是策略管理的定義。

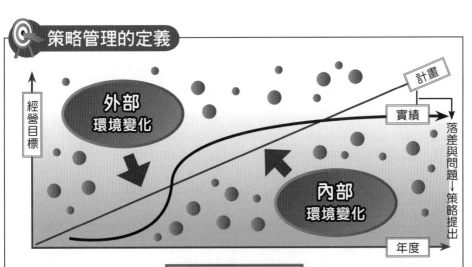

策略管理的定義

經營目標

外部
環境變化

內部
環境變化

計畫

實績

落差與問題→策略提出

年度

問題解決5步驟

目標

差距

現狀

| Step 1 問題把握 | Step 2 原因分析 | Step 3 對策方案 | Step 4 方案執行 | Step 5 方案再調整改變 |

直到問題解決為止

問題與對策案例

案例一

！ 三立臺灣臺與三立都會臺的定位區隔

問題：三立過於本土化，而中老年觀眾如果過多，會不利廣告的業務招攬。

↓

對策：將三立臺灣臺定位為全方位觀眾的本土綜合臺，而三立都會臺則以年輕上班族為主的都會偶像臺。

案例二

！ 衣蝶百貨走向女性專屬百貨定位成功

問題：衣蝶百貨的前身為力霸百貨，當時是以綜合性百貨為主，但因坪數不夠大、裝潢不夠新、品牌不佳等因素始終不賺錢。

↓

對策：更名為衣蝶百貨，並以女性（20-35歲）族群為主的專屬百貨公司，而非綜合百貨公司。在2009年末被新光三越百貨收購前，已有臺北一、二館、嘉義館、臺中及桃園館。（註：衣蝶百貨後來被新光三越百貨併購，故無衣蝶字樣存在）

Unit **1-3**
國內外企管學者對策略的定義

前文對「策略」（Strategy）一詞的定義，有部分是從實務面解釋，有部分是彙整百科全書及辭典上的解釋而來；然而學理上又是如何定義呢？茲將自1960年代以來，各時代的代表學者對「策略」一詞所下的理論性定義，整理如下，以供參考比較。

一.國外企管學者對「策略」的定義

（一）Chandler（1962年）：策略包括兩部分，一是決定企業基本長期目標或標的；二是決定所須採取的行動方案和資源分配，以達成該長期目標。

（二）Tillers, S.（1963年）：策略是組織的一組目標與主要政策。

（三）Ansoff（1965年）：策略是一個廣泛的概念；策略提供企業經營方向，並引導企業發掘機會的方針。

（四）Newman & Logan（1971年）：策略是確認企業範疇與決定達成目的方式。企業策略首在確認企業所要針對的「產品──市場」範疇，使組織獲得相對優勢；其次，策略須決定企業如何由目前狀態達到期望的結果，其具體步驟如何，以及如何衡量最後成果。

（五）Kotler（1976年）：策略是一個全盤性的概略設計。企業為達到所設目標，需要一個全盤性計畫，策略即是一個融合行銷、財務與製造等所擬定之作戰計畫。

（六）Haner（1976年）：策略是一個步驟與方法的計畫。為了完成目標所設計的一套步驟與方法，就是策略，其中包括兩大要素，即協調公司中的成員與資訊，以及實施的時間排程。

（七）Glueck（1976年）：策略是企業為了因應環境挑戰所設計的一套統一的、全面的及整合性的計畫，以進一步達成組織的基本目標。

（八）McNichols（1977年）：策略是由一系列的決策所構成。策略存在於政策制定程序中，反映出企業的基本目標，以及為達成這些目標的技術與資源分配。

（九）Hofer & Schendel（1979年）：策略是企業為了達成目標，而對目前及未來在資源布署及環境互動上所採行的型態。

（十）Porter（1980年）：企業的競爭策略是企業為了在產業中取得較佳的地位，而採取的攻擊性或防禦性行動。

二.國內企管學者對「策略」的定義

（一）吳思華（1998年）：策略至少顯示下列四方面的意義，即評估並界定企業的生存利基、建立並維持企業不敗的競爭優勢、達成企業目標的系列重大活動、形成內部資源分配過程的指導原則。

（二）司徒達賢（2001年）：策略是企業經營的形貌，以及在不同時間點，這些形貌改變的軌跡。企業形貌包括經營範圍與競爭優勢等重要而足以描述經營特色與組織定位的項目。

國內外企管學者對「策略」的定義

1962 Chandler（錢德勒）
策略＝決定企業中長期目標＋達成目標的行動方案及資源分配

1965 Ansoff（安索夫）
策略＝提供企業經營方向＋引導企業發掘商機

1976 Kotler（柯特勒）
策略＝企業為達成目標的一個全盤性計畫

1979 Hofer & Schendel（豪佛與仙岱爾）
策略＝企業為達成目標之資源布置與環境互動上所採行的型態

2001 司徒達賢教授
策略＝企業在不同時間點對經營形貌改變的軌跡

小結

策略定義

為達成企業
在不同時間點的目標

所採取的

 1.資源分配

 2.行動方案

 3.具體計畫

 4.因應環境變化

Unit 1-4
策略的角色及功能

策略規劃在企業經營管理的「投入」與「產出」的整體架構下，究竟是扮演何種角色及功能呢？以下結合實務與成功案例予以說明。

一.企業經營管理循環與策略功能

我們就企業經營實務內容來看，可以將其區分為右圖的六個區塊，即可簡單快速明白。

該圖中間一塊的企業營運過程功能是企業經營循環中的重要部分，但這一塊領域是否能夠很有「效率」（Efficiency）及很有「效能」（Effectiveness）的運作，則須靠影響它的三個要素，即：1.強有力的管理執行力功能；2.正確的策略規劃功能，以及3.良好組織行為功能等三種支援的表現水準如何而定。

換言之，企業在營運過程中，如果策略方向與策略選擇錯誤；或是管理不當、管理不夠強；或是組織行為傾軋互鬥，不能團結，不是好的企業化；那麼在營運過程（Process），也必然會有諸多問題產生，而使「產出」結果也不會好，包括產品不好及服務不好，顧客自然也不會滿意，更談不上什麼競爭力與好的營運績效的產生。

二.策略的角色與功能是什麼

首先，我們先用最簡單的口語及案例，來表達策略是什麼。

我們引用國內第一大民營製造商——鴻海科技集團郭台銘董事長，在接受平面媒體專訪時，所說過的一段很精闢的話。

記者問郭台銘董事長為何鴻海精密公司能在短短數年內，營收及規模擴張如此迅速，而成為國內第一大民營公司時，郭台銘提出鴻海成功四部曲如下圖，來回應記者的詢問。

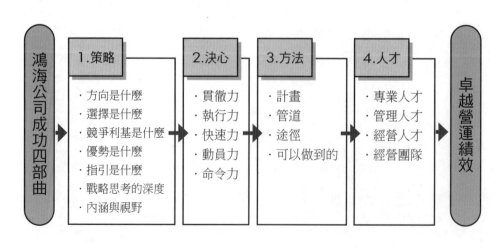

企業經營管理循環與策略功能

5. 強有力的管理執行功能
①組織 ②計畫 ③領導
④溝通協調 ⑤激勵 ⑥管控

4. 正確的策略規劃功能
①指引 ②選擇 ③特色
④競爭利基 ⑤突破點

1.INPUT（投入）	2.企業營運過程與功能（即價值的產生）		3.OUTPUT（產出）
①人力	①研發（R&D）	⑩財務會計	①產品（實體）
②物料、原料、零組件、包材	②工程技術	⑪資訊	②服務
	③採購	⑫法務（智產權）	③節目、新聞
③設備、機械	④生產（製造）	⑬品牌經營	
	⑤品管	⑭公共事務	
④財力、資金	⑥倉儲	⑮客服中心	
	⑦物流（全球運籌）	⑯會員經營	
	⑧行銷（業務、企劃）	⑰人力資源	
	⑨售後服務	⑱行政總務	

7-A.
①顧客滿意與忠誠
②與競爭者相比較，有競爭力
③社會大眾滿意

7-B.
產生良好的營運績效、能獲利賺錢、EPS高及股價高

7-C.
①股東滿意
②員工滿意
③董事會滿意
④投資人滿意

6. 良好的組織行為功能
員工個人、部門、組織之行為、互動、文化與戰力發揮

009

策略案例

案例一

！三立電視臺／民視電視臺

策略→本土化戲劇策略

方法→①三立推出叫好又叫座的臺灣阿誠、臺灣霹靂火、天地有情、天下第一味。
②民視推出飛龍在天、意難忘、娘家、父與子及夜市人生等。

案例二

！統一超商公司

策略→成為社區型鄰近、便利的購物商店，總是打開你的心（Always Open），全臺5,221家。

方法→①店面普及化，200公尺以內就有一家。
②提供70多項代收服務、ATM服務、icash、ibon、便當、漢堡、三明治、關東煮、麵食、網購取貨、洗衣便、7-Mobile、7-Select自有品牌，冰凍食品，節慶預購及7-net網站等。

Unit **1-5**
廣義的經營策略

什麼是廣義的經營策略？而一個好的經營策略，對企業會帶來什麼驚人的影響？

一.經營策略的「全體架構」

就廣義的經營策略（Business Strategy）而言，主要包括三個構面，茲分述如下：

(一)經營理念：首先是確定公司的經營理念，這是公司的信念、使命、願景、核心價值觀與目標。

(二)經營策略：其次是公司的經營策略，亦即公司該往哪個方向走；狹義的經營策略，通常僅鎖定這點。

(三)經營戰術：最後是公司的經營戰術（或稱經營計畫），即是如何達成上述經營理念與策略原則的一連串計畫作為。

這三種構面的齊全性，具有邏輯性的一套完整內容，將構成公司或集團的完整經營策略概括性涵義。

二.企業經營理念── 信念、使命、核心價值與願景

企業最高經營者（董事會、董事長、總經理）在主導企業經營時，需要有一些根本信念、思想、理想與目標，然後要真正對社會有所貢獻。經營理念的確立過程，如右圖所示。例如：統一企業的經營理念「三好一公道」，即是最淺顯的經營理念表達。

經營者在創造事業當時，以及經歷一段長時間之後，會針對經營理念加以革新，以符合時代改變之需求。但是經營理念的確立，不是一句口號或一個空調理想，必須是可實踐的。因此，它必須仰賴奠基於兩項因素：一是顧客需求的滿足；二是核心競爭力的追求打造。

三.核心價值觀── 一路走來，始終如一

詹姆·柯林斯（Jim Collins）長期投入研究企業如何邁向卓越之路，曾先後出版兩本膾炙人口且引起企業廣泛矚目的書──《基業常青》與《從A到A⁺》。有人問柯林斯，想成就卓越企業首先要從什麼地方做起？他以多年的研究經驗所得的答案是：「先確定你的核心意識型態」。核心意識型態包括核心價值觀與使命感，企業策略可以隨著市場與環境狀況而改變，但核心價值觀是始終如一，不會改變的。

要如何確定組織的核心價值觀？柯林斯要企業自問：「如果因環境情勢改變，你會因堅持核心價值觀而受苦，你是否依然願意保持下去？如果答案是否定，這就不能稱為是核心的價值觀。」真正的核心價值觀穩如磐石，不會隨時代的風潮而改變，可歷經百餘年仍然不動如山，是企業生存的基本目的，「可以作為千百年的指路明燈，如同地平線上恆久的星辰一樣。」柯林斯如是形容。核心價值觀不變，而策略、目標、制度、流程、產品，甚至文化，則可因環境的變動而改變，所以也不會因堅持核心價值觀而缺乏進步的動力。

廣義經營策略架構

什麼是廣義的經營策略？

1.經營理念	→	2.經營策略	→	3.經營戰術
先確定公司的經營理念，這是公司的信念、使命、願景、核心價值觀與目標。	**╋**	①公司的經營策略，亦即公司該往哪個方向走。 ②狹義的經營策略，通常僅鎖定這點。	**╋**	①又稱經營計畫。 ②即是如何達成上述經營理念與策略原則的一連串計畫作為。

企業經營理念確立

1.創造新事業時	2.經營革新時
經營者個人非常強烈的意思信念	對新理念的創造

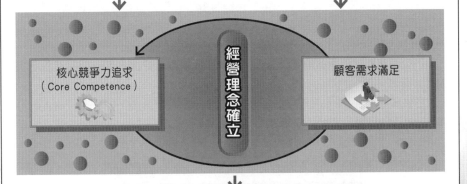

核心競爭力追求（Core Competence）　經營理念確立　顧客需求滿足

企業市民與社會貢獻的實現

在對社會貢獻下的企業利益獲得

核心價值觀

詹姆·柯林斯認為企業想成為卓越，首先要從確定核心意識形態開始。	什麼是真正的核心價值觀？
核心意識形態＝核心價值觀＋使命感 柯林斯要企業自問 ↓ 如果因環境情勢改變，你會因堅持核心價值觀而受苦，你是否依然願意保持下去？	①真正的核心價值觀穩如磐石，不會隨時代的風潮而改變。 ②策略、目標、制度、流程、產品，甚至文化，則可因環境的變動而改變。 ↓ **一路走來，始終如一**

Unit 1-6
狹義經營策略的三種層次 Part I

前文提到廣義的經營策略（Business Strategy）主要包括經營理念、經營策略、經營戰術等三個構面，其中公司經營理念的核心價值觀最為重要，因為策略、目標、制度、流程、產品，甚至文化，有極大可能會因環境的變動而改變，唯有企業的核心價值觀始終如一。

企業有了堅固的經營理念，再來要談的是經營策略，這也是本主題要介紹的狹義的經營策略，亦即公司該往哪個方向走。

由於本主題內容豐富，特分兩單元介紹，希望透過如此詳細的說明，能有助於讀者實務上經營策略之擬定與執行。

一.狹義的經營策略內涵

若針對狹義的經營策略來看，主要係針對策略的「三種層次」來區別，亦即如何制定及執行全公司策略、各事業總部策略及各功能部門策略等三種內涵與事項。

從實務面來說，企業經營策略實際應用上，大致上可以區分為以下三種層次：

(一)公司策略或集團策略（Corporate Strategy/Group Strategy）：即指事業範疇與地理範疇的選擇。

(二)事業總部或事業群策略（Business Department Strategy/SBU Strategy）：即指在此事業領域內、競爭優勢的強化與領先。

(三)功能部門策略（Functional Strategy）：即指包含R&D、採購、生產、行銷、全球運籌、售後服務、財務、資訊化、法務專利權、人力資源、品管、建廠等功能活動的運作與發揮。

二.企業的功能別策略

從企業執行與運作的實際功能區分，企業的功能別策略大致有以下十三種類別：

(一)行銷策略或業務策略（Marketing Strategy）：即如何把商品賣出去，並賣到好的價格策略。

(二)資訊策略（Information Strategy）：即如何建構公司內部以及與上游供應商及下游顧客之有效率資訊情報之連結策略，以加速資訊流通並互相連結在一起。

(三)採購策略（Procurement Strategy）：即如何爭取到價錢好、量充足、準時交貨及品質穩定之商品或零組件、原物料來源之策略。

(四)流通、庫存策略（Logistic Strategy & Inventory Strategy）：即如何將商品在顧客指定時間及地點內，快速運送完成；並且做好庫存控制，將公司的庫存數量控制到最低天數水準量。

(五)製造策略（Manufacture Strategy）：即如何以最低成本、最快製程、最多元彈性、最高技能與最穩定品質，在既定交貨時間內，將產品製造完成，然後出貨運送到顧客手上。

狹義的經營策略

1.經營理念	→	全公司（全集團）策略 （Corporate Strategy）	⋯	事業範疇與地理範疇的選擇
		➕		
2.經營策略 （狹義）	→	各事業總部策略 （Business Department Strategy）	⋯	在此事業領域內、競爭優勢的強化與領先
		➕		
3.經營戰術 （經營計畫）	→	各功能部門策略 （Functional Strategy）	⋯	功能活動的運作與發揮

（含R&D、採購、生產、行銷、全球運籌、售後服務、財務、資訊化、法務專利權、人力資源、品管、建廠）

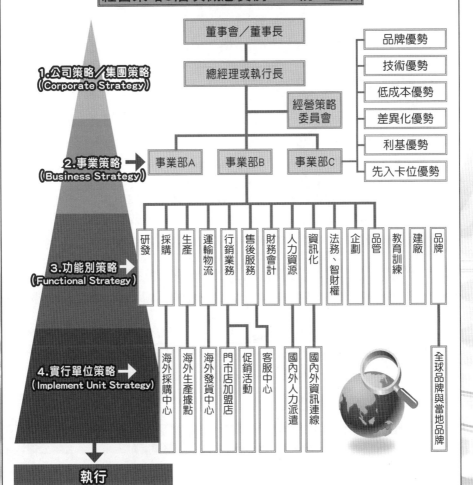

經營策略3層次概念實例──統一企業

Unit **1-7**
狹義經營策略的三種層次 Part II

　　狹義的經營策略主要是針對策略的「三種層次」來區別，亦即如何制定及執行全公司策略、各事業總部策略及各功能部門策略等三種內涵與事項，其中各功能部門策略，實務上可歸納整理成十三種類別。

　　前面單元我們已說明了行銷策略（業務策略）、資訊策略、採購策略、流通與庫存策略，以及製造策略等五種，本單元要再分別說明其他八種。

　　看完這十三種企業的功能別策略，我們會發現真正對企業影響深遠的經營策略，其實是公司或集團策略，它屬於狹義的經營策略的最上層，可見企業的事業範疇與地理範疇之選擇的重要性。

二.企業的功能別策略（續）

　　(六)價格策略（Pricing Strategy）：即如何以最具競爭力並兼顧公司一定利潤要求下之定價策略及優惠措施，以爭取到顧客的OEM訂單，或是讓一般消費者大眾能在賣場上產生吸引力而購買。

　　(七)技術研發策略（R&D Strategy）：即如何選定及培養主流產品與主流技術結合之R&D策略，並透過R&D而取得技術領先的競爭力。

　　(八)財務策略（Finance Strategy）：即如何以最低的資金成本，獲得公司擴張所需要的財務資金，以及如何操作不同幣別的外匯收入，以產生財務收入。

　　(九)組織策略（Organization Strategy）：即如何以適當的組織結構及組織人力資源，滿足公司在不同階段與不同策略的營運發展及人才需求。

　　(十)子公司及併購策略（M&A Strategy）：即如何在國內與海外各地擴展新事業、新市場與新投資之進入方式，包括設立海外子公司及併購模式進入之選擇。

　　(十一)海外策略（Overseas Strategy）：即如何對海外投資、生產、銷售、研發、上市、本土化等相關一連串事務之政策與策略。

　　(十二)產品策略（Product Strategy）：即如何選擇、評估及研發各時期因應的新產品上市策略，以及對既有產品的革新改善，力求產品市占率的維持與得到顧客的好評。

　　(十三)服務策略（Service Strategy）：即如何以各種規劃完善與體貼及時的服務，提供給顧客。讓顧客能感受到不僅買到好的產品，而且買到了良好的服務，而深深受到感動。

三.公司或集團策略影響層面最大

　　若就時間長度、規模大小及組織幅度等三個角度來看，公司或集團策略，所涉及之時間最長、規模最大、組織幅度亦最廣，因為它所影響的是未來三至五年公司與集團的成長及變化。

案例——統一企業3種策略層次

1.公司（或集團）策略	①布局大陸中長期經營策略 ②轉投資統一7-11流通集團策略 ③架構7大事業群組織策略
2.事業群策略	①飲料群成本優勢、差異策略化優勢與利基優勢 ②速食麵群營收目標達成總合營運策略
3.功能部門策略	①財務籌資因應擴張成長的資金策略 ②通路策略 ③產品創新策略 ④其他策略 （價格策略、販促策略、廣告策略等）

企業13種功能別策略

企業功能策略

- 服務策略⑬
- 業務策略（行銷策略）①
- 物流策略②
- 採購策略③
- 流通、庫存策略④
- 促銷策略⑤
- 價格策略⑥
- 技術研發策略⑦
- 財務策略⑧
- 品牌策略⑨
- 子公司及併購策略⑩
- 海外策略⑪
- 組織策略⑫

3種策略比較

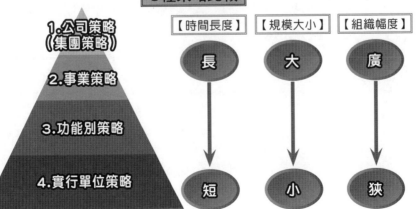

1.公司策略（集團策略）
2.事業策略
3.功能別策略
4.實行單位策略

【時間長度】 長 → 短

【規模大小】 大 → 小

【組織幅度】 廣 → 狹

Unit 1-8
經營策略的深層涵義與思考要項

經營策略的深層本質涵義，其實不單指公司要採取哪些公司策略、事業總部策略或功能部門策略。這些只是傳統的劃分區別，主要應該深入思考的是：為什麼要採取這些策略？採取這些策略是正確的嗎？是可行性的嗎？是兼顧多元角度的最適方案嗎？是效益最大的方案嗎？

一.如何思考經營策略

上述追根究柢的大哉問要如何因應？事實上，要回到問題的本質面，亦即：

(一)明確目的與願景：首先，你必須明確公司最大與最終經營目的與願景。

(二)現狀環境的分析：再來，你必須進行現狀環境的深入且客觀的分析。

(三)將來方向性的明示：最後，你必須對公司及集團未來方向性的明示，清晰而具果斷決心的展現。

二.經營策略深度涵義

另外，要思考經營策略是否真能實際貫徹實踐目的，則又必須評估到以下四要項：

(一)策略能否因應環境改變而變：公司策略是否真的能隨著環境變化，而及時依變動因素彈性改變？

(二)公司的競爭優勢如何：與競爭對手相較而言，本公司是否真的做到了比競爭對手，更具有差異化、特色化、專注化的優勢地位？而競爭優勢為何？

(三)明確揭示公司成長核心：對公司今後前程而言，是否明確揭示公司成長核心之所在？以及為何是以這些為成長核心？

(四)是否做好資源培育與配置：因應未來成長方向，本公司是否做好各種經營資源（包括人才、財務資金等）的培育與確保，並且能有效的配置？

小博士解說

提問是思考的根本

管理大師彼得·杜拉克曾說過：「未來的領導者必將是一個知道如何提問的人。」愛因斯坦也說，如果他只有一個小時可用，他願意花五十五分鐘去想什麼是最棒的問題，而在剩下的五分鐘想出正確的答案。但是，為什麼連天才都要投入最多的時間去想問題呢？大前研一指出，因為思考事物的本質始於「問問題的方法」。唯有問對問題，才能剝開包著「常識」外衣的事項進行分析，才能組合成最有效能的思考形態；也就是說，「你的問法，有助於找到解決方式。」

經營策略3思考

1.明確的經營目的與願景

經營策略「是什麼」，
先思考三件事情。
What is Strategy？

2.現狀環境的分析

3.將來方向性的明示

從此有了明確與正確的經營策略

經營策略的「深度本質涵義」

經營策略深度涵義

①公司是否能不斷的因應事業環境的變化而彈性改變？

②與競爭對手相較而言，本公司是具有差異化、特色化、專注化的優勢地位→真的做到了嗎？

③對公司今後前程而言，是否明確揭示成長核心的方向性？

④因應未來成長方向，本公司是否做好各種經營資源的培育與確保，並且能有效的配置？

知識補充站

企業參謀五戒

策略的精義在於如何尋找產業空間中，適切優勢位置的藝術。被譽為「策略先生」的大前研一依據其豐富企業競爭策略擬定的實戰經驗，提出「參謀要成為真正的策略性思考家」的參謀五戒：1.參謀應去除自身對「If」命題的恐懼，培養多概念，彈性廣泛思考的能力；2.參謀應捨棄完美主義，深切體認「策略」是「相對優勢」而非「絕對優勢」的藝術，只要比對方更勝一籌，而且抓緊時機（Timing）實施，就是致勝的關鍵；3.參謀應澈底挑戰關鍵成功因素（KFS），這樣才有機會藉由原創性新概念範疇的推出而出奇制勝；4.參謀思維不應受限於制約條件，創意策略的奧祕，在於以思維的「量孕育質」，先求方案來源的多元光譜，再從中評估抉擇，求質的提升，以及5.參謀在分析時不應仰賴記憶，要「看重想像力」，並致力於「分析力」及「創造概念之能力」的開發。

Unit **1-9**
策略四大功能取向

圖解策略管理

　　基本上來說，策略具備公司發展與啟動火車頭的地位，所以我們可將策略功能（Strategic Function）歸納成四種，即從指導、執行力、累積與建立企業優勢，到確立與選擇企業的生存利基，可說是面面俱到，戰鬥力十足。

一.指導

　　企業的策略應該具有「指導」功能，即到底企業有限資源，應集中投入在哪些方向與領域。

　　企業資源總是有限的，包括人才、資金、設備、儀器、廠房、土地、品牌及產業鏈關係等。企業策略上，必須決定公司有限資源，應該從哪個方向及哪些領域投入，才能發揮最大的效益。

　　為使讀者對「指導」功能有更明確的認識，茲列示以下案例，以供參考：

　　(一)三立臺灣臺：指導企業有限專長資源，走入本土戲劇路線之策略。

　　(二)TVBS電視臺：指導企業有限專長資源，走入以新聞路線之策略。

　　(三)momo購物臺：指導企業有限資源在電視、網路及型錄無店鋪通路領域之業務發展。

018

二.執行力

　　企業的策略應該具有「執行力」功能，即企業日常營運活動的落實與貫徹。

　　企業策略制定之後，仍必須關注到策略執行力的問題。縱有很好的策略，如果沒有強而有力的執行力，也是枉然。因此，策略不僅是高階主管的事，更是中、低階主管應該落實貫徹的事，必須把這高、中、低階層人員，串在一起執行，才有策略效益可言。

三.累積與建立

　　企業的策略應該具有「累積與建立」功能，即企業相對於競爭對手的競爭優勢何在，這是要借助此功能才能了解的。

　　企業必須透過策略的方向、計畫與手段，不斷累積出本公司相對於其他主力競爭對手的競爭優勢，才會有贏的機會。企業必須自我質問：我們今日在哪些方面勝過對手？勝過的程度有多大？明天還會繼續勝過嗎？

四.確立與選擇

　　企業的策略應該具有「確立與選擇」功能，即企業的生存利基與發展空間何在。

　　策略必須幫助企業對它現在及往後五年、十年，甚至二十年的生存利基在哪裡？發展空間又在哪裡？然後才知道該做哪些努力與投入。而這個生存利基與發展空間，可能包括了市場利基、產品利基、技術利基、專利權利基與顧客利基等幾個方面。

策略4大功能

策略功能有哪些取向？

1.指導
企業有限資源集中投入在哪些方向

2.執行力
企業日常營運活動的落實與貫徹

3.累積與建立
企業相對於競爭對手的競爭優勢何在

4.確立與選擇
企業的生存利基與發展空間在哪裡

案例

案例一

統一7-11公司

過去40年來，統一7-11已發展為全國5,221家之最大連鎖規模，超過第二名的全家3,165家店與第三名的萊爾富1,300家店。

案例二

新光三越百貨公司

全國19個百貨公司連鎖店，已成為全臺灣第一大百貨公司，尤其在臺北市信義區內有A8、A9、A11、A4四個館連在一起，成為超大規模百貨公司。

案例三

日月潭涵碧樓大飯店

確立為最高級、最頂級會員專享的風景區度假大飯店，因為具有獨特的山水風光及內部各種服務設計。

案例四

王品餐飲集團

以11個多品牌策略，涵蓋中式、日式、西式餐飲市場，並成為龍頭地位，並掛牌上市。

案例五

高級精品路線

歐洲的高級精品品牌，強調高級材質及精緻工藝與設計風格，例如：LV、Prada、YSL、CD、Chanel、Fendi、Tiffany等。

Unit 1-10
策略三大構面

過去傳統的策略研訂以企業的營運範疇為核心，但隨著環境的瞬息萬變，近年來許多學者認為，建立不敗的競爭優勢，以及維持企業組織與周遭環境中事業夥伴的良好互動關係，也是研訂策略應該關注的課題。

因此當企業在研訂策略時，除了確定策略類型之外，必須完整的搭配考量上述三種「策略構面」（Strategic Dimension）的角度與內容，然後才能更完整與細密的評估、分析及規劃這個策略是否可行？依此方式會有哪些方面可供選擇？以及效益會有多大、多深？

一.營運範疇

營運範疇（Operation Scope）主要配合環境變遷，隨時予以調整，產出顧客所需要的產品與服務，此乃策略決策者的主要課題。

營業範疇的勾勒是企業具體的外顯表徵，這些表徵通常可由以下四方面顯現：

(一)產品市場：係指產品市場在哪裡？顧客在哪裡？成長性有多少？

(二)活動執行力：係指主要活動與次要活動的執行力如何？

(三)地理範圍：係指地理範圍在哪裡？在臺灣？或亞洲？或全球？

(四)業務規模：係指業務規模有多大？業務來源有多複雜？

二.核心資源

核心資源（Core Resources）的觀點，主要是希望企業在日常的營運中，持續的創造和累積核心資源，以建立不敗的競爭優勢，為企業的永續生存奠定根基。

從企業的觀點，所謂資源包括資產與能力兩大項，其涵蓋範圍，茲整理如下：

(一)有形資產：係指有形資產的支援能力與競爭力如何？

(二)無形資產：係指無形資產的支援能力與競爭力如何？

(三)組織能力：係指組織能力的支援能力與競爭力如何？

三.事業網路

事業網路（Business Network）的觀點，乃是建立在任何一個企業都不可能獨自提供營運過程中所必要的資源，它必須和事業共同體中的事業夥伴建構適當的關係，才能確保企業的永續生存。

從企業經營者的觀點，有關事業網路的策略構面可涵蓋以下範圍：

(一)上、中、下游關係：係指上、中、下游關係的架構互賴程度如何、影響如何？

(二)非上、中、下游關係：係指非上、中、下游關係的架構、互賴程度與影響如何？而這裡所說的非上、中、下游對象，包括政府單位、學校、研究機構、議會、消費者團體、居民團體，以及其他等。

策略3大思考構面與7-ELEVEn案例對照

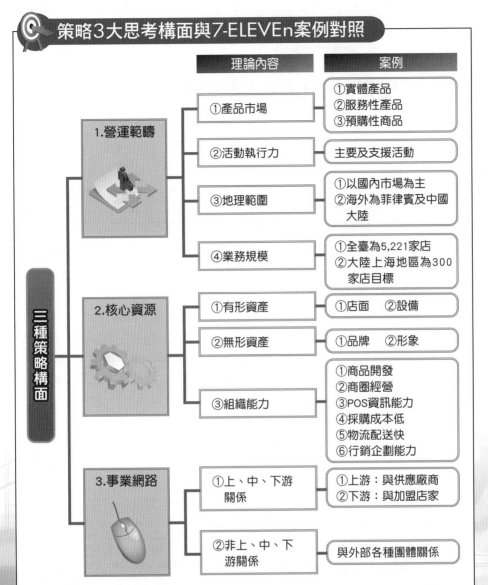

理論內容	案例

三種策略構面

1.營運範疇
- ①產品市場 → ①實體產品 ②服務性產品 ③預購性商品
- ②活動執行力 → 主要及支援活動
- ③地理範圍 → ①以國內市場為主 ②海外為菲律賓及中國大陸
- ④業務規模 → ①全臺為5,221家店 ②大陸上海地區為300家店目標

2.核心資源
- ①有形資產 → ①店面 ②設備
- ②無形資產 → ①品牌 ②形象
- ③組織能力 → ①商品開發 ②商圈經營 ③POS資訊能力 ④採購成本低 ⑤物流配送快 ⑥行銷企劃能力

3.事業網路
- ①上、中、下游關係 → ①上游：與供應廠商 ②下游：與加盟店家
- ②非上、中、下游關係 → 與外部各種團體關係

知識補充站

事業網路位置

前文提到企業研訂策略時，也必須將如何維持企業組織與周遭環境中事業夥伴的良好互動關係列入考量之內。但由於客觀環境與主觀條件的不同，事業網路體系中每一個成員相互間的依賴關係並不相同。若企業在體系中掌握到網路的關鍵位置，在分配網路利益時，自然可得到較多的好處。有的成員則處在體系的邊陲位置，雖然盡心貢獻，但在利益分配時，並沒有得到應有的一份，因此企業應將事業網路位置的選擇與調整，視為重要的策略課題。

Unit 1-11
策略構想與檢討三要素

　　策略規劃是一種過程，最終目的是要找出策略，好的策略需有好的組織配合，才可達到公司預期目標。策略的無法達成，必須檢討原因，究竟是策略與部門政策或部門組織之連結出了問題，還是沒有宣導以致無法達成共識，因此策略規劃並不能保證一定成功。可確定的是，要先有策略才有行動，最大的好處是知道「為什麼」行動成功，我們就可以確定這樣的策略，可能是正確而有用的，如此一來，即可有效累積經驗；萬一行動失敗，也可有系統的追查到底哪個環節做了錯誤的判斷，而累積教訓。

　　以下我們即來探討一個好的策略應具備的架構要素，以及如何檢討這個策略在市場上的可行性。

一.策略構想的三個架構要素

　　當公司要確立或評估一項策略時，應考慮三個架構要素，即所謂的3C要素：

　　(一)Customer：即顧客的選擇，也就是說，公司的策略是要選擇什麼樣的顧客，而顧客也決定了訂單或業績的重要來源。策略的評估及規劃，不能脫離顧客這一個首要的架構要素。

　　(二)Company：即集中公司的核心資源及力量，以確保這些策略是具有競爭力與可以達成目的。

　　(三)Competitor：即這些策略是必須與競爭對手採行的策略是有所區別的、不同的；甚至是要領先半年或一年以上。

二.經營策略檢討時三要素

　　除了前述所提的架構三要素之外，在檢討經營策略時，還必須評估到三種要素：

　　(一)事業範疇：策略與事業範疇的再界定與明確化。

　　(二)核心競爭力：策略與公司核心競爭力真正連結起來，才有勝算。

　　(三)市場機會：策略與市場商機能結合起來，然後才會有真正效益的產生。

小博士解說

策略的階段性

每個企業或事業部皆有其生命週期，從初生期、介紹期至成長期時。就產品來說，如屬領導性品牌，應迅速建立進入障礙或快速擴大市場占有率（建立障礙即是一種抽象的競爭武器）。例如：自動化、老闆個人對市場敏銳反應、員工向心力、生產效率、特殊領域或低成本、差異性、專門化等，至成熟期時，應以各種促銷手法維持市場或進行更精緻的市場區隔，到最後的衰退期時，即需考慮是否退出。

策略構想3要素

Customer 選擇

· 選擇什麼顧客？
滿足他們什麼需求？

Company 資源集中

· 集中公司有利的、聚焦的核心資源

Competitor 差別化

· 與競爭對手有所不同、有特色、有差異化

案例

 案例一

> ！ 三立及民視電視臺

1.臺灣觀眾想看什麼？
→本土戲劇、本土綜藝、本土新聞

2.公司握有哪些資源？
→本土演員、歌手、主持人等合約關係

3.差別化
→戲劇性、綜藝性、新聞性之差異性

策略檢討3要素

經營策略檢討時3種要素		
1.事業範疇 →策略與事業範疇的再界定與明確化。	2.核心競爭力 →策略與公司核心競爭力真正連結起來，才有勝算。	3.市場機會 →策略與市場商機能結合起來，然後才會有真正效益的產生。

本公司獨特的資源與能力，而能創造出競爭優勢的來源

核心競爭力（Core Competence）是什麼？

Unit **1-12**
公司策略的鐵三角與價值創造

　　學者Collins及Montgomery於1998年指出，根據他們長期實務的觀察顯示，企業並沒有一個永遠對或永遠通用不變的公司策略（Corporate Strategy）。他們也認為一種有效的公司策略及價值創造體系，也必須完全緊密連結，才能充分發揮作用。

一.公司策略的「鐵三角成分」

　　Collins及Montgomery認為一個有效的公司策略，其實是由五種成分所組成的一個牢不可破的鐵三角，並因而引導公司的成功。公司策略的五種成分，茲分述如下：

　　(一)資源（Resources）：企業經營所需要的資源，可分為兩個維度：可交易程度與專門程度，即計畫經濟時代所強調的企業的「人」、「財」、「物」。因此，公司要從這方面思考本身之資源為何，以及擁有多少。

　　(二)事業經營（Business）：意指公司所選擇的行業（Industry Choice）及其所採競爭策略（Competitive Strategy）為何。

　　(三)結構、系統與程序（Structure, Systems, and Processes）：意指公司的組織階層體系的建立、權責系統的分配，以及營業運作下的各種循環程序。

　　(四)願景（Vision）：意指公司對未來前景和發展方向一個高度概括的描述為何，以促使組織成員願意全力以赴。

　　(五)目標（Goal & Objectives）：意指公司在未來一段時間內所要達到的預期狀態為何，它由一系列的定性或定量指標來描述，沒有目標的公司意味著沒有希望的公司。

二.價值創造體系

　　Collins及Montgomery認為一種有效的公司策略及價值創造體系（A System of Value Creation），其實不僅依賴公司有價值性資源，或是處在具吸引力行業裡，或是有什麼好的管理架構，而是必須將前述所提到的策略「鐵三角成分」做好彼此間整合，使達「一致性」（Consistency）及「配適性」（Fit），然後才會充分發揮全部的效果。

　　(一)創造競爭優勢的前提：即資源與事業經營必須相一致，才能創造出公司的競爭優勢。例如：momo 電視節目製作資源＋購物商品→創造出電視購物事業經營之競爭優勢。

　　(二)首尾一貫（Coherence）：即資源與管理架構（含組織架構、管理體系及作業程序）必須首尾一貫。例如：電視購物事業的經營管理，所涉及之資源與管理架構，包括商品開發、節目製作、製播工程、物流宅配、付款分期金流、電話接單中心、資訊電腦等組織架構、作業流程，均能首尾一貫之結合。

　　(三)落實控管（Control）：管理架構與事業經營必須控管落實。例如：上述管理作業架構，均能與電視購物事業經營，加以有效指導、控制、考核之落實。

公司策略鐵三角

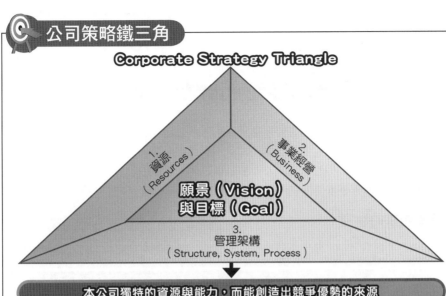

Corporate Strategy Triangle

1.資源（Resources）
2.事業經營（Business）

願景（Vision）與目標（Goal）

3.管理架構（Structure, System, Process）

↓

本公司獨特的資源與能力，而能創造出競爭優勢的來源

資料來源：Collins and Montgomery (1998), *Corporate Strategy: A Resource-Based Approach*, McGraw-Hill. p.7

緊密連結公司策略鐵三角

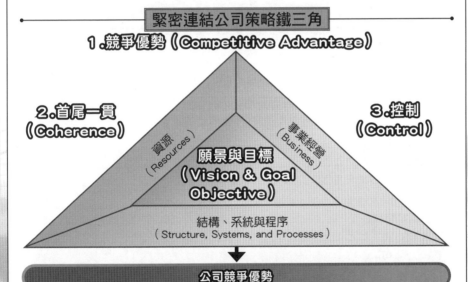

1.競爭優勢（Competitive Advantage）

2.首尾一貫（Coherence）

3.控制（Control）

資源（Resources）
事業經營（Business）

願景與目標（Vision & Goal Objective）

結構、系統與程序（Structure, Systems, and Processes）

↓

公司競爭優勢

企業願景與目標有何不同？

企業願景	VS.	企業目標
1.願景籠統		1.目標具體
2.願景是一幅前景，能夠指引員工前進的理想		2.目標是即將實現，能夠透過努力實現的規劃

↓

願景有助於確定發展目標→發展目標為實現願景服務

Unit **1-13**
事業範疇及核心競爭力的意義

在制定或調整企業經營策略時，必須考量到事業範疇的定位與明確化。

而在事業範疇擬定後之策略規劃及評估，更必須與公司的核心競爭力或核心能力（Core Competence）相互結合，才能產生真正的「策略戰鬥力」。如果不能相互結合，其策略的執行結果，往往顯得無力或成為有缺陷的策略。

一.事業範疇的意涵

什麼是事業範疇呢？簡單來說，即公司應從為哪些顧客，提供哪些有價值的產品及服務等面向思考之。

例如：鴻海公司的事業範疇，早期是以提供全球電腦大廠之組裝工作。後來，鴻海亦開始展開手機、NB及平板電腦代工生產的另一種事業範疇策略。

再如三立電視臺的事業範疇，區分為臺灣臺以及都會臺兩種平臺。前者顧客群鎖定本土老、中、青族群，提供本土戲劇及節目給老、中、青收視群之事業領域；後者則鎖定年輕族群，提供偶像劇給年輕學生及上班族收視之事業領域。

二.核心競爭力的條件

(一)**價值性**：係指公司的資源必須要有價值性（Valuable），例如：某石油公司在中東或英國北海或俄羅斯等地擁有採油權；再如，12吋晶圓廠的最高級製程技術能力，以及第12代TFT-LCD液晶面板製程技術能力等，均為該等公司非常主要的有價值核心專長及核心能力。

(二)**稀少性**：係指此項資源與能力是很少的，不是大眾化的。例如：東森新聞主播陳海茵、TVBS新聞主播方念華、中天主播盧秀芳等，均為一線主播，而且只有一個人，不容易複製好多個人。這就是它的稀少性資源。

(三)**組織特殊性**：

1.專利權專有性：例如聯發科技公司的IC設計程式的專利權、intel公司的記憶體專利權、微軟Windows作業軟體專利權等均屬之。

2.因果關係不明確：例如可口可樂的配方，很少人知道。

3.系統複雜性：例如全球第一大Dell電腦公司的直銷模式以及委外代工OEM的供貨與全球運籌模式，和它先進又複雜的資訊（B2B）網路系統作業，是不易模仿、學習的；再如，三立臺灣臺製作出「臺灣阿誠」、「臺灣霹靂火」、「天下第一味」等叫座的戲劇節目，其編劇、挑選演員、演員表現、配樂、節目剪輯等，也是一種複雜作業，不易模仿、學習。

4.品牌、商標、企業歷史性的不可分性：例如LV、FENDI、PRADA、YSL、Chanel、BENZ、BMW、Disney、Tiffany等歐美品牌精品與汽車等，是不可能去使用該品牌及商標。而且數十年及上百年的信譽歷史，也不是一年、二年可模仿、學習的。

全公司事業範疇策略的涵義

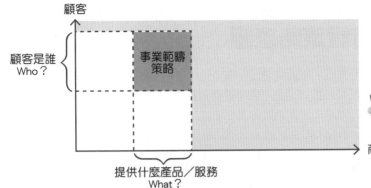

顧客

顧客是誰
Who？

事業範疇
策略

商品/服務

提供什麼產品/服務
What？

事業範疇的明確化

事業範疇：
事業定位的明確化

・怎樣的顧客群？
・面對什麼需求？
・基於何種技術來拓展產
　品與服務？

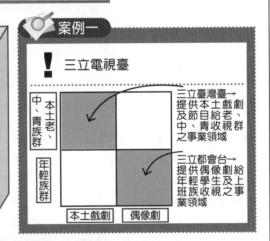

案例一

三立電視臺

中、青族群、本土老、

年輕族群

本土戲劇　偶像劇

三立臺灣臺→
提供本土戲劇
及節目給老、
中、青收視群
之事業領域

三立都會台→
提供偶像劇給
年輕學生及上
班族收視之事
業領域

核心競爭力的條件

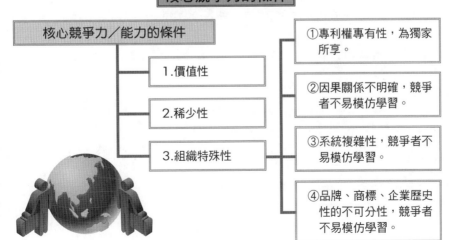

核心競爭力/能力的條件

1. 價值性

2. 稀少性

3. 組織特殊性

①專利權專有性，為獨家
　所享。

②因果關係不明確，競爭
　者不易模仿學習。

③系統複雜性，競爭者不
　易模仿學習。

④品牌、商標、企業歷史
　性的不可分性，競爭者
　不易模仿學習。

Unit **1-14**
何謂策略意圖

什麼是「策略意圖」？就其表面字義來說，乃是根據策略所要表現的目的。

事實上，策略是一種追求長期競爭優勢的意圖，策略家必須替自己界定的特定策略領域，並且努力追求成為該領域的第一名或領先者；也就是說，公司在做任何事之前，必須先要有所準備，才能成功；否則就會失敗。

一.前進未來的動力

神通集團董事長苗豐強在《棋局雙贏》著作中，對「策略意圖」（Strategic Intention）形成，有很深入描述。苗豐強先生認為「策略意圖」的重要意義是：「企業在承平時期就要往前踏一步，提早思考這些問題。」

《競爭大未來》的作者哈默爾（Gary Hamel）與普哈拉（C. K. Prahalad）曾這麼解釋，所謂「策略意圖」，就是策略的中心點。

「策略意圖」表現出公司對於未來十年競爭定位的前瞻性看法，「讓不同的個人、部門和事業體長期的努力都能找到聚合的焦點」，不會把資源浪費在彼此競爭的計畫上。因此「策略意圖」其實蘊含一種方向感、發現感，和上下一體的命運感。

二.策略意圖的形成關聯

苗豐強董事長認為，每家公司在初創的五到十年，通常都忙著求生存，求成長，經過五到十年才開始產生危機意識。這時候就必須好好分析公司當前面臨的情勢：

1.我們現在處境如何？2.未來可能會碰上哪些情況？3.應該往哪個方向走？

要回答這些問題，需要蒐集很多資訊，分析外在環境、產業發展、顧客和競爭者的變化，對於大方向和目標建立共識，然後才產生強烈的策略意圖，激起求變的決心。

也就是說，企業經過各種分析（科學算命）之後，視野放得更寬，眼光看得更遠，形成新的方向，而且產生強烈的慾望和企圖心，渴望採取行動，朝著策略方向邁進。

小博士解說

開創與主宰的競爭

《競爭大未來》的作者哈默爾與普哈拉對策略的新看法，即未來的競爭將是一場如何開創與主宰逐漸顯現的商機，競爭空間如何重整；簡單的說，開拓者必須自繪地圖，不以模仿對手作為競爭手段。未來經營者，必須要有一套自己的想法，將有限的資源善加利用，且進入市場的時機不是問題，重點是搶得全球先機的時刻。

策略意圖的形成關聯

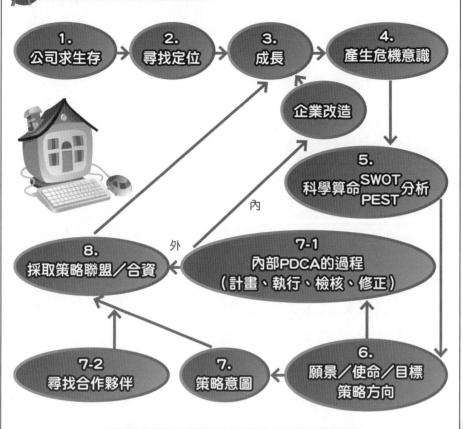

1.
公司求生存 →
2.
尋找定位 →
3.
成長 →
4.
產生危機意識

企業改造

5.
科學算命 SWOT PEST 分析

8.
採取策略聯盟／合資

7-1
內部PDCA的過程
（計畫、執行、檢核、修正）

內

外

7-2
尋找合作夥伴

7.
策略意圖

6.
願景／使命／目標
策略方向

資料來源：苗豐強，《棋局雙贏》，2003年

案例——宏碁電腦／統一7-ELEVEN／韓國三星

案例一

 宏碁電腦

acer自創品牌，意圖在2015年內，成為全球第一大知名PC及NB品牌，領先Dell、HP等。

案例二

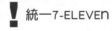 統一7-ELEVEN

成為全方位業態的臺灣零售流通集團的領導者。

案例三

 韓國三星

早已超越日本SONY及Panasonic公司，成為亞洲第一的電子集團。

第2章

策略與內外部環境的關係

●●●●●●●●●●●●●●●●●●●●●●●●●●●● 章節體系架構 ▼

Unit 2-1
企業為何要研究環境及分析程序 Part I

企業對科技、社會、政經、國際化等環境演變，正賦予高度關注，究其原因，可從以下各點分析，我們會發現這些原因足以證明環境分析、評估與因應對策，對企業整體與長期發展，實具有相當且關鍵之重要角色，因此特分兩單元介紹。

一.企業為何要研究環境

(一)錢德勒的策略觀點：美國著名的策略學者錢德勒（Chandler）曾提出他頗為盛行的理論，亦即：環境→策略→結構（Environment→Strategy→Structure）的連結理論。

錢德勒認為企業在不同發展階段會有不同的策略，但此不同的策略改變或增加，實乃是內外部環境變化所導致，如果環境一成不變，策略也沒有改變之需要。當經營策略一改變，則組織結構及內涵也必須隨之相應配合，才能使策略落實踐履。

因此，在錢德勒的觀點，環境是企業經營之根本基礎與變數，占有舉足輕重地位，故應深加研究。

(二)市場觀點：企業的生存靠市場，市場可以主動發掘創造，也可以隨之因應。而就市場的整合觀念來看，它乃是全部環境變化的最佳表現場所，因此掌握了市場，正可以說控制了環境；此係一種反溯的論點。

(三)競爭觀點：在資本主義與市場自由經濟的運作體系中，都循價格機能、供需理論與物競天擇、優勝劣敗之道路而行。企業如果沉醉於往昔的成就，而不惕勵未來的發展，勢必將面臨困境。因此，企業唯有認清環境，不斷檢討、評估與充實所擁有之「優勢資源」（Competitive Advantage Resources），才能在激烈競爭的企業環境中，立於不敗之地。而環境的變化，會引起企業過去所擁有優勢資源條件的變化，從而影響整合的競爭力。

二.外部環境的分析程序

我們由上得知從策略、市場與競爭三個觀點來看待企業與環境的關係，如同生物世界的環境與演化的結果，有相互競逐與相互依存的關係，不可大意。

雖然企業內部環境可因著本身的管理而精進，但更要因應外部環境的變化而有所調整。因此對外部環境的分析，乃成為企業的一個重要課題。實務上，企業進行外部環境的分析程序可歸納以下五點：

(一)全球化競爭壓力：全球化在經濟上所帶來的影響主要有：1.對經濟生活的許多面向產生一致化（Convergence）的壓力，此一壓力特別反映在貨物、金融商品價格與利率的一致上；2.增加全球經濟的連動性，因此對經濟危機或繁榮產生擴大與加速的效果；3.全球化使得全球市場的規模擴大，以及4.全球化對不同國家或團體帶來不同的成本與利得。一般而言，歐美先進國家是全球化的最大受益者，其他開發中國家則較易受到來自全球化的威脅。

企業研究環境3原因

我們會發現從下面3個原因來看待企業與環境之關係，實足以證明環境分析、評估與因應對策，對企業整體與長期發展，具有相當且關鍵之重要角色。

1.策略觀點

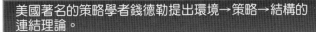
美國著名的策略學者錢德勒提出環境→策略→結構的連結理論。

①企業在不同發展階段會有不同的策略，但此不同的策略改變或增加，實乃是內外部環境變化所導致。
②環境是企業經營之根本基礎與變數，占有舉足輕重地位，故應深加研究。

2.市場觀點

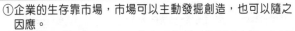

①企業的生存靠市場，市場可以主動發掘創造，也可以隨之因應。
②市場是全部環境變化的最佳表現場所，掌握了市場，正可以說控制了環境。

3.競爭觀點

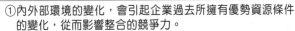

①內外部環境的變化，會引起企業過去所擁有優勢資源條件的變化，從而影響整合的競爭力。
②企業唯有認清環境，不斷檢討、評估與充實所擁有之「優勢資源」，才能立於不敗之地。

環境變化影響企業發展深遠

案例一

❗ 資訊情報與技術革新

例如→①液晶電視取代傳統CRT-TV。
②智慧手機取代傳統手機。
③網路技術突破，B2C及B2B網路經營模式出現普及。
④平板電腦創新出現。

案例二

❗ 經濟環境

例如→美國經濟景氣、歐債風暴、美國金融與股市、美國Fed聯準會利率升降、美國失業率及大陸經濟成長等，均會影響全球景氣。

案例三

❗ 社會文化環境

例如→①高等教育普及化
②小家庭化
③價值觀多元化
④世俗化
⑤富裕與貧窮兩極化
⑥晚婚、高離婚率、同居率升高
⑦M型社會及M型消費出現
⑧平價奢華時代來臨

案例四

❗ 人口結構

例如→①新生人口，每年從過去高峰40萬人，降低至2018年的19萬人。
②老年齡人口上升，人口老化嚴重。

Unit 2-2
企業為何要研究環境及分析程序 Part II

前文提到企業對外部環境的分析，已成為一個相當重要的課題，因為外部環境一有什麼風吹草動，很有可能對企業造成牽一髮而動全軍的極大影響。

實務上，企業進行外部環境的分析程序可歸納五點，前文已介紹全球化競爭所帶來的壓力與影響，本文再繼續介紹其他四點。

二.外部環境的分析程序（續）

(二)情報與技術革新：是指與本企業有關的科學技術現有水準、發展趨勢和發展速度，以及國家科技體制、科技政策等。例如：科技研究的領域、科技成果的門類分布及先進程度、科技研究與開發實力等。在知識經濟興起和科技迅速發展的情況下，技術環境對企業的影響可能是創造性的，也可能是破壞性的，企業必須預見這些新技術帶來的變化，採取相應的措施予以應對。

同時為充分了解企業的內部與外部環境，許多企業專門設立企業情報部，甚至不惜使用商業間諜，不少企業曾因此損失慘重。例如：由於獨特的傳統工藝，中國宣紙曾在世界宣紙市場上居於壟斷地位。某日一家日本企業突然想與中方一家知名宣紙企業合作，於是為吸引這筆鉅額投資，這家企業又是錄影又是攝影，還怕日方不清楚而把全套生產工藝製成光碟送給日方，結果日方代表一去不回。幾個月以後，日本市場出現大量宣紙，不久，世界宣紙市場上，中國宣紙便被日本宣紙取代了。

(三)經濟環境：是指構成企業生存和發展的社會經濟狀況及國家的經濟政策。具體包括社會經濟制度、經濟結構、經濟政策、經濟發展水準，以及未來的經濟走勢等，其中重點分析的內容有經濟形勢、行業經濟環境、市場及其競爭狀況。

衡量經濟環境的指標有：國民生產總值、國民收入、就業指數、物價指數、消費支出分配規模、國際收支狀況，以及利率、通貨供應量、政府支出、匯率等國家財政貨幣政策。

(四)社會文化環境：是指企業所處地區的社會結構、風俗習慣、宗教信仰、價值觀念、行為規範、生活方式、文化程度、人口規模與地理分布等因素的形成與變動。

社會文化環境對企業的生產經營有著潛移默化的影響，茲列舉以下三個案例，以供參考：

1.文化程度的高低會影響人們的需求層次。

2.風俗習慣和宗教信仰可能抵制或禁止企業某些活動的進行。

3.人口規模與地理分布會影響產品的社會需求與消費。

(五)人口結構與消費行為：是指人口的結構變化，立即影響到消費型態。由於不同年齡的人，其所得、儲蓄與購買力不同；而個人需求、習慣與偏好亦異，出現不同的消費行為，產業結構亦需調整。老年需要的市場增加，其生產規模亦隨之擴大；兒童的需求減少，其生產規模亦將跟著萎縮，影響所及遍及每一行業的生產、供應。

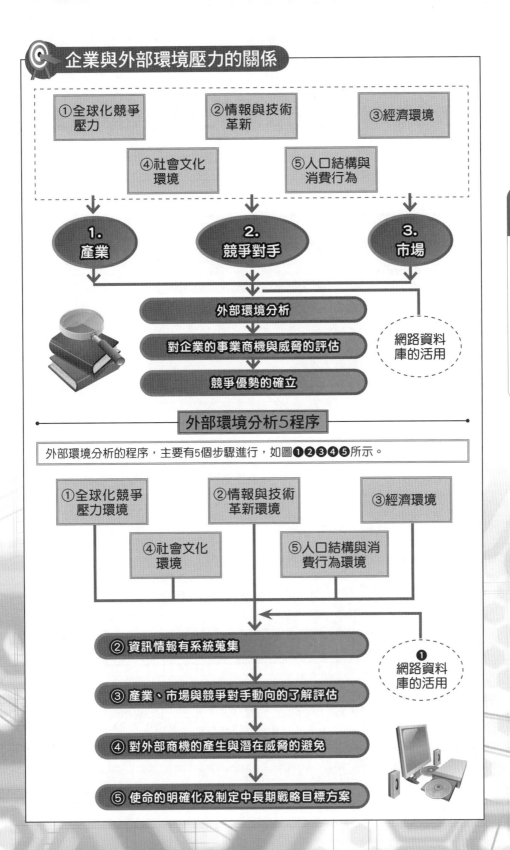

企業與外部環境壓力的關係

①全球化競爭壓力　②情報與技術革新　③經濟環境

④社會文化環境　⑤人口結構與消費行為

1. 產業　2. 競爭對手　3. 市場

外部環境分析

對企業的事業商機與威脅的評估

競爭優勢的確立

網路資料庫的活用

外部環境分析5程序

外部環境分析的程序，主要有5個步驟進行，如圖❶❷❸❹❺所示。

①全球化競爭壓力環境　②情報與技術革新環境　③經濟環境

④社會文化環境　⑤人口結構與消費行為環境

② 資訊情報有系統蒐集

❶ 網路資料庫的活用

③ 產業、市場與競爭對手動向的了解評估

④ 對外部商機的產生與潛在威脅的避免

⑤ 使命的明確化及制定中長期戰略目標方案

Unit **2-3**
影響企業的直間接環境及如何監測

　　環境是企業營運系統的互動一環，所以現代企業對科技、社會、政經、生態、國際化等環境演變，都要賦予高度關注。

　　但要如何辨別哪些環境變化要即刻面對，緊急因應，或是平時準備，常態處理？那可要多多訓練對環境變化的敏銳度了。

一.企業的直接與間接影響環境

　　企業被環境影響的原因可分為直接與間接兩種，特別是直接的、即刻的影響到企業營運的因素，我們就稱之為「直接影響環境」。

　　這些直接影響環境，可能即刻影響到企業營運的收入來源、成本結構、獲利結構、市場占有率或顧客關係等重要事項。

　　影響企業營運活動的主要環境因子，包括供應商環境、顧客群環境、競爭群環境，以及產業群或其他壓力等四種。

　　除直接影響環境外，企業營運活動也受到間接環境因素的影響。這些包括政治、法律、經濟、國際、科技、生態、社會、文化、教育、倫理及流行趨勢、人口結構等狀況的改變而有所變化。

二.企業如何對環境監測

　　由於外在的直接與間接影響環境，頗為複雜而且多變化，因此，企業必須有一套環境監測系統（Monitoring to Environment），而且要有專責專人負責，定期提出分析報告及其因應對策。對於緊急且重大影響的，更是要快速、機動提出，以避免對企業產生不利的衝突及影響。

　　(一)環境監測的兩種組織單位及功能：一般來說，企業內部大致有兩種監測的組織單位：

　　1.專責監測的組織單位：例如經營分析組、綜合企劃組、策略規劃組、市場分析組等不同的單位名稱，但做的都是類似的工作任務。

　　2.兼責監測的組織單位：例如各個部門裡，由某個小單位負責，即營業部、研究發展部、法務部、採購部等設有專案小組，均有其少部分人員兼蒐集市場訊息及競爭者訊息。

　　(二)訊息情報來源管道：企業外部動態環境的訊息情報來源管道，大概可來自下列各方，即：1.上游供應商（Supplier）；2.國內外客戶（Customer）；3.參加國際展覽看到的（International Show）；4.網站上蒐集到的（Website）；5.派駐海外的分支據點蒐集到的（Branch Office）；6.專業期刊、雜誌報導的；7.同業漏出的訊息情報；8.銀行出來的訊息情報；9.政府執行單位的消息；10.國外代理商、經銷商、進口商所傳來的訊息；11.政府發布的資料數據；12.赴國外企業參訪得到的，以及13.國內外專業的研究顧問公司及調查公司。

037

影響企業的環境及監測

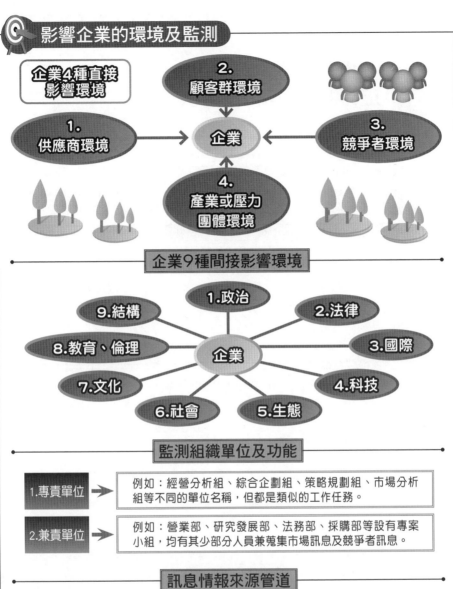

企業4種直接影響環境

1. 供應商環境
2. 顧客群環境
3. 競爭者環境
4. 產業或壓力團體環境

企業

企業9種間接影響環境

企業

1. 政治
2. 法律
3. 國際
4. 科技
5. 生態
6. 社會
7. 文化
8. 教育、倫理
9. 結構

監測組織單位及功能

1.專責單位 →	例如：經營分析組、綜合企劃組、策略規劃組、市場分析組等不同的單位名稱，但都是類似的工作任務。
2.兼責單位 →	例如：營業部、研究發展部、法務部、採購部等設有專案小組，均有其少部分人員兼蒐集市場訊息及競爭者訊息。

訊息情報來源管道

1.上游供應商。	7.同業漏出的訊息情報。
2.國內外客戶。	8.銀行出來的訊息情報。
3.參加國際展覽看到的。	9.政府執行單位的消息。
4.網站上蒐集到的。	10.國外代理商、經銷商、進口商所傳來的訊息。
5.派駐海外的分支據點蒐集到的。	11.政府發布的資料數據。
6.專業期刊、雜誌報導的。	12.赴國外企業參訪得到的。
13.國內外專業的研究顧問公司及調查公司。	

Unit 2-4
企業與供應商環境

企業外部環境中部分成員的行為（包括消費者、供應商、競爭者、銀行，以及員工工會等團體），會直接影響企業活動的進行與績效表現，其中企業與供應商環境（Supplier Environment）應是首要關注的課題。

因為在產業垂直鏈架構下，多數企業的投入與產出活動，都會牽涉到與上、下游廠商間的配合。如果企業能與供應商建立良好的長期合作關係，甚至將過去一般交易行為的觀點轉變為業務夥伴的行為觀點，即能為彼此創造雙贏的局面。

一.供應商種類

企業供應商大抵有幾種組成，可以製造業與服務業先做一個區別說明：

(一)製造業的供應商：上游供應商就可能是零組件供應商、原物料供應商，以及衛星周邊廠商等。

(二)服務業的供應商：上游供應商可能是各種商品或服務的提供者。

茲將上述所提製造業與服務業這兩種業別的供應商舉例說明如下：

1.筆記型電腦組的上游供應商，包括CPU供應商、液晶面板供應商、機殼供應商、鍵盤供應商、滑鼠、連接器、電源器、modem等數百個零組件供應商。

2.便利超商上游供應商可能是上千種的食品、飲料、日用品、菸酒品、熱食、出版品等製造廠、代理商或經銷商等。

3.汽車的上游供應商，包括引擎供應商、玻璃供應商、水箱、鋼板、儀表、裝飾品等上百個供應商。

4.鮮奶的上游供應商，包括飼牛業者、砂糖、塑膠瓶等上游供應商。

二.供應商條件談判與要求

通常企業在選擇供應商時，主要的條件如下：1.品質的穩定性；2.交貨的及時性；3.價格的合理性；4.技術的服務性；5.數量的配合性；6.研發的前瞻性；7.付款條件的放寬性；8.安全存貨與備貨的可能性；9.企業的信譽（聲譽），以及10.整體售後服務的提供等。

企業與供應商關係不夠鞏固，或是供應商環境本身也產生一些變化時，這些均會影響到企業生產線作業及成本面，甚至影響到對顧客的準時出貨或是商譽。

三.供應商的問題克服

實務上，企業面對供應商可能會滋生的問題，茲將其歸納整理如下，以供了解並擬定方案克服：1.品質不一，品質不穩定；2.交貨期不夠即時或交貨延期；3.交貨數量不能滿足業者要求；4.技術未更新進步；5.運送慢；6.原料成本上漲或短缺；7.斷貨、缺貨、價格上漲；8.產品來源不齊全，以及9.服務慢、服務水準不佳等。

企業VS.供應商

企業與外部成員環境

供應商

企業間相依關係

VS.

資源競奪行為

消費者

競爭者

員工工會

銀行

供應商種類

1.如果是製造業 ➡	上游供應商就可能是零組件供應商、原物料供應商,以及衛星周邊廠商等。
2.如果是服務業 ➡	上游供應商可能是各種商品或服務的提供者。

企業與上游供應商條件要求

1.品質穩定性	6.研發前瞻性
2.交貨及時性	7.付款條件放寬性
3.價格合理性	8.安全存貨的備貨
4.技術服務性	9.企業信譽
5.數量配合性	10.整體售後服務

上游供應商可能出現的問題

1.品質不夠穩定	5.成本上揚(價格上漲)
2.交貨不夠準時	6.缺貨、斷貨
3.技術未及時進步	7.產品線不齊全
4.運送慢	8.服務水準不足

Unit **2-5**
企業與競爭者環境

企業將面對的日常最大挑戰來源，仍是現有競爭者的強力競爭，包括產品競爭、價格競爭、服務競爭、促銷贈品競爭、通路競爭、採購競爭、研發競爭、物流速度競爭、專利權競爭、組織與人才競爭、市場占有率競爭，以及成本結構競爭等十二項，甚至更多的競爭力。

企業被如此眾多的競爭挑戰纏繞著，究竟要如何才能突圍而勝出，且讓我們來思考企業與競爭者環境（Competitor Environment）之間的巧妙關係。

一.競爭者分析程序

對於競爭者的分析程序，大致有以下三個階段，茲分述如下：

(一)對現有及未來競爭者之日常分析：即針對現有及未來潛在競爭者，蒐集他們日常的行銷情報，並提出分析。

(二)對雙方競爭條件優劣勢之比較：即針對雙方的競爭優劣勢、定位及資源力量等予以對照分析。

(三)擬定本公司的因應對策：經過上述之分析與比較，則要提出本公司的因應對策，分為短、中、長期行動計畫及可行方案。

二.如何分析競爭者環境

上述競爭者分析三階段，有助於企業擬定方案以因應競爭者的挑戰與威脅，但要如何全方位分析競爭者，才能全面顧及，而且一一擊破，以下十四種項目，提供參考：1.定位分析；2.競爭策略分析；3.市場占有率分析；4.顧客分析；5.成本結構分析；6.研發能力分析；7.價格分析；8.產品分析；9.通路分析；10.廣告與促銷分析；11.組織人才與薪獎分析；12.全球布局分析；13.採購與供應商分析，以及14.資金與財務分析。

三.對產業與競爭對手的分析

要如何對產業與競爭對手進行分析呢？主要針對以下幾點，然後採取因應行動：

(一)競爭對手情報的蒐集與評估：1.競爭對手的強點與優勢何在；2.競爭對手的弱點與劣勢何在；3.競爭對手的目標與戰略何在；4.競爭對手在面對全球化競爭壓力與技術革新的外部環境變化之下，他們有何因應對策；5.本公司與競爭對手的產品及市場是處在哪一種位置；6.潛在新加入競爭對手的可能性如何；7.對競爭對手營收、毛利、獲利、EPS的未來預測如何，以及8.對替代產品的發展可能性加以評估。

(二)確立競爭對手的弱點：對競爭企業的弱點所呈現出的事業商機及最大主要威脅確立。

(三)評估與競爭對手的合作關係：針對與競爭對手的協力關係所產生的可能利益點加以評估。

041

企業VS.競爭者

競爭者分析3程序

1. 對現有及未來潛在競爭者，蒐集日常行銷情報並分析。

2. 針對雙方的競爭優劣勢、定位及資源力量等予以對照分析。

3. 提出本公司因應對策，分為短、中、長期行動計畫及可行方案。

競爭者環境分析14種構面

1. 定位分析

2. 競爭策略分析

3. 市場占有率分析

4. 顧客分析

5. 成本結構分析

6. 研發能力分析

7. 價格分析

8. 產品分析

9. 通路分析

10. 廣告與促銷分析

11. 組織人才與薪獎分析

12. 全球布局分析

13. 採購與供應商分析

14. 資金與財務分析

對產業與競爭對手的分析

1.競爭對手情報的蒐集與評估

① 競爭對手的強點與優勢何在？
② 競爭對手的弱點與劣勢何在？
③ 競爭對手的目標與戰略何在？
④ 競爭對手在面對全球化競爭壓力與技術革新的外部環境變化之下，他們有何因應對策？
⑤ 本公司與競爭對手的產品及市場是處在哪一種位置？
⑥ 潛在新加入競爭對手的可能性如何？
⑦ 對競爭對手營收、毛利、獲利、EPS的未來預測如何？
⑧ 對替代產品的發展可能性加以評估。

2. 對競爭企業的弱點所呈現出的事業商機及最大主要威脅確立。

Internet 活用

3. 與競爭對手的協力關係所產生可能利益點加以評估。

Unit **2-6**
企業與顧客群環境

顧客群是企業營收及獲利的主要來源，企業所有的營運活動過程及價值鏈產生的目標，均是為了提供顧客物超所值的產品或服務，並贏得顧客的忠誠。

企業與顧客群環境（Customer Environment）之顧客群的類別，雖可大致分為消費者市場與組織市場兩大類，但實務上一個企業的消費市場並不能如此簡單劃分，應是兩者有交叉或連結。

一.消費者市場

消費者市場（Consumer Market）是以消費者為對象的商品或服務之提供。

例如：洗髮精、鮮奶、服飾、汽車、機車、百貨公司、大飯店、便利商店、CD唱片、鞋子、化妝品、保養品、遊樂區、KTV、電影、信用卡、家具、精品、書籍、手機等。

對消費者市場的經營，主要是透過行銷策略及行銷活動，以吸引顧客上門消費。

消費者市場又可區分為耐久財與非耐久財兩種，茲分述如下：

(一)耐久財（Durable Goods）：包括汽車、冰箱、電視、住宅、電腦、手機、電話、音響、沙發、床、冷氣、古董字畫、機車等。

(二)非耐久財（Non-Durable Goods）：包括食品、飲料、日用品、清潔品等。

二.組織市場

組織市場（Business Market）乃指非以個別消費者為對象，而是以一個組織體為購買對象。

一般來說，可將組織市場區分為四種市場，茲分述如下：

(一)生產者市場：例如臺灣廣達筆記型電腦工廠為美國Dell（戴爾）大型電腦公司做OEM代工生產；仁寶公司為日本東芝電腦公司做OEM代工等。

另外，像國內很多半導體零組件代理商亦提供新竹科學園區很多IC半導體組裝工廠的採購來源需求。再如美商應用材料公司出售半導體生產設備給台積電及聯電公司等。

(二)中間商市場：此即銷售商品給進口商、經銷商、大盤商或代理商等中間通路業者。

例如：德國BENZ賓士汽車由中華賓士汽車公司所代理銷售；BMW公司由永業公司所代理；世平興業公司為國內最大IC零組件代理公司。

(三)政府市場：政府採購也是一個巨大市場，包括公共工程招標案、電腦招標案、器材招標案、日用品招標案等，每年政府採購金額都在數百億元以上，甚至像國防武器採購都在千億元以上預算。

(四)國際市場：企業市場轉到海外國家時，在海外的工廠、進口商、配銷商、大型零售商、連鎖店等，都是國際市場的一環。

 企業VS.顧客群

顧客群市場2分類

企業顧客群

1.消費者市場	2.組織市場

1.消費者市場

① 耐久財

② 消費財

2.組織市場

①生產者市場

案例:
★廣達筆記型電腦工廠為美國Dell（戴爾）大型電腦公司做OEM代工生產。
★仁寶公司為日本東芝電腦公司做OEM代工。
★國內很多半導體零組件代理商亦提供新竹科學園區很多IC半導體組裝工廠的採購來源需求。
★美商應用材料公司出售半導體生產設備給台積電及聯電公司等。

②中間商市場

案例:
★德國BENZ賓士汽車由中華賓士汽車公司所代理銷售。
★BMW公司由永業公司所代理。
★世平興業公司為國內最大IC零組件代理公司。

③ 政府市場

④ 國際市場

B2C與B2B類型顧客

B2C市場	→	消費品、日用品市場
B2B市場	→	工業原料、工業半成品、工業零組件、工業產品、農業產品、專業服務產品、政府招標產品

Unit **2-7**
策略與內部環境競爭力分析

　　公司各種層次的策略制定，不能忽略內、外部環境條件的分析及評估。因此，內、外部環境條件、資源，以及相關變化趨勢及影響評估，都是策略制定程序中，極為重要的一環。

　　前文我們已對策略與外部環境之關係多所著墨，本單元則要介紹策略與內部環境之關係。

一.企業內部價值鏈活動

　　內部環境分析必須考慮到行銷、財務、生產、品管、採購、研發、全球運籌、資訊系統、人力資源、售後服務等項目。

　　至於策略與內部環境關係，可說主要著眼在企業內部的價值鏈活動所創造出來的競爭力。

　　具體而言，這些價值鏈活動，可歸納為下列十一個面向之活動：1.研發活動的競爭力；2.採購、生產、品管活動的競爭力；3.行銷、業務活動的競爭力；4.全球運籌活動的競爭力；5.資訊化活動的競爭力；6.財務資金活動的競爭力；7.人力資源活動的競爭力；8.售後服務活動的競爭力；9.專利權活動的競爭力；10.品牌活動的競爭力，以及11.業務戰力活動的競爭力等。

　　企業藉由上述內部十一個面向之活動，以明確並了解自身的強點與弱點；然後再針對上述各功能範疇間予以調整並改善強化；同時為達成可能的短、中、長期目標下，訂定有效的策略；如此一來，即能進行財務比率分析及營運績效的預估及評估。

二.何謂競爭力

　　當企業蒐集並分析自身各功能表現後，即能明確自身各功能之強弱點並針對弱點提出改善策略及時程表，如此一來，即能建立差異化、獨特性的功能力，同時發掘並建立自身的競爭優勢。

　　而企業競爭力可以呈現在以下幾個面向：1.成本比別人低；2.產品及服務比別人具有差異化及特色化；3.速度比別人快（例如：產品開發上市速度、策略調整反映速度、服務速度等）；4.創新比別人多；5.先行卡位比別人快；6.資源力比別人強；7.人才資源比別人豐富；8.資訊化比別人進步；9.專業性比別人強；10.策略比別人靈活、更快、更多；11.定位比別人清楚、有利基空間；12.品牌比別人有名；13.地點比別人好；14.技術比別人先進，以及15.資源整合比別人多等。

　　綜上所述，我們得知企業可以不斷透過對內部環境的分析與檢視，以發掘自身的優勢與劣勢，並加以強化與改善，進而內化形成一股強大的競爭力，此乃為策略與內部環境關係的最佳效用。

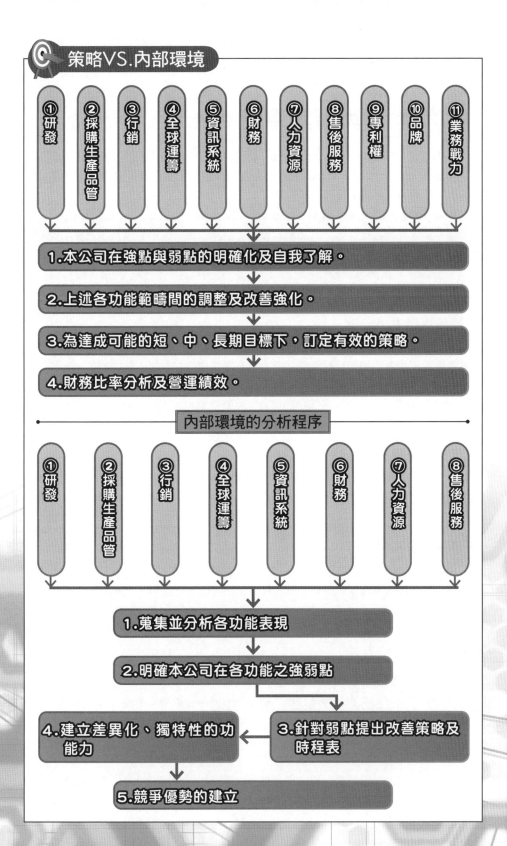

策略VS.內部環境

① 研發
② 採購生產品管
③ 行銷
④ 全球運籌
⑤ 資訊系統
⑥ 財務
⑦ 人力資源
⑧ 售後服務
⑨ 專利權
⑩ 品牌
⑪ 業務戰力

1. 本公司在強點與弱點的明確化及自我了解。

2. 上述各功能範疇間的調整及改善強化。

3. 為達成可能的短、中、長期目標下，訂定有效的策略。

4. 財務比率分析及營運績效。

內部環境的分析程序

① 研發
② 採購生產品管
③ 行銷
④ 全球運籌
⑤ 資訊系統
⑥ 財務
⑦ 人力資源
⑧ 售後服務

1. 蒐集並分析各功能表現

2. 明確本公司在各功能之強弱點

3. 針對弱點提出改善策略及時程表

4. 建立差異化、獨特性的功能力

5. 競爭優勢的建立

Unit **2-8**
企業與產業環境 Part I

產業環境（Industry Environment）是任何一個企業身處在該產業中，所必須有的基本認識及必要認識。對於本產業的過去、現在及未來發展及演變，必須隨時掌握，然後才會有因應對策及調整策略可言。

國內產業包括資訊電腦產業、IC產業、汽車產業、電信產業、有線電視產業、百貨公司產業、便利超商產業、食品飲料產業、航空產業、大飯店產業、大賣場產業、網路設備產業、石化產業、住宅產業、媒體產業等。

對於任一個產業環境分析，它所涉及的內容，可歸納整理成八項，由於內容豐富，特分兩單元介紹。

一.產業規模大小分析

企業要對產業環境進行分析，首先要了解整個產業規模有多大？產值有多少？這是基礎的第一步。而如何評估產業規模大小，乃是建立在對以下範圍的了解，包括市場營收額？市場有多少家競爭者？市場占有率多少？現在多少？及未來成長多少？

當產業規模愈大，代表這個產業可以發揮的空間也較大，例如：臺灣的資訊電腦產業、消費金融產業及IC半導體產業等。

二.產業價值鏈結構分析

任何一個產業都會有其上、中、下游產業結構，了解這其間的關係，才能知道企業所處的位置與可以創造價值的地方，以及如何爭取優勢與成功關鍵因素，才能搶占領導位置。

三.產業成本結構分析

每個產業成本結構都有差別，例如：化妝保養品的原物料成本就很低，僅占總售價的兩成，但廣告及推廣人員費用就占較高比例。而像IC晶圓代工，其廣告宣傳費用就很少支出。另外，像食品飲料、紙品等，各層通路費用也占較高比例。而直銷產業（例如：安麗、如新、克緹等），或是電視購物公司及型錄購物公司，就可省下層層的通路成本。

四.產業行銷通路分析

每個內銷或外銷產業的通路結構、層次及型態，也會有所差異，包括進口商、代理商、經銷商、批發商、大型零售業者、連鎖業者、專賣店、OEM工廠等。

隨著資訊科技工具普及、直營店擴張及全球化發展，產業行銷通路其實也有很大的改變。例如：美國Dell電腦以網上On Line直銷賣電腦成效卓著；統一食品工廠自己直營統一7-11的通路體系，也有很大勢力；而傳統批發商則慢慢失去存在價值，且其空間受到擠壓，特別是大賣場的崛起，均直接向原廠議價大量進貨，以降低成本。

企業VS.產業環境

產業環境（Industry Environment）是任何一個企業身處在該產業中，所必須有的基本認識及必要認識。對於本產業的過去、現在及未來發展及演變，必須隨時掌握，然後才會有因應對策及調整策略可言。

產業環境8項分析

產業環境

國內產業包括資訊電腦產業、IC產業、汽車產業、電信產業、有線電視產業、百貨公司產業、便利超商產業、食品飲料產業、航空產業、大飯店產業、大賣場產業、網路設備產業、石化產業、住宅產業、媒體產業等。

產業環境分析

1.產業規模大小分析
了解整個產業規模有多大？產值有多少？
①市場營收額多少？
②市場有多少家競爭者？
③市場占有率多少？現在多少？及未來成長多少？

2.產業價值鏈結構分析
了解上、中、下游產業結構。
①有助了解企業所處位置及可創造價值之處。
②有助爭取優勢及成功關鍵因素，才能搶占領導位置。

3.產業成本結構分析
了解每個產業成本結構的差別。
①化妝保養品的原物料成本就很低，僅占總售價的兩成，但廣告及推廣人員費用就占較高比例。
②IC晶圓代工業的廣告宣傳費用就很少支出。
③食品飲料、紙品業，各層通路費用也占較高比例。
④直銷產業（例如：安麗、如新、克緹等），或是電視購物公司及型錄購物公司，就可省下層層的通路成本。

4.產業行銷通路分析
了解每個內外銷產業的通路結構、層次及型態的差異。
①國內4大電信公司紛紛擴張直營門市店通路據點，掌握自己生命。
②統一食品工廠自己直營統一7-11的通路體系，也有很大勢力。
③傳統批發商則慢慢失去存在價值，而使其空間受到擠壓，特別是大賣場的崛起，均直接向原廠議價大量進貨，以降低成本。

5.產業未來發展趨勢分析
6.產業生命週期分析
7.產業集中度
8.產業經濟結構

Unit **2-9**
企業與產業環境 Part II

　　產業環境分析的目的在於對產業相關要素的全面性了解，企業領導人可藉由產業環境分析的結果，研判本身實力狀況，推演出未來的競爭策略。

五.產業未來發展趨勢分析

　　企業要如何推演出未出產業未來的發展趨勢呢？以下幾個案例可資參考。

　　例如：桌上型電腦市場已飽和，單價已下降，很難大獲利，因此必須轉向筆記型電腦市場發展；再如Hi-Net撥接上網已漸被寬頻上網（ADSL、Cable Modem）所取代的明顯變化；另外，像手機觸控化、電視畫面液晶化、有線電視數位化及隨選視訊化等都是顯而易見的發展趨勢。

六.產業生命週期分析

　　產業就如同人的生命一樣，會經歷導入期、成長期、成熟期、衰退期等自然變化。如何觀察及掌握這些週期變化的長度及轉折點，然後策定公司的因應對策，乃是分析的重點。一般來說，大部分的產業是處在成熟期階段，因此產業競爭非常激烈。

048

七.產業集中度

　　產業集中度（Concentrate Rate）係指該產業中的產能及銷售量，是集中在哪幾家大廠。如果是集中在少數幾家廠商，那我們就稱這幾家廠商是「領導廠商」（Dominant Firm）。如果此產業的規模，在前五家廠商，即占了80%的產銷占有率，此乃指此產業是屬於集中度非常高的產業，此五家廠商決定了此市場的生命。

　　產業集中度愈高的產業，正也代表這可能是一個典型「寡占」的產業結構。例如：國內的石油消費市場，中國石油及台塑石油公司兩家公司產銷規模，即占臺灣95%的汽車消費市場，是高度集中的產業型態。

　　臺灣由於內銷市場規模太大，因此很容易成為前兩大名牌，即占了市場規模的一半以上。茲列示以下行業，即是典型的代表：1.便利超商：統一7-11及全家；2.大賣場：家樂福、大潤發；3.汽油：中油、台塑石油；4.KTV：錢櫃及好樂迪，以及5.超市：全聯福利中心、頂好。

八.產業經濟結構

　　產業經濟結構，係指每一個產業的結構性，可以區分為四種型態：1.獨占性產業（一家公司）；2.寡占性產業（二家到五家公司）；3.獨占競爭產業（十家到十五家公司），以及4.完全競爭產業（二十家以上公司）。

　　一般來說，獨占及寡占性產業的獲利性會較高，因為不會面臨競爭壓力，但若是獨占競爭或完全競爭，那麼在面臨價格戰之下，企業獲利就很不容易。

企業VS.產業環境

1.產業規模大小分析→了解整個產業規模有多大？產值有多少？

2.產業價值鏈結構分析→了解上、中、下游產業結構。

3.產業成本結構分析→了解每個產業成本結構的差別。

4.產業行銷通路分析→了解每個內外銷產業的通路結構、層次及型態的差異。

5.產業未來發展趨勢分析

了解產業趨勢，推演出未來的競爭策略。
①桌上型電腦市場已飽和，單價已下降，很難大獲利，因此必須轉向平板電腦及筆記型電腦市場發展。
②ADSL上網已漸被寬頻上網光世代／光纖，所取代的明顯變化。
③手機智慧型化、電視畫面液晶化、有線電視數位化、電腦平板化、數位匯流及隨選視訊化等都是顯而易見的發展趨勢。

6.產業生命週期分析

產業會經歷導入期、成長期、成熟期、衰退期及再創新等自然變化。
①觀察及掌握這些週期變化的長度及轉折點，然後策定公司的因應對策。
②大部分的產業是處在成熟期階段，因此產業競爭非常激烈。

7.產業集中度

了解產業中的產能及銷售量，是集中在哪幾家大廠。
①產業集中度愈高的產業，正也代表這可能是一個典型「寡占」的產業結構。
②臺灣由於內銷市場規模太大，因此很容易成為前兩大名牌，即占了市場規模的一半以上。
★便利超商→統一7-11及全家　　★大賣場→家樂福及大潤發
★汽油→中油及台塑石油　　　　★KTV→錢櫃及好樂迪
★超市→全聯福利中心及頂好
★百貨公司→新光三越、SOGO及遠百

8.產業經濟結構

每一個產業的結構性，可以區分為四種型態：
①獨占性產業（一家公司）
②寡占性產業（二家到五家公司）
③獨占競爭產業（十家到十五家公司）
④完全競爭產業（二十家以上公司）

產業環境分析

產業4生命週期

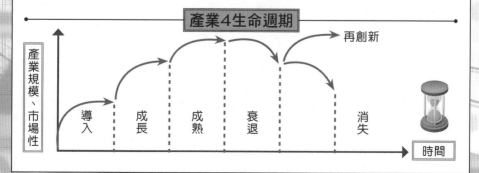

Unit **2-10**
企業與經濟環境

　　企業與國內經濟環境（Economy Environment）可說是息息相關。這些國內經濟環境，又可區分為十點來看，各點乍看之下為獨立課題，其實環環相扣，最好全面性了解，才能做出對企業有利的決策。

一.國內經濟環境分析

　　(一)證券股票市場環境：一旦證券股票市場下跌，公司總市值也會縮水，公司的資金能力就受到影響，若向銀行以股票質押時，其擔保價值也會跟著縮水，而必須再增補其他擔保品，或被銀行要求收回放款。公司增資發行新股，也不易受到民眾的認股。

　　(二)金融銀行市場環境：一旦金融不景氣成為呆帳時，則銀行會向企業抽回銀根，或是到期不再展延，或是不再核放新借款，這些都使企業受到很大影響。

　　(三)出口外銷市場環境：一旦出口外銷衰退，則經濟成長率必會衰退，廠商開工率也下降，裁員、減薪、無薪假也就跟著發生。

　　(四)匯率市場環境：一旦匯率貶值，雖可促進出口報價力，但也增加內銷廠商的進口成本，使物價有上漲壓力。

　　(五)利率市場環境：利率涉及融資借款的成本，以目前低利率來看，有助於降低企業的資金成本。

　　(六)財政賦稅環境：包括土地增值稅、地價稅、營業稅、營利事業所得稅、關稅等下降、停徵或上升，均會影響企業經營成本。

　　(七)勞工環境：勞工素質、勞工數量與勞動工時等狀況，均會影響企業的人力成本負擔。

　　(八)國內消費環境：內需市場消費不振或衰退，將使內需廠商的營收及獲利也隨之減少。

　　(九)國內投資環境：國內或僑外來臺投資若出現減少或衰退，則顯示未來經濟成長會受到傷害。

　　(十)經濟成長率：國內經濟成長率下降或衰退，代表著外銷出口的衰退及內需市場的不振，都對企業產生環環相扣的影響。

二.經濟環境對企業的影響

　　實務上，經濟環境的變動，對企業的影響，可歸納整理成以下幾點：1.對企業「經營成本」（Cost）的有利或不利影響；2.對企業「銷售量」、「銷售業績」有利或不利影響；3.對企業「勞動力」來源的有利或不利影響；4.對企業「投資意願」的有利或不利影響，以及5.對企業「獲利」有利或不利影響。

　　由上我們得知，經濟環境的變動對企業的影響不是絕對的有利或有弊，端視我們是否能提早洞見，而趨吉避凶。

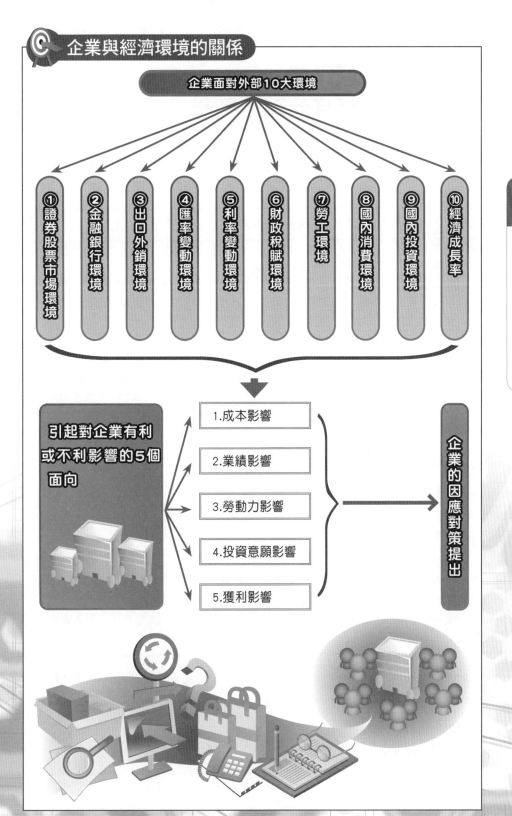

企業與經濟環境的關係

企業面對外部10大環境

① 證券股票市場環境
② 金融銀行環境
③ 出口外銷環境
④ 匯率變動環境
⑤ 利率變動環境
⑥ 財政稅賦環境
⑦ 勞工環境
⑧ 國內消費環境
⑨ 國內投資環境
⑩ 經濟成長率

引起對企業有利或不利影響的5個面向

1. 成本影響
2. 業績影響
3. 勞動力影響
4. 投資意願影響
5. 獲利影響

企業的因應對策提出

Unit **2-11**
企業與其他壓力團體

　　什麼是壓力團體（Pressure Group）？各方學者看法不一，有人認為是指對政府決策施加壓力給有利於己的團體，其意義為「其活動對國家決策有大影響力的非正式政治組織」，也有人認為壓力團體是「任何由分享的目標和態度結合在一起的人群組合，他們企圖使用各種手段以遂其意，特別是獲得接近政權的過程，而使政策對他們所偏好的價值有利」。無論哪個解釋，壓力團體對企業經營也會產生影響。

　　這些影響企業的壓力團體，可區分為以下四種。而這四種壓力團體對企業經營，可能造成負面影響，但也有可能是正面影響。

　　尤其是，當政府政策或法律規章不夠符合現況時，壓力團體對政府適度的壓力，就會促使政府加速革新行政政策或是修正法令。但是，當壓力團體為自己私利時，則可能會對正在經營的企業造成不利影響。

一.國內民間團體

　　國內民間團體，可說是包羅萬象，有些是為了爭取本身成員的利益，有些則是為了宣導、提倡某些理想或價值，因此本文將其歸納整理成以下幾種：1.消基會；2.反公害團體；3.弱勢族群代言團體；4.婦女保障團體；5.產業公會、勞工協會；6.環保協會，以及7.其他。

二.國內民代

　　我們常說為民喉舌是民意代表的天職，而國內民意代表包含有：1.立法委員；2.市議員、縣議員，以及3.鄉鎮代表等三大類別。

三.媒體

　　由於電信科技與其他形式的電子通訊進步迅速，大幅增加新聞與資訊傳播的速度，有效地縮短各地間的距離。這些發展都有助於企業攫取新興市場的商機，並能遙控經營遠離總公司的事業，而網際網路也使資訊更易於即時傳送。

　　當然水能載舟，也能覆舟。媒體既然能為企業帶來商機，也可能成為殺害企業的利器。

　　目前媒體除了原先為大家熟知的傳統媒體之外，又多了上述更即時的媒介工具，因此大致可區分為五大類別，即：1.報紙；2.電子媒體；3.網路媒體；4.廣播媒體；以及5.雜誌媒體等。

四.國外壓力來源

　　世界經濟全球化已成趨勢，任何國際上的變動，對企業都可能造成影響。而影響的來源管道大致如下，即：1.環保團體；2.野生動物保護團體；3.產業公會；4.國會議員；5.退休政府高級官員；6.國外政府行政單位，以及7.世界經貿組織（WTO）等。

企業壓力團體4來源

企業壓力團體

1.國內民間團體	2.國內民代	3.媒體	4.國外壓力來源
①消基會 ②反公害團體 ③弱勢族群代言團體 ④婦女保障團體 ⑤產業公會、勞工協會 ⑥環保協會 ⑦其他	①立法委員 ②市議員、縣議員 ③鄉鎮代表	①報紙 ②電子媒體 ③網路媒體 ④廣播媒體 ⑤雜誌媒體	①環保團體 ②野生動物保護團體 ③產業公會 ④國會議員 ⑤退休政府高級官員 ⑥國外政府行政單位 ⑦世界經貿組織（WTO）

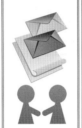

知識補充站

珍·古德

珍·古德女爵士，DBE（Dame Jane Goodall，1934年4月3日出生，又名珍·范羅伊克·古德），英國生物學家、動物行為學家和著名動物保育人士。珍·古德長期致力於黑猩猩的野外研究，並取得豐碩成果。她的工作糾正了許多學術界對黑猩猩這一物種長期以來的錯誤認識，揭示了許多黑猩猩社群中鮮為人知的祕密。除了對黑猩猩的研究，珍·古德還熱心投身於環境教育和公益事業，由她創建並管理的珍·古德研究會（國際珍古德協會）是著名民間動物保育機構，在促進黑猩猩保育、推廣動物福利、推動環境和人道主義教育等領域進行了很多卓有成效的工作，由珍·古德研究會創立的根與芽是目前全球最活躍的面向青年的環境教育計畫之一。由於珍·古德在黑猩猩研究和環境教育等領域的傑出貢獻，她在1995年獲英國女王伊莉莎白二世榮封為皇家女爵士，1996年她第一次到臺灣，宣講動物保護，協助相關機構加強各地的動物保護工作，在2002年獲頒聯合國和平使者。

第 **3** 章

策略管理的基本架構與制定

章節體系架構 ▼

Unit 3-1
策略管理的基本架構與內容

策略管理的基本架構與制定，有其一定步驟要掌握，而全面性了解更是重要。

一.策略的制定及形成

在策略的制定與形成（Formulation）方面，應該考慮到以下幾點：

(一)當前策略的檢討：首先要對當前本公司的使命、目標與戰略進行檢討與分析，已確定是否符合現在或未來趨勢之所需。

(二)對內外部環境分析：要對內外部環境的變化、趨勢，以及可能影響，予以深入的蒐集資料、分析、評估、得出結論，即發掘內部環境分析有何強點與弱點，並予以強化與改進；針對外部環境分析有何機會與威脅，並予以掌握與修補。

(三)使命與目標再檢討：要對本公司使命與短、中、長期目標，加以設定調整。

(四)評估替代策略：要制定各種可能替代策略，予以評估其適用性並選定之。

二.策略的具體化

在策略的具體化與可執行化（Implementation）的方案方面，須注意以下幾點：

(一)資源配置：對各方面、各領域、各事業部的資源配置合理化及最適化。

(二)執行能力：要注意可執行程度與執行力的要求。

(三)要有連結：要訂出具體策略與數據目標的連結性。

三.策略的評價

在策略的效果評價、管理與改變再調整（Evaluation & Adjustment）方面，須注意以下幾點：

(一)策略評價應及時：策略的效果及效益，必須及時與定期被檢討與評估；有效果的策略可持續下去，沒有效果的策略必須及時改變、調整、因應，以正確達成公司的營運數據目標。

(二)策略不僵化：策略不是固定的，而是可隨時、機動的因應市場變化而改變。

四.策略管理的全面性項目

由於市場全球化與資訊技術革新，策略的制定也要隨之因應，茲扼要說明如下：

(一)策略管理的基本面：包括策略的制定、策略具體化與執行力，以及策略的評價與調整改變等三大基本面。

(二)競爭優勢建立：企業要強化以下內部各功能，以建立強大堅固的競爭優勢，即R&D、採購、品管、生產、行銷、全球運籌、資訊情報、財務、人力資源、法務等部門功能。

(三)有效與正確的戰略選擇：實務上有以下各種戰略可供選擇運用，即垂直整合型策略、集中深化型策略、防衛型策略，以及併購型策略等四種。

策略管理的基本架構

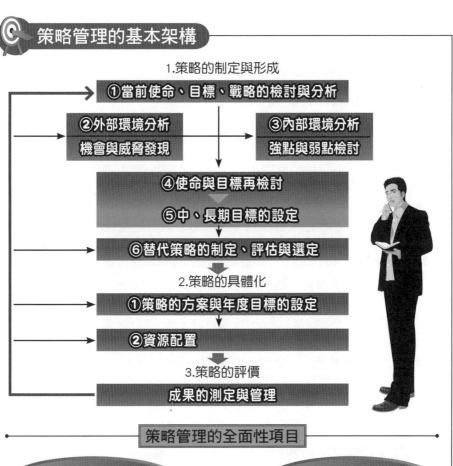

1.策略的制定與形成

①當前使命、目標、戰略的檢討與分析

②外部環境分析
機會與威脅發現

③內部環境分析
強點與弱點檢討

④使命與目標再檢討

⑤中、長期目標的設定

⑥替代策略的制定、評估與選定

2.策略的具體化

①策略的方案與年度目標的設定

②資源配置

3.策略的評價

成果的測定與管理

策略管理的全面性項目

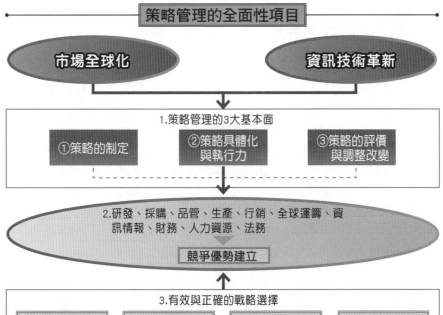

市場全球化

資訊技術革新

1.策略管理的3大基本面

①策略的制定

②策略具體化
與執行力

③策略的評價
與調整改變

2.研發、採購、品管、生產、行銷、全球運籌、資
訊情報、財務、人力資源、法務

競爭優勢建立

3.有效與正確的戰略選擇

①垂直整合
型策略

②集中深化
型策略

③防衛型策略

④併購型策略

Unit 3-2
策略的制定程序

策略的制定程序（Formulation），基本上有五項考量要素，然後才能形成策略的方向與方案。

一.策略制定的程序架構

上述所提的五項考量要素，茲分別說明如下：

(一)企業使命與願景的明確化：企業使命與願景是對企業內外的一種宏偉承諾，因此要明確定義與清晰描述，才能形成內部共識，並讓人可以想見達成後的效益。

(二)外部環境分析與評價：進行深入的外部環境分析與評價，才能因此了解外部環境可能帶來的機會及威脅，然後才會思考如何掌握這些商機，以及如何避掉威脅。（即SWOT分析）

(三)內部環境分析與評價：進行內部環境自我資源條件與資源的分析及評價，然後才知道如何強化自我的優點，以及如何改善缺點。

(四)中長期目標的設定：對公司發展中長期目標的設定，以二至五年為發展目標，然後依此目標，才能有因應的策略方向與策略計畫研訂。

(五)替代戰略方案與選定：對未來要達成此目標之各種替代策略方案的研訂、評估與選定，然後再進入執行階段。

二.策略型態取向之策略規劃架構

國內學者司徒達賢於民國90年提出策略型態分析法，以現在策略形貌為出發點，接著分析環境與條件，再依據創意產生新的策略形貌後，重新進行環境分析、條件分析與目標分析，進一步從未來的策略形貌產生行動方案，其分析法的思考程序如右圖。

另外，國外學者亦曾提出，策略管理的過程，可以區分為五個過程，包括：

(一)對企業外部環境展開偵測、調查、分析、評估、推演與最後判斷：這個階段非常重要，一旦無法掌握環境快速變化的本質、方向，以及對我們的影響力道，而做錯誤判斷或太晚下決定，則企業就會面臨困境，而使績效倒退。

(二)策略形成：策略不是一朝一夕就形成，它是不斷的發想、討論、分析及判斷而形成的，甚至還要做一些測試或嘗試，然後再正式形成。當然策略一旦形成，也不是說不可改變。事實上，策略也經常在改變，因為原先的策略，如果效果不顯著或不太對，馬上就要調整策略了。

(三)策略執行：執行力是重要的，一個好的策略，而執行不力、不貫徹或執行偏差，都會使策略大打折扣。

(四)評估、控制：執行之後，必須觀察策略的效益如何，而且要及時調整改善，做好控制。

(五)回饋與調整：如果原先策略無法達成目標，表示策略有問題，必須調整及改變，以新的策略及方案去執行，一直要到有好的效果出現才行。

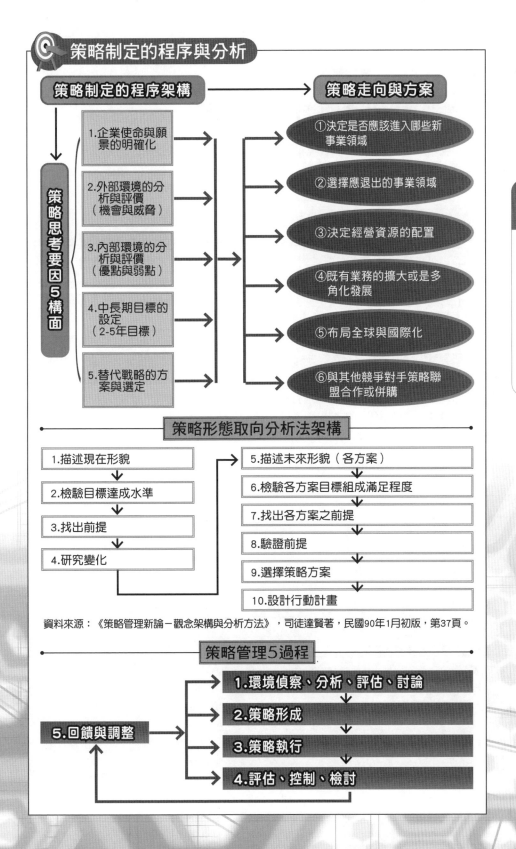

策略制定的程序與分析

策略制定的程序架構 → 策略走向與方案

策略思考要因5構面

1. 企業使命與願景的明確化
2. 外部環境的分析與評價（機會與威脅）
3. 內部環境的分析與評價（優點與弱點）
4. 中長期目標的設定（2-5年目標）
5. 替代戰略的方案與選定

① 決定是否應該進入哪些新事業領域
② 選擇應退出的事業領域
③ 決定經營資源的配置
④ 既有業務的擴大或是多角化發展
⑤ 布局全球與國際化
⑥ 與其他競爭對手策略聯盟合作或併購

059

策略形態取向分析法架構

1. 描述現在形貌
2. 檢驗目標達成水準
3. 找出前提
4. 研究變化

5. 描述未來形貌（各方案）
6. 檢驗各方案目標組成滿足程度
7. 找出各方案之前提
8. 驗證前提
9. 選擇策略方案
10. 設計行動計畫

資料來源：《策略管理新論－觀念架構與分析方法》，司徒達賢著，民國90年1月初版，第37頁。

策略管理5過程

1. 環境偵察、分析、評估、討論
2. 策略形成
3. 策略執行
4. 評估、控制、檢討
5. 回饋與調整

Unit 3-3
替代戰略方案的決定

在分析過SWOT內外部環境要素之後，即可進一步策定本公司未來發展的替代（調整）策略，而且是可行的與實現性高的替代策略決定。例如：鴻海公司進入TFT-LCD新事業，再如台塑石化公司進入石油產銷新事業等之戰略決定均屬之。

一.替代與調整戰略方案之分析

企業如何研訂出替代與調整的戰略方案？首先，即是進行必要情報的蒐集工作：

(一)外部環境要因：主要針對總體經濟、社會與文化環境、人口結構、技術革新，以及國際環境等五種因素進行分析與評估。

(二)競爭環境要因：主要針對競爭對手、替代商品的發展、新加入者等競爭環境進行分析，並找出企業自身的競爭優勢與劣勢。

(三)內部環境要因：主要針對管理、行銷、財務、生產、資訊化、全球運籌、法務、研發等內部環境的功能進行分析與評估，並發掘企業自身應改進或可強化的功能。

(四)外部事業機會與威脅：主要針對產業成長性的高低、主力競爭者的壓力大小，以及市場消費人口的增減等要因進行分析與評估，並找出企業的機會點與威脅點。

(五)自身的優缺點：主要針對在特定領域的研發力、企業文化優良、財務結構穩健、行銷通路掌握等各點進行分析與評估，以了解企業自身的優缺點何在。

二.替代戰略方案的選擇程序

替代與調整的戰略方案可能會有很多種，這時企業要如何考量哪個才是最佳方案呢？我們可從以下程序進行方案的確定。

首先從企業的外部環境要因與內部環境要因進行分析與評估，然後對現在戰略目標與使命進行評價，如果覺得不符現況或未來所需，則開始著手戰略的分析與代替戰略的規劃與擬定，再經過全面性的考量之後，從中選擇最適合的代替戰略。

小博士解說

藍海策略

「藍海策略」旨在脫離血腥競爭的紅色海洋，創造沒有人與其競爭的市場空間，把競爭變成無關緊要。這種策略致力於增加需求，不再汲汲營營於瓜分不斷縮小的現有需求和衡量競爭對手。藍海策略的擬定，可讓企業同時追求高價值和低成本，企業可從改造市場疆界、專注於大局而非數字、超越現有需求、策略次序要正確、克服重要組織障礙，以及把執行納入策略等六個途徑進行。

替代戰略方案的分析與決定

企業實務戰略方案之分析架構

1.外部環境要因
①總體經濟
②社會與文化環境
③人口結構
④技術革新
⑤國際環境

2.競爭環境
①競爭對手的分析
②替代商品的發展
③新加入者
……

3.內部環境要因
①管理　②行銷
③財務　④生產
⑤資訊化 ⑥全球運籌
⑦法務　⑧研發

戰略策定的
必要情報蒐集

4.外部事業機會與威脅
①產業成長性的高低
②主力競爭者的壓力大小
③市場消費人口的增減
……

5.自身的優缺點
①在特定領域的研發力
②企業文化優良
③財務結構穩健
④行銷通路掌握
……

可行性、實現性高的替代戰略決定

替代戰略方案的選擇程序

外部環境要因

內部環境要因

現在戰略目標
與使命之評價

戰略的分析與代替戰略的策略

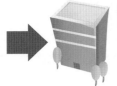

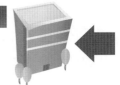

最適代替戰略
的決定

Unit **3-4**
兩種策略制定的不同思考模式

　　一般來說，製造業與服務業分別有不同的策略制定模式，當然，這不是絕對的區別，有時也有交叉出現的案例。

　　「製造業」偏向公司既有的獨特核心能力為出發思考點，以開展新市場商機；而「服務業」則較偏向消費者立場與他們的需求為出發點，以開拓新事業。為使讀者能更了解兩者在策略上制定之差異，茲簡要說明如下，以供參考。

一.經營資源Approach──製造業常用策略制定模式

　　製造業，顧名思義即是必須製造出產品的公司或工廠。它幾乎占了一個國家或一個社會系統的一半經濟功能，可區分為傳統產業及高科技產業兩種：1.傳統產業：即指統一、臺灣寶僑家品、聯合利華、金車、味全、味丹、可口可樂、黑松、東元、大同、裕隆汽車等，及2.高科技產業，即指台積電、聯電、宏達電、鴻海、華碩等。

　　由上所列企業，我們得知這些企業都是以研究開發而製造出獨具市場優勢的產品。因此，製造業的決策模式，通常採取本公司獨特核心的專長與能力，以探索事業範疇的市場商機。茲列舉以下案例，有助於對製造業策略制定之參考：

　　(一)台積電公司：8吋晶圓代工業務→升級到12吋晶圓代工業務。

　　(二)聯發科技公司：PC的IC設計→DVD機IC設計→無線通訊IC設計。

　　(三)統一食品：速食群、糧油群、飲料群、低溫群、健食群等。

二.市場機會導向Approach──服務業常用策略制定模式

　　服務業是指利用設備、工具、場所、訊息或技能等為社會提供勞務的行業。例如：統一超商、麥當勞、新光三越百貨、家樂福量販店、佐丹奴服飾店、統一星巴克、誠品書店、中國信託銀行、國泰人壽、長榮航空、屈臣氏、君悅大飯店、摩斯漢堡、小林眼鏡、TVBS電視臺、燦坤3C等都是目前消費市場最被人熟知的服務業。

　　由上所列企業，我們得知相較於製造業，服務業提供的是以服務性產品居多，而且服務業也是以現場服務人員為主軸，這與工廠作業員及研發工程師居多的製造業，當然有顯著不同。

　　因此，服務業的決策模式，通常從市場機會、顧客需求出發，探索事業範疇，進而從環境發掘出可開創或切入的商機，然後開始強化自己的核心專長與能力。茲列舉以下案例，有助於對服務業策略制定之參考：

　　(一)統一超商：實體商品→服務性商品代收服務→鮮食產品的發展業務與商機。

　　(二)低利率時代，理財更重要：國內外股票型基金、公司債基金等紛紛出現，商機大→各投信、投顧、證券及壽險公司，紛紛加強此項服務能力。

　　(三)統一流通集團：1.連鎖藥妝店商機→成立康是美（1996年）；2.連鎖咖啡店商機→成立星巴克（1998年），以及3.宅配商機→成立統一速達公司（1999年）。

製造業／服務業的策略制定

一般來說，製造業與服務業分別有不同的策略制定模式，當然，這不是絕對的區別，有時也有交叉出現的案例。

1.製造業常用策略制定模式——經營資源Approach

製造業的決策模式

本公司獨特核心專長／能力 ➡ **探索事業範疇的市場商機**

《找能夠做的事》

案例一	案例二	案例三
！台積電公司	**！聯發科技公司**	**！統一食品**
8吋晶圓代工業務→升級到12吋晶圓代工業務。	PC的IC設計→DVD機IC設計→無線通訊IC設計。	速食群、糧油群、飲料群、低溫群、健食群等。

2.服務業常用策略制定模式——市場機會導向Approach

 事業範疇／市場機會／核心能力的關係

服務業的決策模式

從市場機會、顧客需求出發，探索事業範疇 ➡ **開始強化自己的核心專長與能力**

《找環境商機而去做》

案例一	案例二	案例三
！統一超商公司	**！低利率時代，理財更重要**	**！統一流通集團**
實體商品→服務性商品代收服務→鮮食產品的發展業務與商機。	國內外股票型基金、公司債基金等紛紛出現，商機大。→各投信、投顧、證券及壽險公司，紛紛加強此項服務能力。	1996年 連鎖藥妝店商機→成立康是美。 1998年 連鎖咖啡店商機→成立星巴克。 1999年 宅配商機→成立統一速達公司。

Unit **3-5**
企業「願景」與「使命」

「世界瞬息萬變，FedEx使命必達」這句廣告標語我們經常可在電視廣告看到，起先都是摸不著頭緒的廣告劇情，有溫馨、趣味，甚至驚悚，等到我們快要了解時，末尾就會出現這句標語。這句標語可說是Federal Express（美商聯邦快遞）的企業使命；然而什麼是企業「願景」？與企業「使命」又有何不同？兩者有無關聯性？釐清這些之後，我們會發現企業的現在與未來已明確勾勒在眼前。

一．企業願景

企業發展願景是最常被企業界所引用的。企業「願景」（Vision）則是一種對公司終極發展成果的統括性理想與目標，而能讓全員共同追尋的一種信仰力量與奮戰依循之所在。

而願景與使命是一種互補的功能，兩者之間形成以下三個構面的關聯：

(一)使命： 即本公司的事業是什麼？將為顧客貢獻些什麼？

(二)核心專長： 即本公司能夠為顧客創造出更高價值的既有經營資源與能力。

(三)戰略的方向： 即本公司與競爭對手相較的成長性、獲利性、市占率等目標。

為了讓讀者對企業願景有更明確的了解，茲列舉以下案例，以供參考：

1.民視願景：咱臺灣第一名的電視臺。

2.豐田汽車願景：全球第一大汽車廠。

3.裕隆汽車願景：臺灣能夠自創品牌的優質汽車廠。

4.迪士尼樂園：全球最好的主題遊樂園。

5.時代華納：全球最佳的電影製作公司。

6.統一超商集團：臺灣最大零售流通業集團。

二．企業使命

企業「使命」（Mission）並不是一個空洞而不著邊際的名詞。企業使命是在告訴本公司的事業何在，以及本公司將為顧客貢獻些什麼。

我們以鴻海公司為例，所設定的使命是：「為全球大型資訊、通訊大廠，提供最大規模經濟量與技術最先進專業電子代工服務大廠」。在這個企業使命陳述中，至少揭示了公司的定位、顧客、主力產品、事業範疇與發展目標等具體事項。

而構成企業使命的要素如下：1.明確理解本公司的顧客是誰；2.主力商品或主力服務是什麼；3.在什麼市場展開事業拓展與競爭；4.技術面有何優勢；5.持續性成長的目標與財務的健全如何，以及6.追求什麼樣的定位優勢。

為讓讀者對企業使命有更明確的了解，茲列舉以下案例，以供參考：

1.迪士尼樂園使命：帶給全地球人最大快樂的地方。

2.臺大醫院使命：以超高技能與視病如親精神，為所有病患提供最佳的醫療診斷與服務。

願景與使命的關聯

願景（Vision）
一種統括的最終達成的理想與目標，
能夠讓全員共同追尋的。

1.使命	2.核心專長	3.戰略的方向
• 本公司的事業是什麼？ • 將為顧客貢獻些什麼？	• 能夠為顧客創造出更高價值的既有經營資源與能力。	• 與競爭對手相較的成長性、獲利性、市占率等目標。

企業使命構成3要素

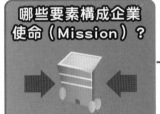

哪些要素構成企業
使命（Mission）？

1.明確理解本公司的顧客是誰？

2.主力商品或主力服務是什麼？

3.在什麼市場展開事業拓展與競爭？

4.技術面有何優勢？

5.持續性成長的目標與財務的健全如何？

6.追求什麼樣的定位優勢？

知識
補充站

台積電的願景與使命

|願 景|

成為全球最先進及最大的專業積體電路技術及製造服務業者，並且與台積電無晶圓廠設計公司及整合元件製造商的客戶群共同組成半導體產業中堅強的競爭團隊。為了實現此一願景，台積電必須擁有三位一體的能力：

1.是技術領導者，能與整合元件製造商中的佼佼者匹敵。

2.是製造領導者。

3.是最具聲譽、以服務為導向，以及客戶最大整體利益的提供者。

|使 命|

作為全球邏輯積體電路產業中，長期且值得信賴的技術及產能提供者。

Unit 3-6
願景經營

我們常聽到「夢想有多大，世界就有多大」的願力說法，但真實性如何？當過Top Sales的美國房地產富豪唐納‧川普以他一生的成就告訴世人：「你的夢想有多大，成就就有多高，因此不管你做什麼，都要胸懷大志，要為自己訂下遠大的目標，把自己塑造成能完成那項目標的人」，則印證了這個說法。套用在企業，也是一樣可行。

一.何謂願景經營

所謂「願景經營」（Vision Management），就是企業經營者要把企業最終的經營目標帶往何處、帶向何方、成就什麼偉大目標。人有願景，才會有活下去的力量；企業有願景，也才會不斷提升競爭力，邁向最高、最遠的目標。試舉例如下：

(一)美國國家願景目標：世界第一大強國，自由民主的捍衛者與世界警察角色。

(二)台積電公司願景目標：世界最大的晶圓代工大廠。

(三)鴻海精密公司願景目標：全球最大電腦及手機代工大廠。

(四)統一食品集團願景目標：亞洲第一大食品及零售流通集團。

二.願景典範——隨時代演變的台積電

台積電的新願景是什麼？張忠謀說，1987年以前是要活下去，當1995年繼續生存不是問題的時候，台積電將願景提升為優秀的、最主要的晶圓代工廠，這就是在價格、品質等都要比別人好一點，讓客戶在心甘情願下多付一點錢。而2003年的新願景，就要從過去單純的要成為全球最大、聲譽最佳的晶圓代工廠，微妙的轉變為與無晶圓廠、整合元件廠合作，成為半導體業界最堅強的競爭團隊。

因此，我們得到一個結論，即是要成為成功企業之「願景」，要有五點特性：

(一)願景具穩定性、長遠性及戰略方向性：願景不會隨時改變，它是一種具有穩定性、長遠性與戰略性的概念與方向指針。一般來說，願景在五年內，是不會輕易改變的。如果是每年都會改變的東西，那個就叫做目標與計畫。因此，願景就像是國家的根本「憲法」，只會修憲，但不會輕易制憲。

(二)願景由高階團隊制定：願景通常是由高階經營者或經營團隊所共同策定，並使全體員工共同遵守。

(三)願景具有趨動力，帶領全體員工努力的終極目標：願景具有一種驅動（Drive）企業不斷向前走的動力，沒有願景或願景不明的企業，將會喪失全體人員的動力。

(四)沒有願景的企業，就不知為何而戰：當企業的願景模稜兩可，甚至混沌不明，即意味著整個經營團隊沒有一個統帥；沒有統帥的企業，要因誰而戰？

(五)願景，可以提高企業競爭力：明確有力的願景，不但能凝聚士氣，更能拉高整個組織的高度，大大提升企業的競爭力。

何謂願景經營及特性

願景經營，乃是企業經營者要把企業最終的經營目標帶往何處、帶向何方、成就什麼偉大目標。

願景5大特質

1. 願景具穩定性、長遠性及戰略方向性。

2. 願景由高階團隊制定。

3. 願景具有趨動力，帶領全體員工努力的終極目標。

4. 沒有願景的企業，就不知為何而戰。

5. 願景，可以提高企業競爭力。

案例一

！ 美國國家願景目標

世界第一大強國，自由民主的捍衛者，與世界警察角色。

案例二

！ 台積電公司願景目標

世界最大的先進晶圓製造大廠。

案例三

！ 鴻海精密公司願景目標

全球最大電腦及手機代工大廠。

案例四

！ 統一集團願景目標

亞洲第一大食品及零售流通集團。

願景經營，才能永續經營

願景經營

＝

永續經營

Unit **3-7**
情境規劃

圖解策略管理

這幾年在國外管理技術中興起的「情境規劃」，已漸漸為國內企業界與學術界所重視。然而什麼是「情境規劃」？單從字面了解，「情境」是一種氛圍，一個很有想像空間的名詞，放在企業運用，意味著想像企業未來可能發生的事，然後擬定策略因應。但究竟要如何想像？是不是要有個軌跡，針對現況分析，才能建構情境，並決定後行動呢？以下我們要來探討之。

一.何謂情境規劃

情境規劃（Scenario Planning）是一種前瞻未來、防患未然的決策工具，它藉由了解與分析，對未來具有重大影響的各種變動因素，配合去想像可能發生的各種情景，再針對這些情景，提出應對作法與決策。

情境規劃的重點不在預測未來，而在防患未然，在預警與了解一些影響未來的重大因素或力量，以及可能的結果。防患未然，可以使企業免於走入陷阱或走錯方向，達到永續經營的目的。

068

而研究對企業有重大影響的因素，可以由宏觀與微觀兩個角度來探討。所謂宏觀，觀察的是企業外在環境對未來成長的影響；而微觀，則反省企業內在產業的狀況，以及因競爭情勢所造成的可能變化。

二.影響情境規劃的內外部因素

對企業會產生重大影響的因素，包括政治因素（Political）、產業環境因素（Industry）、經濟因素（Economic）、社會因素（Social）、技術因素（Technology）及競爭者因素等六大類，一般用「PIEST」來表示。

情境規劃即是針對上述六大因素作蒐證、推理與研究，再假想其可能發生的影響與情景，提出對策：

(一)政治因素：政府的法令是否有所變更、政策是否有所轉變、是否獎勵投資、對行業有何限制，以及所得稅是否年年提升等。

(二)產業環境因素：一個地方能否持續提供適當資源，讓企業繼續繁榮，例如：廉價勞力、土地、電力、交通等。

(三)經濟因素：整個大環境發展的趨勢，是否有利經濟；企業是否勤於耕耘，以及產業上下游是否同往外流等。

(四)社會因素：居民會不會歡迎或信任，會不會抗拒在當地設廠、緊鄰工業用地是否有養雞場等。

(五)技術因素：是否會因技術的創新而淘汰掉現有技術，而新技術對本行本業會有什麼影響等。

(六)競爭者因素：競爭者因素的變化，也會對公司產生影響。

1.外部因素
①政治因素
②產業環境因素
③經濟因素
④社會因素
⑤技術因素
⑥競爭者因素

2.內部因素
①企業優勢資源
②企業劣勢資源

• 事前即研擬情境規劃（18套劇本因應）

• 推出某項劇本執行方案，因應現況變化

• 市場出現變化徵兆

情境規劃5大功能

1.做好各種可能出現狀況的應變措施。

2.知道企業未來應該強化的重點所在。

3.知道及掌握變化的趨勢，提高成功的可能性。

4.可訓練員工更寬廣的視野及思維，提升作戰力。

5.可合理配置各種資源的投入。

知識補充站

情境規劃的興起

情境規劃最早出現在第二次世界大戰之後不久，當時是一種軍事規劃方法。美國空軍試圖想像出它的競爭對手可能會採取哪些措施，然後準備因應戰略。

20世紀60年代時期，蘭德公司和曾經任職於美國空軍的赫爾曼‧卡恩（Herman Kahn），把這種軍事規劃方法提煉成為一種商業預測工具。1970年代，殼牌石油（Shell）因為事先進行了阿拉伯實施石油禁運的情境規劃，而降低了全球石油供給驟變所造成的營業衝擊。事實上，殼牌石油並沒有預知會發生石油禁運的超能力，只是藉由預先設想情境及發展出解決方案，一旦禁運真的發生，就可以靈活應變，將衝擊減至最低。這時情境規劃，才第一次為世人所重視。

第 **4** 章
企業的成長策略類型及規劃步驟

●●●●●●●●●●●●●●●●●●●●●●●● 章節體系架構 ▼

Unit **4-1**
企業可採行策略類型及其原因

圖解策略管理

企業要維持競爭力與永續生存，策略是一個關鍵。因為策略決定方案優先順序與資源使用效率，在經濟榮景時如此，在不確定性高、資源貧乏時更是如此。永續經營的典範長青企業之所以能創造規則，即在於其懂得應變的彈性並能敏銳地洞燭先機。

一.穩定策略

穩定策略（Stability Strategy）係指企業以一種小幅度成長的策略。企業會採用此策略的理由如下：

(一)**風險小**：穩定策略的風險較小。

(二)**組織成員最能適應**：企業組織體內所有成員對穩定策略最能適應。

(三)**快速成長後的調養生息**：企業在歷經高度快速成長後，極需一段喘息期間，以求做好事後控制。

(四)**不會影響正常運作**：企業營運正常發展，沒有必要破壞其規則。

(五)**因應不可知的變動**：企業在面臨未可預測及變動的環境，必須尋求紮穩動作。

二.成長策略

成長策略（Growth Strategy）有兩種模式：一種是看到機會而抓住成長，稱為「機會基礎成長策略」，多數企業屬之，其崛起速度快，當市場消失時，企業也就走入歷史；另一種則稱為「能耐基礎成長策略」，這是一種以企業核心競爭力為基礎的成長策略，通常都是好公司，而且可長遠。企業會採用此策略的理由如下：

(一)**為了生存，必須成長**：在急速變化的產業裡，穩定策略可能會帶來短期的成功，但在長期上卻會導致敗亡。因此，企業為了生存，必須成長。

(二)**成長即是績效高**：許多高階主管、外資投資機構及大眾股東等認為成長就代表經營效能高。

(三)**企業家的慾望**：企業家權力、地位、慾望，永無止境。

(四)**更多的資金，可資運用**：成長策略會帶給企業更多的利潤，足以支持企業更大幅度成長的資金需求。

(五)**追求成展**：現代企業已朝巨型化與規模經濟發展，中小型企業已失生存空間。

三.減縮精簡策略

減縮精簡策略（Retrenchment Strategy）係指將企業轉變為一個較精簡、更有效率的組織。企業會採用此策略的理由如下：

(一)**無任何成長展望**：當此產業已面臨衰退萎縮時，再無法有成長的展望。

(二)**無任何競爭優勢**：當本公司面對此產業的競爭時，已毫無競爭優勢時。

(三)**無法改善虧損**：當本公司此事業部門或此產品長期處於虧損狀況，而無法改善時。

企業策略3大類型

企業不同的三種發展策略

1.穩定策略
（Stability Strategy）

在既有事業範疇內，尋求小幅度成長。

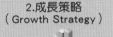
2.成長策略
（Growth Strategy）

①以現有產品線，擴大國內外新市場，增加營收。

②增加不同產品線開發與生產，搶占別人的產品市場。

③向下游通路垂直整合投資經營，擴大事業版圖。

④向上游零組件垂直整合投資經營，以擴大規模及市占率。

⑤水平併購（合併或收購）同業，以擴大規模及市占率。

⑥深耕既有產品線深度及廣告，推出多品牌需求的發展。

⑦開發新產品或技術高之產品，以帶動需求的發展。

⑧以併購方式，朝多角化事業發展擴張。

⑨與國內外業者（同業或異業）策略聯盟合作擴張新事業。

⑩以複製模式，尋求版圖擴大。

3.減縮精簡策略
（Retrenchment Strategy）

①出售事業部或公司或工廠。

②削減規模（減少工廠數量、刪減產品線、刪減海外子公司、刪減不賺錢門市店）。

Unit **4-2**
企業策略的基本型式 Part I

隨著市場與產品擴張、技術進步或研發重心移轉，以及管理技術進步，企業的策略型態會隨之改變，因此，企業應根據本身生命週期，漸進式採取不同的策略型態，並檢視所採用的策略是否適用該企業生命週期的階段之發展。

我們從一個比較宏觀面、多元角度面與內外兼顧的角度面，來看企業的經營策略，基本上有三大基本型式：一是垂直與水平整合的成長策略；二是集中深化的成長策略；三是防衛型的退縮策略。這三種策略基本型式，倘若企業能運用得當，並有效執行，則成為一個永續經營的長青企業，將不是一個不可能實現的夢。

由於本主題內容豐富，特分兩單元介紹，以期讀者能靈活運用在實務上。

一.「垂直與水平整合」成長策略

企業集團尋求成長策略，最常使用的即是採取向上游或下游事業擴充的垂直整合策略，或是向同業合併或收購的水平整合策略。透過這兩種模式，均可使公司或集團的營收規模，不斷擴大成長。至於為何要進行這三種不同整合的原因所在，茲分述如下：

(一)向下整合：通常是企業對現有通路業者的信賴減少，同時仍看好此市場的未來成長，因此會採取向下游行銷通路投資或買下股權、取得授權的方式，進行整合。

(二)向上整合：通常是企業對現在供應商的信賴減少，同時認為上游供應商的行業獲利高，因此會採取向上游原料、零組件供應商取得股權或自行投資的方式，進行整合。

(三)水平整合：通常是企業為了減少同業間的惡性競爭，乃透過向競爭同業取得股權或合併的整合方式，互利互榮。

小博士解說

垂直整合vs.水平整合

所謂垂直整合，即是併吞或收購自己產業的上下游廠商，例如：波音和長榮航空。而水平整合，即是併吞或收購和自己做相同產業的企業，一方面減少對手，一方面增加競爭力，例如：台積電和聯電。研究結果顯示，垂直整合有整合經濟效益、成本降低、獲得市場資訊能力、提高進入障礙、成長動力、擴大產品與市場規模、市場價格影響力等優點；但也有內部控制與企業間協調較易出現問題、遭遇封鎖與排擠現象、管理殊異風險等缺點。水平整合則有擴大產品與市場規模、市場價格影響力、成本降低、成長動力、管理殊異風險、整合經濟效益、獲得市場資訊能力、產品差異化等優點；但也有遭遇封鎖與排擠現象之缺點。

圖解策略管理

策略3大基本型式

1.垂直／水平整合策略	2.集中深化策略	3.防衛型策略
①向下整合 ②向上整合 ③水平整合	①市場滲透 ②市場開拓 ③商品開發	①合併 ②賣掉 ③縮小 ④移到海外

有效果的策略
選擇及執行

併購
（M&A）

垂直與水平整合成長策略

〈意義〉

1.向下整合	2.向上整合	3.水平整合
★向下游行銷通路投資或買下股權或取得授權	★向上游原料、零組件供應商取得股權或自行投資	★向競爭同業取得股權或合併 

因應事業環境的變化，
以策略管理因應

建構競爭
優勢地位

〈原因〉

1.向下整合	2.向上整合	3.水平整合
①對現有通路業者的信賴減少 ②此市場的未來成長性看好	①對現在供應商的信賴減少 ②上游供應商的行業獲利高	透過合併或聯盟等合作，減少惡性競爭，互利互榮

Unit **4-3**
企業策略的基本型式 Part II

　　前文提到了企業應根據本身生命週期，漸進式採取不同的策略型態，基本上是假設該企業是往擴張的面向發展，所以可採取成長策略。而成長策略又可分為「垂直與水平整合」及「集中深化」兩種，前者已於前文介紹，後者則將於本文說明。

　　我們將兩種成長策略比較後，即會發現它們的差異所在，同樣都能擴張企業，但「集中深化」成長策略比較方便使用，對企業的影響層面也比較小些。

　　企業既然有其成長進而成熟的生命週期，當然也有停滯或衰退之時，萬一遇到了，要如何是好呢？這時「防衛型退縮」策略，不妨可考慮看看。

二.「集中深化」成長策略

　　另外一種不是透過垂直水平整合策略，而獲得成長的策略，即是對現有的產品及市場，進行改善、革新與組合，而使公司現有的營收額，得以不斷成長，此即為「集中深化」成長策略，這是比較方便使用的策略，影響層面也較小，計有三種方式，茲分述如下：

　　(一)市場滲透：通常是企業商品的普及率與購買率仍不高，同時產業仍在成長階段或導入階段，可透過行銷活動的增強，以擴大目前的市場占有率。

　　(二)市場開拓：通常是企業發現新行銷通路之取得的可能性，並為使尚有產能充分利用，以及推展市場全球化，而對既有商品與服務導入新市場、擴大地理範疇與新興市場。

　　(三)商品開發：通常是企業商品的生命週期已達成熟階段，擬以快速的技術革新，因應顧客需求的變化與競爭對手商品的動向，而對商品加以改良及創新商品。

三.「防衛型退縮」策略

　　當企業在某個事業領域或某些產品領域上，因為已經無競爭力時，就會被迫採取退縮防衛策略，以避免虧損過大。這些退縮策略，可以包括合併工廠、縮小規模、賣掉工廠或將整個國內工廠移到海外等措施，茲分述如下：

　　(一)合併：一加一不等於二，而是超過二，合併後通常能發揮更大的競爭力，而進行的方式是兩家公司以上進行合併，一家公司留存。

　　(二)賣掉：當公司此事業部門或此產品長期處於虧損狀況，而無法改善時，則可考慮賣掉不再有存留價值的單位，即處分某個工廠、某個公司，以取得資金。

　　(三)縮小：如果賣掉不可行，則可考慮以縮小生產規模的方式，縮小不具效率、虧錢、沒有長期性的事業部門或工廠。

　　(四)移到海外：當國內各種製造成本及經營管銷費用一直居高不下時，企業為求生存，則可考慮將整個國內工廠外移到中國大陸、越南、印度等低成本國家，以降低成本，增強競爭力，持續生產下去。但中國大陸近年來，勞工成本也不斷上升，未來可能朝大陸成本較低的內陸省分發展或轉到更落後的東南亞國家去。

集中深化型成長策略

〈意義〉

1.市場滲透
★透過行銷活動的增強，以擴大目前的市場占有率

2.市場開拓
★對既有商品與服務導入新市場、擴大地理範疇與新興市場

3.商品開發
★因應顧客需求的變化與競爭對手商品的動向，而對商品加以改良及創新商品

↓

強化在既有商品／服務的市場地位

↓

建立競爭優勢地位

〈原因〉

1.市場滲透
①商品的普及率與購買率仍不高
②產業仍在成長階段或是導入階段

2.市場開拓
①新行銷通路取得可能性
②充分利用尚有的產能
③市場全球化推展

3.商品開發
①商品的生命週期已達成熟階段
②快速的技術革新

防衛型退縮策略

〈意義〉

1.合併
★2家公司以上進行合併，留存1家公司

2.賣掉
★處分掉某個工廠、某個公司，以取得資金

3.縮小
★縮小生產規模

4.移到海外
★例如：移到中國、越南、印度等

↓

因應競爭環境與顧客需求的變化，以求存活下去

↓

建立競爭優勢地位

〈原因〉

1.合併
★合併後發揮更大的競爭力

2.賣掉
★賣掉不再有存留價值的單位

3.縮小
★縮小不具效率、虧錢、沒有長期性的事業部門或工廠

4.移到海外
★降低成本，持續生產下去

Unit **4-4**
從產品與市場看企業的成長方向

　　我們用最簡單與實務的角度，來看一個企業尋求公司營收額的成長或事業規模的擴張，可以用「產品」與「市場」這兩個構面分析，形成尋求企業既有產品、新產品在既有市場、新市場占有率成長的四大方向的邏輯關係，進而產生四種執行策略可資運用。

一.市場滲透深化策略

　　市場滲透深化策略是指對既有市場透過行銷活動，以增加現有顧客對現有產品的購買數量，來提升組織現有產品在現有市場上的占有率。

　　此時，企業決策者就必須決定要透過哪些行銷活動來增加現有顧客的購買數量，進而提升產品在市場上的占有率；也就是說，為了達成市場占有率，企業決策者要制定一些可行的方案來執行。

　　例如：如果洗髮精以女性為主力市場，那麼應該可以再細分為學生族群、剛上班年輕族群、中年女性族群及老年女性族群等，推出不同功能與不同目標市場之市場滲透深化策略。

二.新商品開發策略

　　此處所謂的「新產品」，不一定是指十足創新的產品，有些時候是對既有產品的改良與革新而言。

　　例如：便利商店的鮮食便當、CITY CAFE；家電業的液晶電視、智慧型手機以及電動機車等，都是在既有產品上，不斷加以改良與創新，而能部分取代舊有產品的成果。但像AI（人工智慧）產品，則是較創新的產品。

三.新市場開發策略

　　此處所謂的「新市場」，也不一定指真正過去沒有發現的新市場。而是指對既有市場做不斷的擴充、擴大或是延伸而言，因為消費者或顧客市場仍是這些人。

四.多角化策略

　　多角化策略是指企業將經營資源投入新產品與新市場，以增大其經營資源及營運綜效的方法。在競爭激烈的企業體系當中，多角化的經營方式，已經成為企業作為擴張經營範圍與規模的方式之一。

　　例如：統一企業自成立以來，一直採取多角化的經營策略。多樣化的產品可以分散風險，因為不會每一項產品都賺錢，也不可能每一項產品都虧錢，經營起來比較安全。再者，相關事業的多角化經營，不但可以消耗一些公司本身生產的原料，還可以節省很多費用，包括推銷、交際、廣告、包裝、運輸、稅金等。多角化經營，不但為統一企業創造了利潤，也創造了更多的關係企業，讓統一企業得以快速發展。

從行銷觀點看企業成長4大方向

〈既有產品〉　　〈新產品〉

產品／市場矩陣

〈既有市場〉

| **1.市場滲透深化策略** | **2.新產品開發策略** |

〈新市場〉

| **3.新市場開拓策略** | **4.多角化策略**（新產品、新市場） |

從行銷觀點看企業4項執行策略

1.市場滲透深化策略

→透過行銷活動以增加現有顧客對現有產品的購買數量，來提升組織現有產品在現有市場上的占有率。

2.新產品開發策略

→不一定是指十足創新的產品，有些時候是對既有產品的改良與革新而言。

3.新市場開拓策略

→不一定指真正過去沒有發現的新市場，而是指對既有市場做不斷的擴充、擴大或是延伸而言。

4.多角化策略

→企業將經營資源投入新產品與新市場，以增大其經營資源及營運綜效的方法。

知識補充站

多角化策略的種類

1.**水平型多角化**：與現有相同型式的市場，以現有技術為基礎，採用新的產品展開多角化。

2.**垂直型多角化**：上游與下游整合，即將現有產品的採購、生產、流通、銷售等階段予以多角化，使現有產品的生產過程，生產出新產品的多角化。

3.**集中型多角化**：與現有產品的技術與銷售面相互連結，以各種產品進入各種的市場。

4.**非相關多角化**：進入與現有的市場、產品完全沒有關係的領域。

Unit **4-5**
十二種有效策略及例舉 Part I

如果從一個較完整的構面來看，有效策略的類型可以區分為十二種類型，由於內容豐富，特分三個單元介紹策略類型並列舉案例，以供了解與運用。

一.市場滲透策略

市場滲透策略（Market Penetration Strategy）係指對既有市場再投入資源深耕下去，即如果洗髮精以女性為主力市場，應該可再細分為學生族群、剛上班年輕族群、中年女性族群及老年女性族群等，推出不同功能與不同目標市場之市場滲透策略。

例如：1.P&G寶僑公司洗髮精有四種品牌，分別有飛柔、潘婷、海倫仙度絲及沙宣，提供不同的區隔市場使用；2.巧連智兒童雜誌，目前有20萬以上訂戶，亦為分齡分版發行，有月齡版、幼幼版，版本內容均有不同；3.信用卡發行有白金卡及頂級卡兩種，不斷做市場不同使用的消費層深耕下去；4.TOYOTA汽車有走高級市場的Lexus，也有走中級價位市場的Camry、Corona，以及走低價位市場的Yaris、Vios及Altis等滲透市場，以及5.聯合報系，最先有聯合報，然後有經濟日報，再有民生報，最後有星報可讀，把報紙閱讀的既有市場不斷深耕及滲透下去。（註：民生報及星報已分別在2005年及2006年停刊）

二.市場發展策略

市場發展策略（Market Development Strategy）係指對新市場投入資源開發與拓展。例如：自行車在落後國家為交通工具，但在先進國家，則當為休閒與運動工具，其銷售市場空間就變大了。

例如：1.東森幼幼臺節目，原先以廣告收入為市場，後來又將節目發展為兒童律動DVD光碟發行市場，增加新收入；2.最近唱片市場有懷舊風，針對三、四、五年級中壯年人，出版以前大學時代的民歌或懷念老歌，與唱片部是學生、年輕人市場加以區隔；3.休旅車市場亦為家庭用車，開展出汽車新市場，以及4.聯合報亦增加聯合新聞網路及網購經營，開闢出年輕上網族市場。

三.垂直整合策略

垂直整合策略（Vertical Integration Strategy）係指公司向上游零組件或原物料來源行業，展開包括併購或自己投入經營；另外，也包括向下游通路零售行業之併購或投入經營等整合方式。

向上游整合發展之案例有廣達電腦公司向上游投資廣輝液晶面板公司，以及廣明光碟機公司等。而向下游整合發展之案例則包括：1.統一食品公司投資經營統一超商公司等；2.光泉公司投資下游萊爾富便利超商；3.宏碁電腦公司投資下游全國電子3C連鎖店，以及4.燦坤在廈門有小家電工廠，也投資燦坤3C連鎖店通路。

從一個較完整的構面來看，有效策略的類型可以區分為12種類型。

有效的策略類型

1.市場滲透策略

→指對既有市場再投入資源深耕下去。

①P&G寶僑公司洗髮精有四種品牌，分別有飛柔、潘婷、海倫仙度絲及沙宣，提供不同的區隔市場使用。

②巧連智兒童雜誌，目前有20萬以上訂戶，亦為分齡分版發行，有月齡版、幼幼版，版本內容均有不同。

③信用卡發行有白金卡及頂級卡兩種，不斷做市場不同使用的消費層深耕下去。

④TOYOTA汽車有走高級市場的Lexus，也有走中級價位市場的Camry、Corona，以及走低價位市場的Yaris、Vios及Altis等滲透市場。

⑤聯合報系，最先有聯合報，然後有經濟日報，再有民生報，最後有星報可讀，把報紙閱讀的既有市場不斷深耕及滲透下去。

（註：民生報及星報已分別在2005年及2006年停刊）

2.市場發展策略

→指對新市場投入資源開發與拓展。

①東森幼幼臺節目，原先以廣告收入為市場，後來又將節目發展為兒童律動DVD光碟發行市場，增加新收入。

②最近唱片市場有懷舊風，針對三、四、五年級中壯年人，出版以前大學時代的民歌或懷念老歌，與唱片部是學生、年輕人市場加以區隔。

③休旅車市場亦為家庭用車，開展出汽車新市場。

④聯合報亦增加聯合新聞網路及網購經營，開闢出年輕上網族市場。

3.垂直整合策略

①廣達電腦公司向上游投資廣輝液晶面板公司，以及廣明光碟機公司等。

②統一食品公司投資下游統一超商公司及家樂福量販店。

③光泉公司投資下游萊爾富便利超商。

④宏碁電腦公司投資下游全國電子3C連鎖店。

⑤燦坤在廈門有小家電工廠，也投資燦坤3C連鎖店通路。

4.水平併購策略	5.全球策略	6.策略聯盟策略
7.異業合作策略	8.低成本策略	9.差異化策略
10.多角化策略	11.投資擴大策略	12.產品發展策略

Unit **4-6**
十二種有效策略及例舉 Part II

策略制定的工作往往被視為管理活動的至高境界。可是絕大多數的企業經理人受到反覆思想與堅固觀念的衝擊，一直毫無目標的四處探索。我們會是這樣的經理人嗎？十二種有效策略，想必會有所幫助。

四.水平併購策略

水平併購策略（Horizontal Merger Strategy）係指與同業進行合併或收購，目的在於擴大生產或銷售的規模經濟，以及吸收競爭對手，減少敵人。例如：1.國泰銀行併購世華銀行；2.中信銀併購萬通銀行；3.臺灣大哥大併購泛亞電信，以及4.錢櫃與好樂迪KTV合併。

五.全球化策略

全球化策略（Global Strategy）係指企業布局全球，擴張在全球各地區各國的產、銷、研據點，目的有五個：1.降低製造成本；2.追求營收成長；3.形成規模經濟量；4.就近服務顧客，滿足顧客，以及5.內銷市場太小，已達成熟飽和期。

例如：1.聯強國際公司2010年海外營收占總營收55％，這些海外營收來源包括中國大陸、東南亞等地；2.鴻海精密電子公司在東歐捷克布拉格與中國重慶、成都、鄭州、西安及深圳，甚至印度都有設立組裝廠。

六.策略聯盟策略

策略聯盟策略（Strategic Alliance Strategy）係指企業以包括合資或合作的各種方式，尋求盟友互補性的資源，雙方形成綜效、互利互榮。盟友可以是同業或異業。例如：1.統一企業與日本第一品牌龜甲萬醬油合作，推出統一龜甲萬醬油；2.統一與美國星巴克咖啡合作，取得品牌授權經營，推出統一星巴克咖啡連鎖。

七.異業合作策略

異業合作策略（Cross-Industry Cooperation Strategy）專指針對異業的跨產業合作。例如：1.天仁茶葉公司與可口可樂合作，推出天仁品牌茶飲料，但透過可口可樂通路資源銷售；2.很多銀行信用卡與電視購物公司、百貨公司、連鎖書店、量販店、3C店等，推出聯名信用卡業務。

八.低成本策略

低成本策略（Low Cost Leading Strategy）係指在差異化不易產生的狀況下，以及一些產品已達成熟飽和期，或是供過於求，為提升價格競爭力，只有降低成本。例如：1.家樂福量販店、大潤發等經常在其促銷月推出低價折扣戰；2.百貨公司週年慶，全館八折大特賣。

從一個較完整的構面來看，有效策略的類型可以區分為12種類型。

有效的策略類型

1.市場滲透策略	2.市場發展策略	3.垂直整合策略

4.水平併購策略

→指與同業進行合併或收購，目的在於擴大生產或銷售的規模經濟，以及吸收競爭對手，減少敵人。
- ①國泰銀行併購世華銀行。
- ②中信銀併購萬通銀行。
- ③臺灣大哥大併購泛亞電信。
- ④錢櫃與好樂迪KTV合併。

5.全球化策略

→指企業擴張在全球各地區各國的產、銷、研據點。

全球布局5大目的

★降低製造成本　　　　　★追求營收成長
★形成規模經濟量　　　　★就近服務顧客、滿足顧客
★內銷市場太小，已達成熟飽和期

①聯強國際公司2010年海外營收占總營收55%，這些海外營收來源包括中國大陸、東南亞等地；
②鴻海精密電子公司在東歐捷克布拉格與中國重慶、成都、鄭州、西安及深圳，甚至印度都有設立組裝廠。

6.策略聯盟策略

→指企業以合資或合作的各種方式，尋求同業或異業盟友互補性的資源，雙方形成綜效、互利互榮。
①統一企業與日本第一品牌龜甲萬醬油合作，推出統一龜甲萬醬油。
②統一與美國星巴克咖啡合作，取得品牌授權經營，推出統一星巴克咖啡連鎖。

7.異業合作策略

→專指針對異業的跨產業合作。
①天仁茶葉公司與可口可樂合作，推出天仁品牌茶飲料，但透過可口可樂通路資源銷售。
②很多銀行信用卡與電視購物公司、百貨公司、連鎖書店、量販店、3C店等，推出聯名信用卡業務。

8.低成本策略

→指在差異化不易產生的狀況下，以及一些產品已達成熟飽和期，或是供過於求，為提升價格競爭力，只有降低成本。
①家樂福量販店、大潤發等經常在其促銷月推出低價折扣戰。
②百貨公司週年慶館八折大特賣。

9.差異化策略	10.多角化策略	11.投資擴大策略	12.產品發展策略

第四章

企業的成長策略類型及規劃步驟

083

Unit **4-7**
十二種有效策略及例舉 Part III

司徒達賢教授曾為文表示對策略的實務上觀察，許多成功的企業家，其實並未系統化地分析過其「環境」與「條件」，組織內亦無完備的規劃制度，但策略行動往往出人意表，一擊中的，卻未必合乎定位學派的原理原則；其成功全繫於領導者一人的創見、對內外形勢的迅速掌握，甚至於個人魅力與魄力。看完後不知各位有何想法？不得不承認有些人是天生領袖，但相信勤能補拙也能成就一番事業。

九.差異化策略

差異化是最強的競爭力，可以創造價格差距，因此使用差異化策略（Differential Strategy），可避免陷入殺價的惡性競爭。例如：1.日月潭涵碧樓大飯店，採取會員式高檔收費方式，並以環湖風光為其特色；2.頂上魚翅、鮑魚餐廳非常有名；3.新光三越百貨公司在臺北信義區內，開了四家百貨公司，分別區隔為年輕人百貨公司、綜合型百貨公司及精品型百貨公司三種不同差異特色；4.La New皮鞋連鎖店，強調以健康氣墊鞋為訴求特色，以及5.國外頂級精品LV、Fendi、Prada、Y.S.L均屬差異化名牌產品。

十.多角化策略

在全球經濟大景氣時，企業可採用多角化策略（Diversified Strategy），擴張事業版圖。但研究顯示，「相關式」的多角化比較容易成功，而不相關的多角化則不易成功。例如：1.臺鹽公司：原先做鹽品，現在又進入美容保養品領域；2.台糖公司：原先賣糖，現在又做生技健康食品，以及3.東森媒體集團：原先做電視臺，現又做電視購物及型錄購物事業。

十一.投資擴大策略

有不少產業必須要達到規模經濟才會有競爭力，或是技術與產品必須不斷升級才有競爭力，因此擬定擴大投資策略（Expanding Scale Strategy），也成為一種必要。例如：1.台塑石化公司（台塑石油）在雲林麥寮廠，不斷擴大每日生產汽油的生產規模；2.台積電公司從竹科園區的8吋晶圓廠，擴張投資南科園區的12吋晶圓廠。

十二.產品發展策略

產品發展策略（Product Development Strategy）是企業最主要的一種策略。因為只有不斷推出改革或創新產品，企業的營收、市場、地位、市占率才會跟著成長或領先。例如：1.三立電視臺成立戲劇製作中心，廣招劇本編劇人才，發展好看的本土節目產品；2.廣達電腦成立1,000人研發大型中心，希望開拓未來的新科技產品市場；3.數位照相機、液晶電視機、4G手機及平板電腦等均取代了舊有的產品，以及4.統一7-11不斷推出新的鮮食類產品、自創品牌產品及服務性產品，以尋求營收成長。

12種有效策略類型

從一個較完整的構面來看,有效策略的類型可以區分為12種類型。

有效的策略類型

1.市場滲透策略	2.市場發展策略
3.垂直整合策略	4.水平併購策略
5.全球化策略	6.策略聯盟策略
7.異業合作策略	8.低成本策略

9.差異化策略

→差異化是最強的競爭力所在,因為可以創造價格的差距,避免陷入殺價的惡性競爭。

①日月潭涵碧樓大飯店,採取會員式高檔收費方式,並以環湖風光為其特色。另外,臺北日式加賀屋溫泉飯店及臺北W大飯店也都很有特色。

②頂上魚翅、鮑魚餐廳非常有名,以專業食材取得優勢。

③新光三越百貨公司在臺北信義區內,開了四家百貨公司,分別區隔為年輕人百貨公司、綜合型百貨公司及精品型百貨公司三種不同差異特色。

④La New皮鞋連鎖店,強調以健康食墊鞋為訴求特色。

⑤國外頂級精品LV、Fendi、Prada、Y.S.L均屬差異化名牌產品。

⑥王品餐飲集團有19個品牌,各有其定位與特色,得以區隔不同。

10.多角化策略

→在全球經濟大景氣時,企業可採用多角化經營,擴張事業版圖。但「相關式」的多角化經營較能成功。

①臺鹽公司:原先做鹽品,現在又進入美容保養品領域。

②台糖公司:原先賣糖,現在又做生技健康食品。

③東森媒體集團:原先做電視臺,現又做電視購物及型錄購物事業。

11.投資擴大策略

→有不少產業必須要達到規模經濟才會有競爭力,或是技術與產品必須不斷升級才有競爭力,因此擴大投資也成為一種必要策略。

①台塑石化公司(台塑石油)在雲林麥寮廠,不斷擴大每日生產汽油的生產規模。

②台積電公司從竹科園區的8吋晶圓廠,擴張投資南科園區的12吋晶圓廠。

12.產品發展策略

→這是企業最主要的一種策略。因為只有不斷推出改革或創新產品,企業的營收、市場、地位、市占率才會跟著成長或領先。

①三立電視台成立戲劇製作中心,廣招劇本編劇人才,發展好看的本土節目產品。

②廣達電腦成立1,000人研發大型中心,希望開拓未來的新科技產品市場。

③數位照相機、液晶電視機、4G手機及平板電腦等均取代了舊有的產品。

④統一7-11不斷推出新的鮮食類產品、自創品牌產品及服務性產品,以尋求營收成長。

Unit **4-8**
企業成長策略的推動步驟

總結筆者本身在企業界二十五年的經驗，企業在推動成長策略的過程，可以區分五大階段，十步驟，當然，為了時效起見，亦經常出現一、二個步驟合併進行的情形。

一.面對內外部的需求與壓力

企業在推動成長策略，首要考量的是本身對營收與獲利成長的自我需求如何，再來是面對哪些競爭對手的競爭壓力，以及顧客產生變化時，所帶來的影響壓力。

二.中長期成長經營策略規劃

實務上，企業對中、長期成長經營策略的規劃，可有四種方式予以運用：

(一)對既有產品線擴大經營：即1.擴大國內外顧客爭取；2.擴大全球生產據點布建，以及擴大連鎖據點。

(二)對新事業轉投資經營：即1.垂直整合事業投資（上下游事業）；2.核心事業的周邊相關事業，以及3.不相關，但前景看好的事業。

(三)開發新產品線經營：即在既有公司內部開發新產品線經營。

(四)水平合併或收購：與國內外同業合併或用錢去收購。

三.評估要點

企業在推動成長策略時，必須全方位考量及評估，如果對某項評估仍存有懷疑，千萬要再三思量並修正與調整，直到沒有疑慮為止。茲列示實務上常用的十大評估要點，以供參考：1.產業前景評估；2.市場潛力評估；3.技術評估；4.消費者評估；5.財務資金力評估；6.投資效益評估；7.業務行銷力評估；8.競爭者評估；9.法令評估，以及10.綜效評估。

四.成長方案來源

企業要永續經營，成長勢必不可缺，但成長的方案如何來呢？通常有四個來源管道：1.老闆交辦與主持推動；2.各事業總部提出；3.經營企劃部提出，以及4.專案小組提出。這四種管道乃是最基本的，沒有限制一定要由哪個單位提出，端視企業組織規劃如何，最理想的方式是能凝聚員工向心力，所謂眾志成城，即是這個道理。

五.方案的決定與執行

成長策略評估報告經由相關單位提出，並由公司高階主管進行深入討論，認為可行後，再由相關負責單位提出進一步具體執行方案，經多次討論、辯論，然後定案。

這時組織架構及權責應配合定案後的成長策略做一必要性的調整改善，然後交付指定的負責部門，進行推動；最後，進入常態執行作業，如未能產生預期效果，則快速因應調整、改變，直到效果的出現。

企業中長期成長策略的推動步驟

1.面對內外部的需求與壓力

| ①面對營收與獲利成長的自我需求 | ②面對競爭對手的競爭壓力 | ③面對顧客變化的影響壓力 |

3. 10大評估要點

4. 成長方案來源

第四章 企業的成長策略類型及規劃步驟

087

2.中長期成長經營策略規劃

① 對既有產品線擴大經營

② 對新事業轉投資經營

③ 在既有公司內部開發新產品線經營

④ 水平合併或收購

3.10大評估要點：
① 產業前景評估
② 市場潛力評估
③ 技術評估
④ 消費者評估
⑤ 財務資金力評估
⑥ 投資效益評估
⑦ 業務行銷力評估
⑧ 競爭者評估
⑨ 法令評估
⑩ 綜效評估

- 擴大國內外顧客爭取
- 擴大全球生產據點布建
- 擴大連鎖據點
- 垂直整合事業投資（上下游事業）
- 核心事業的周邊相關事業
- 不相關事業（但前景看好）
- 與國內外同業合併或用錢去收購

4.成長方案來源：
① 老闆交辦與主持推動
② 各事業總部提出
③ 經營企劃部提出
④ 專案小組提出

5.方案的決定與執行

① 由相關單位提出成長策略評估報告，並由公司高階主管進行深入討論。

② 由相關負責單位提出進一步具體執行方案計畫內容。

③ 經多次討論、辯論，然後定案。

④ 組織架構及權責做必要調整改善。

⑤ 交付指定的負責部門，進行推動。

⑥ 最後，進入常態執行作業。

⑦ 調整、改變，直到有效果。

Unit **4-9**
新事業與新技術的投入方向與分析

　　企業為追求成長與維繫長遠競爭力，也經常會不斷從核心事業中再去發展相關周邊新事業，或完全新的事業，或是對某種關鍵新技術的投入。但要如何才能確定新事業與新技術是值得開發與投入呢？雖說沒有穩賺的生意，但也不代表穩操勝算是一項不可能的任務，以下我們來探討之。

一.新事業與新技術的投入設定

　　在技術倍速創新的時代，產品生命週期逐漸縮短，新產品開發能力成為維繫公司存亡的命脈。尤其對於許多市場領導廠商來說，要想長期保有競爭優勢，關鍵就在於是否能夠持續不斷的推出新產品上市。一個重大成功的新產品開發專案，不但能顯著提升企業的市場地位與增加營業收入，而且還可能因此主導新的產業標準，甚至再創企業發展的新契機。

　　雖然新產品開發對於企業是如此重要，但只有少數公司能夠有效管理與實現所有的新產品開發構想，許多專案在開發期間就因為規劃不當、資源不足、內部意見衝突、缺乏關鍵技術等，而宣告失敗。其中最經常遭遇的問題就是專案數量過於龐雜，缺乏一套有效的決策與管理機制，導致有限的研發資源被嚴重浪費，產生大量半途而廢與進度落後的專案計畫。因此企業如果想要提升新產品開發效率，顯然需要一套整合性的專案規劃方法。

　　因此，本文將企業如何對新世代的技術與事業的投入予以設定分析，進而得知企業可發展的方向，以簡明扼要的方式，整理如右圖，以供參考使用。

二.新事業是否可行之評估

　　(一)實現性：即開發新事業的能力性，需要對財務資金力、技術研發力、人才力、時間點、風險承擔力、經營模式力、顧客來源、規模經濟力等八要項評估。

　　(二)吸引力：即開發此新事業的未來性如何，包括要對新事業之成長性、獲利結構性、事業風險性、競爭性、綜效性等五要項評估。

小博士解說

技術地圖

技術地圖係建構一條由現在到未來的產品與技術的發展「路徑」，將企業的市場策略、滿足目標市場的產品、該產品所需的關鍵技術與研發規劃，以及所需投入的資源，整合在產品技術地圖中，使公司清楚地掌握未來幾年內預計要開發的市場、發展的產品，以及所需的關鍵技術，領先競爭者進行產品與技術的布局，得以立於優勢地位。

新世代事業技術與投入領域的設定

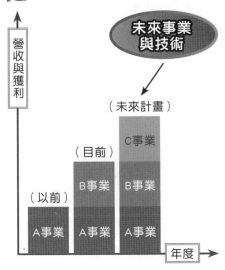

營收與獲利

未來事業與技術

→（未來計畫）

C事業

（目前）

B事業　B事業

（以前）

A事業　A事業　A事業

年度

參與領域		市場		
		既有	關聯	新領域
技術	既有	現事業 A、B 事業	市場開拓性	
	關聯	技術開發型		多角化型
	新領域			

新事業開發2大評估面向

新事業開發是否可行評估項目

1.實現性
→能力性如何？

①財務資金力

②技術研發力

③人才力

④時間點

⑤風險承擔力

⑥經營模式力

⑦顧客來源力

⑧規模經濟力

2.吸引力
→未來性如何？

①成長性

②獲利結構性

③事業風險性

④競爭性

⑤綜效性

Unit **4-10**
「顧客為起點」的行銷策略

　　如果我們把策略規劃的進行，集中鎖定在顧客為起點的行銷策略方向上，則有七個制定策略步驟可以遵行，同時為讓讀者更能將此七個步驟運用在實務上，茲列舉案例說明之。

一.顧客為行銷起點七步驟

　　如果公司將行銷策略集中鎖定在以顧客為起點上，那麼首要之務，即是要確認行銷策略的目標，再來就有一連串的層層剖析與精確分解，然後決定策略方案並執行。這個過程計有七大步驟，茲分述如下：

　　(一)行銷策的目標確認：即目標－現狀＝問題。

　　(二)行銷環境分析：即內部與外部環境分析、SWOT。

　　(三)行銷課題分析：即找出問題Gap的課題。

　　(四)市場區隔化（Segmentation）：即先明確市場區隔或分眾市場何在，才能切入利基市場，並評估其規模或產值的大小。

　　(五)目標市場的決定（Target）：即鎖定、瞄準更精準及更聚焦的目標客層，再來詳述目標客層的輪廓。

　　(六)產品定位的差異化、特色化（Positioning）：即公司產品與服務的定位，是否能讓人印象鮮明，並與競爭品有些差異化。

　　上述(四)至(六)即是行銷學上典型的S－T－P分析。

　　(七)行銷4P/1S策略計畫：即商品、定價、通路、推廣及服務計畫。

二.案例──TOYOTA低價車行銷策略

　　TOYOTA低價車Yaris、Vios及Altis品牌車款，其行銷策略規劃七步驟如下：

　　(一)行銷策略目標確認：以達成讓年輕族群能夠在年輕時就能買得起車子，開拓年輕人用車市場為目標。

　　(二)行銷環境分析：本汽車公司在當前整個汽車市場與消費者市場之SWOT分析。

　　(三)行銷課題分析：本公司車型過去以中壯年人及中高所得族群居多，對年輕人的車型研究不多，以及年輕人對車型有什麼看法呢？

　　(四)市場區隔化（S）：以年輕族群為主力區隔。

　　(五)目標市場決定（T）：以20～30歲、白領上班族、中高學歷、中低所得、男女不拘的目標人口為主。

　　(六)產品定位（P）：讓年輕人買得起又買得喜歡的流行車。

　　(七)行銷4P/1S計畫：定價50萬元以內，可以五年分期付款，輕鬆買車，以及廣告宣傳、通路布置等。

顧客為起點的行銷策略7步驟

1.行銷策略的目標確認	（目標－現狀＝問題）
2.行銷環境分析	（內部與外部環境分析、SWOT）
3.行銷課題分析	（問題Gap的課題找出）
4.市場區隔化	（Segmentation）
5.目標市場的決定	（Target）　（S－T－P分析）
6.產品定位的差異化、特色化	（Positioning）
7.行銷4P/1S策略計畫	（商品、定價、通路、推廣及服務計畫）

案例

案例與說明

TOYOTA低價車Yaris、Vios及Altis品牌車款

行銷策略規劃7步驟	案例說明
1.行銷策略目標確認	以達成讓年輕族群能夠在年輕時就能買得起車子，開拓年輕人用車市場為目標。
2.行銷環境分析	本汽車公司在當前整個汽車市場與消費者市場之SWOT分析。
3.行銷課題分析	本公司車型過去以中壯年人及中高所得族群居多，對年輕人的車型研究不多，以及年輕人對車型有什麼看法呢？
4.市場區隔化（S）	以年輕族群為主力區隔。
5.目標市場決定（T）	以20～30歲、白領上班族、中高學歷、中低所得、男女不拘的目標人口為主。
6.產品定位（P）	讓年輕人買得起又買得喜歡的流行車。
7.行銷4P/1S計畫	定價50萬元以內，可以5年分期付款，輕鬆買車，以及廣告宣傳、通路布置等。

Unit **4-11**
策定公司中長期經營策略與計畫

有關公司或集團中長期產業發展經營策略及經營計畫，是經營企劃部最重要的任務之一。其對各集團公司長遠發展與盛衰，亦有著因果關係。

就實務來說，經營企劃幕僚在提報公司或集團中長期事業發展策略及計畫時，大部分應該要經過七項步驟才算完整，但礙於版面因素，內文將最後三步驟併成一段說明，故詳細流程請參右圖。

一.分析目前市場競爭優勢

所謂好的開始是成功的一半，在策定公司中長期經營策略與計畫之前，對目前本公司（本集團）所處的市場地位有哪些競爭優勢，包含現有市場規模與產值多少、過去幾年的成長率、未來成長展望、競爭現況等都應予以詳細分析，才能有精準切入市場的機會。

二.SWOT分析

針對公司的優勢（Strength）、劣勢（Weakness）、機會（Opportunity）、威脅（Threat）等四種要素，進行SWOT分析，即分析本公司的優點與弱點何在，以及外部環境的機會與威脅何在等要因。

三.與主要競爭對手比較

所謂「知己知彼，百戰百勝」，以及「商場如戰場」這些我們耳熟能詳的名言，其實是再實在不過了；也就是說，公司除了自我分析內外部環境外，也要針對主要國內外競爭對手的市場地位與競爭優勢比較分析，這樣才能更精準地掌握出擊利基。

四.關鍵成功要素

任何一個產業均有其必然的「關鍵成功要素」（Key Success Factor, KSF），因此幕僚做好上述分析後，即能找到公司的核心競爭力（Core Competence），再來擬定戰略性定位（Strategic Position），然後專注經營（Focus）。

此處所提的核心競爭力乃是企業競爭力理論的重要內涵，又可稱為「核心專長」或「核心能力」。公司的核心專長，將可創造出公司的核心產品，並以此核心產品與競爭者相較勁，而取得較高的市占率及獲利績效。

五.研訂中長期發展願景與計畫並執行

至此，幕僚們即可研訂中長期發展願景與各項重要數據總目標，再來是研訂各功能面的中長期經營計畫及分年預算目標（研發、生產、行銷、財務、採購、物流運籌、人力資源、資訊、專利權、品管、製程、倉儲）後，開始展開執行並定期評估檢討與快速調整因應內外部環境的變化。

策定公司中長期經營策略與計畫步驟

1.分析目前本公司（本集團）所處的市場地位競爭優勢

2.SWOT分析：
①公司優點與弱點分析
②外部環境機會與威脅分析

3.主要國內外競爭對手的市場地位與競爭優勢比較分析

4.關鍵成功要素（KSF）
①核心競爭力（Core Competence）
②戰略性定位（Strategic Position）
③專注經營（Focus）

5.研訂中長期發展的願景與各項重要數據總目標

6.研訂各功能面的中長期經營計畫及分年預算目標
各功能面
研發、生產、行銷、財務、採購、物流運籌、人力資源、資訊、專利權、品管、製程、倉儲

7.展開執行並定期評估檢討與快速調整

知識補充站

SWOT

這是一種企業競爭態勢分析方法，是市場行銷的基礎分析方法之一，用在制定企業的發展戰略前對企業進行深入全面的分析以及競爭優勢的定位。而此方法是由Albert Humphrey所提出的。

S	W
Strength：優勢 列出企業內部優勢： ◎人才方面具有何優勢？ ◎產品有什麼優勢？ ◎有什麼新技術？ ◎有何成功的策略運用？ ◎為何能吸引客戶上門？	**Weakness：劣勢** 列出企業內部劣勢： ◎公司整體組織架構的缺失為何？ ◎技術、設備是否不足？ ◎政策執行失敗的原因為何？ ◎哪些是公司做不到的？ ◎無法滿足哪一類型客戶？
O	T
Opportunity：機會 列出企業外部機會： ◎有什麼適合的新商機？ ◎如何強化產品之市場區隔？ ◎可提供哪些新技術與服務？ ◎政經情勢的變化有哪些有利機會？ ◎企業未來10年之發展為何？	**Threat：威脅** 列出企業外部威脅： ◎大環境近來有何改變？ ◎競爭者近來的動向為何？ ◎是否無法跟上消費者需求的改變？ ◎政經情勢有哪些不利企業的變化？ ◎哪些因素的改變將威脅企業生存？

Unit **4-12**
企業如何享有獨占市場

企業能夠造成獨占市場，並且確立獨占優勢，有其一定的方法，以下將探討之。

一.企業獨占市場九種方式

(一)**具有法令保護**：如專利、商標、著作權、獨家執照、貿易障礙等。

(二)**壟斷**：如DeBeers鑽石推廣協會、OPEC石油組織。

(三)**技術領先**：如微軟的視窗軟體、Google的搜尋技術及Facebook（臉書）等。

(四)**掌握通路**：如7-ELEVEn市占率超過50％。

(五)**成本優勢**：如沃爾瑪以低價稱霸。

(六)**產品或服務獨特性**：如iPhone、iPad等。

(七)**消費者認同**：如哈雷機車有一群死忠者、蘋果電腦受到設計人的喜愛。

(八)**便利性**：美國最大租車業者並非赫茲或艾維斯，而是企業，因為前面兩者以旅行人士為主，企業租車公司則是針對一般人士需要，提供最大的便利和選擇。

(九)**品牌優勢**：如可口可樂、麥當勞、微軟、SONY、LV、Chanel、Gucci等。

二.確立獨占優勢五部曲

芝加哥企管所教授李利提出「獨占法則」後，也給企業一些自我檢驗的準則：

(一)**了解你目前具有什麼獨占優勢**：問自己五個問題，即：1.這個市場中，我是否是顧客唯一選擇；2.這個市場是否被競爭者忽視；3.我的產品或服務是否無替代者；4.我是否是價格制定者，以及5.我是否具有非常高的利潤。如果都是肯定，即具有獨占優勢。

(二)**保護你現有的獨占優勢**：別忽視任何潛在競爭對手的行動，注意市場、科技、消費者行為的任何改變，馬上採取應變措施，千萬不能有老大心態。

(三)**尋找下一個獨占空間**：你必須注意以下三方面，即：1.消費者有哪些需求或慾望尚未被滿足；2.在現有市場中，哪些公司無法滿足或忽視消費者對效率和成本的要求，以及3.如何發展新能力，提供新產品或服務，能夠滿足顧客需求，又能獲利。

當你發現一個新的獨占空間時，你必須進一步了解，這個市場有多大？顧客人數有多少？未來營收和利潤有多少？可以獲得的獨占期間有多長？同時要考慮，何以競爭者並未發現或考慮進入這個市場？你具有何種能力可以跨越這些障礙？

(四)**快速搶占新的獨占空間並保持領先**：一旦你發現一個新的獨占空間，你必須比競爭者搶先進入，並且在競爭者尚未進入前能快速獲利，才能保持優勢。一旦具有獨占優勢，你就必須不斷強化，才能保持領先。

(五)**尋求寡占或殺價競爭**：一旦獨占局面結束，你只有兩種選擇，一種是只讓少數競爭者共存，形成寡占；另一種則是降低成本，以殺價的方式逼走競爭者。

企業無法永遠保持獨占的局面，但是經營者必須保持警覺，避免獨占優勢的消失，並不斷發掘下一個獨占空間的發展機會。

企業獨占市場的方式與步驟

企業獨占市場9方式

1. 具法令保護權
2. 具獨家壟斷
3. 科技領先
4. 掌握通路
5. 具低成本優勢
6. 具產品或服務獨特性
7. 具消費者認同感
8. 具高度便利性
9. 具品牌優勢

確保獨占優勢5部曲

1.了解本公司目前在哪方面具有獨占優勢

- ☐ ①在這個市場中，我是否是顧客唯一的選擇？
- ☐ ②這個市場是否被競爭者所忽視？
- ☐ ③我的產品或服務是否無替代者？
- ☐ ④我是否是價格的制定者？
- ☐ ⑤我是否具有非常高的利潤？

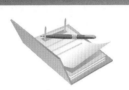

Yes→具有獨占優勢

2.保護現有的獨占優勢

3.不斷尋求下一個獨占空間

- ☐ ①消費者有哪些需求或慾望尚未被滿足？
- ☐ ②在現有市場中，哪些公司無法滿足或忽視消費者對效率和成本的要求？
- ☐ ③如何發展新能力，提供新產品或服務，能夠滿足顧客需求，又能獲利？

No Problem

4.快速搶占新的獨占空間

5.尋求寡占或殺價競爭

企業無法永遠保持獨占的局面，但是經營者必須保持警覺，避免獨占優勢的消失，並不斷發掘下一個獨占空間的發展機會。

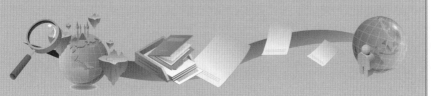

第 5 章

策略方案執行具體化的管理課題

●●●●●●●●●●●●●●●●●●●●●● 章節體系架構 ▼

Unit **5-1**
管理課題的具體落實

對於策略方案具體化落實的相關管理課題方面，主要從兩個大構面來分析。

第一是策略公司的短、中、長期營運目標，主要是以財務績效面的數據化效益目標為主軸，其他非財務數據效益目標為次要。

第二是對公司相關組織體、人力資源及生產據點等要素，做必要的「結構再重組」（Restructure）與「流程再造」（Reengineer）的分析與改革。

由上述兩大構面來進行策略方案的具體落實，其相關流程與擬定內容茲分述如下，並詳細說明之。

一.年度目標的設定

面對歲末以及新的一年來臨之際，國內外比較具規模及制度化的優良公司，通常都要擬定今年度或未來三年的短、中、長期營運目標，作為未來經營方針、經營計畫、經營執行及經營考核的全方位參考依據。古人所謂「運籌帷幄，決勝千里之外」即是此意。因此，本部分年度目標的設定，其內容包含有：1.營收成長率；2.市場占有率；3.市場區隔；4.獲利目標；5.ROE、ROA、EPS，以及6.顧客滿意度。

二.經營資源的組織化

從公司（或集團）的組織架構來看策的研訂，以及從策略層級的角度來看經營資源的組織化，策略的落實可由以下現有組織結構再重組而具體化，即對：1.功能別組織；2.事業總部別組織；3.矩陣組織，以及4.專案小組、委員會等進行檢視並檢討。

三.生產

隨著專業分工更為詳細，產銷流程環節趨向複雜，效率與效能卻有愈顯低落的情形，使得如何將專業分工有效地整合起來，成為企業經營的重要課題，也因而促成企業流程再造的興起。企業流程再造是指「以流程（Process）觀點，檢視企業內部活動，而後重新設計現有之工作方法，以達到績效大幅提升之目的。」其中包含了三項重點：以顧客觀點重新架構組織工作的流程觀點；其次是以創新或重新開始觀念，必要時應放棄原有思考方式，對流程或組織進行重新設計；最後，則是要有績效大幅提升目標的觀念，具有願景（Visions）的努力期望。

本部分內容即是針對：1.生產據點、工廠規模、設備；2.庫存管理、品質管理、成本管理，以及3.運籌管理與物流管理等予以檢視並檢討。

四.人力資源適當配置

策略要能具體落實，「人」絕對是扮演重要的推手。而要將對的人才，放在對的位置上，使工作人員與權責之間，能發生適當分工與合作關係，以有效擔負和進行各種業務與管理工作，這必須要多花心思。

策略具體落實2大構面

1. 策略公司的短、中、長期營運目標。

2. 對公司相關組織體、人力資源及生產據點，做必要的結構再重組與流程再造。

戰略執行具體化的管理面課題

1.年度目標的設定
①營收成長率
②市場占有率
③市場區隔
④獲利目標
⑤ROE、ROA、EPS（參考次頁）
⑥顧客滿意度

短、中、長期營運目標

2.經營資源的組織化
①功能別組織
②事業總部別組織
③矩陣組織
④專案小組、委員會

1.再構（Restructure）
2.再造（Reengineer）

3.生產
①生產據點、工廠規模、設備
②庫存管理、品質管理、成本管理
③運籌管理與物流管理

4.人力資源適當配置
對的人才，放在對的位置上

Unit **5-2**
短、中、長期目標與財務績效指標

　　對於公司研訂短、中、長期營運績效目標的設定，主要以營收成長、市占率、EPS、ROE、ROA、獲利率等具體數據目標為主要。

　　這些都代表著公司最終營運成果的好與壞，包括自己與自己目標比較，以及自己與主要競爭對手的比較等。但為何要比較呢？它的功用何在？其實我們不用想也知道，不比較哪裡知道公司有無成長，以及在市場上的競爭力如何？問題是要如何比較呢？這也是本文的重點所在。

一.短、中、長期目標的設定

　　唯有透過目標的設定，企業才能有方向與目標奮戰下去。然後，也才會有賞罰分明的裁判指標。因此，目標的設定是非常重要的。

　　(一)各種數據目標：對以下各種營運指標設定一個數據目標，即：1.營收成長；2.市場占有率（市場排名）；3.獲利額成長；4.每股盈餘（EPS）；5.股東權益報酬率（ROE）；6.資產報酬率（ROA），以及7.品牌知名度等。

　　(二)達成期間：通常目標達成期間設定在1～5年。

　　然後分別針對達到及未達到目標之項目予以分析，並因而確定優先順序，以明確企業活動的方向，藉以提升各種功能的互動效果，並將不確實性的數據最小化。

二.營運績效的「指標」

　　對於任何實際經營分析的數據，我們都必須予以關切，才能達到有效的分析效果。而所說的實際經營分析的數據乃指營運績效而言，有其一定的「指標」可進行比較分析。常見的營運績效的「指標」有哪些呢？茲分述如下：

　　(一)稅後盈餘額或淨利額（億元）：即每年賺多少錢。

　　(二)稅後每股盈餘（Earnings Per Share, EPS）：即每股賺多少元。

　　(三)股東權益報酬率（Return on Equity, ROE）：即稅後淨利額除以股東權益總額。

　　(四)資產報酬率（Return on Assets, ROA）：即稅後淨利額除以資產總額。

　　(五)毛利率（Gross Profit Ratio）：營收額扣減營業成本後，即為毛利額，再除以營收額，即為毛利率。

　　(六)稅後純益率（Net Profit Ratio）：即稅後純益額除以營收額。

　　(七)公司總市值（Market Value）：即公司現在每股價格乘上流通在外總股數，即得公司總市值。例如：統一超商公司每股160元，若流通在外股數為10億股，即該公司總市值為1,600億元。

　　有時在經營分析的同時，我們不能僅看一個數據比例而感到滿意，更應注意各種不同層面、角度與功能意義的各種數據比例。換言之，我們要的是一種綜合性與全面性的數據比例分析，以避免偏頗或見樹不見林的缺失。

企業短／中／長期目標的設定

短、中、長期目標的設定

1. 各種數據目標
   ① 營收成長
   ② 市場占有率（市場排名）
   ③ 獲利額成長
   ④ 每股盈餘（EPS）
   ⑤ 股東權益報酬率（ROE）
   ⑥ 資產報酬率（ROA）
   ⑦ 品牌知名度
2. 達成期間：1〜5年

- 優先順序確定
- 企業活動的方向明示
- 互動效果提升
- 不確實性的最小化

101

常見營運績效指標

營運績效指標有哪些？

1. 稅後盈餘額或淨利額	每年賺多少錢
2. 稅後每股盈餘（EPS）	每股賺多少元
3. 股東權益報酬率（ROE）	稅後淨利額÷股東權益總額＝ROE
4. 資產報酬率（ROA）	稅後淨利額÷資產總額＝ROA
5. 毛利率（Gross Profit Ratio）	營收額－營業成本＝毛利額 毛利額÷營收額＝毛利率
6. 稅後純益率（Net Profit Ratio）	稅後純益額÷營收額＝稅後純益率
7. 公司總市值（Market Value）	公司現在每股價格×流通在外總股數 ＝公司總市值

Unit **5-3**
行銷功能面與策略方案

　　行銷功能所延伸出來的具體行銷策略，是九種功能面中，最重要的一種，因為它涉及到公司收入業績的來源。

一.行銷策略之強化與改善

　　而在行銷策略與行銷計畫研訂方面，可以包括九個內容，公司必須強化及改善這九種行銷計畫，茲分述如下：

　　(一)顧客分析：行銷最終目的，就是要把商品或服務賣出去，而且要賣得暢銷與長銷。但是，賣東西或賣服務，要賣給哪些對象？要賣給哪些市場？這是公司必須明確區隔出市場，同時也是確定目標客層或目標消費者。

　　(二)行銷研究：行銷手法五花八門，但都不能脫離精準行銷的目的及目標，公司應隨時檢視是否以最有效率與最有效能的方法來操作行銷活動。

　　(三)市場商機分析：公司應隨時蒐集內外部環境變化及發展趨勢，進而發掘商機，並洞察其機會點以運用。

　　(四)供應廠商分析：產品要低價，則其成本就得控制得宜或是向下壓低，特別是向上游的原物料或零組件廠商要求降價是最有效的。

　　(五)商品計畫：我們的產品或服務設計、開發、改善或創新，是否真的堅守顧客需求滿足導向的立場及思考點，以及是否為顧客在消費此種產品或服務時，真為其創造了前所未有的附加價值？包括心理及物質層面的價值在內。

　　(六)定價計畫：我們的產品定價是否真的做到了價廉物美？我們的設計、研發、採購、製造、物流及銷售等作業，是否真的力求做到了不斷精進改善，使產品成本得以降低，因此能夠將此成本效率及效能回饋給消費者。換言之，產品定價能夠適時反映產品成本而做合宜的下降。

　　(七)推廣與品牌計畫：我們各種推廣整合傳播行動及計畫，是否真的能夠做好、做夠、做響與目標顧客群的傳播溝通工作，然後產生共鳴，感動他們，吸引他們，在他們心目中建立良好的企業形象、品牌形象及認同度、知名度與喜愛度。

　　(八)通路計畫：我們的行銷通路是否真的做到了普及化、便利性及隨時隨處均可買到的地步？這包括了在實體據點、虛擬通路，以及直銷人員通路。在現代工作忙碌下，「便利」其實就是一種「價值」，也是一種通路行銷競爭力的所在。

　　(九)售後服務計畫：產品在銷售出去之後，當然還要有完美的售後服務，包括客服中心的服務、維修中心的服務及售後的服務等，均是行銷完整服務的最後一環，必須做好。

二.最重要的行銷任務

　　而對於行銷任務而言，最重要的在於以「顧客需求」為火車頭，然後進行研發（R&D）及生產活動，才能為顧客創造物超所值的商品。

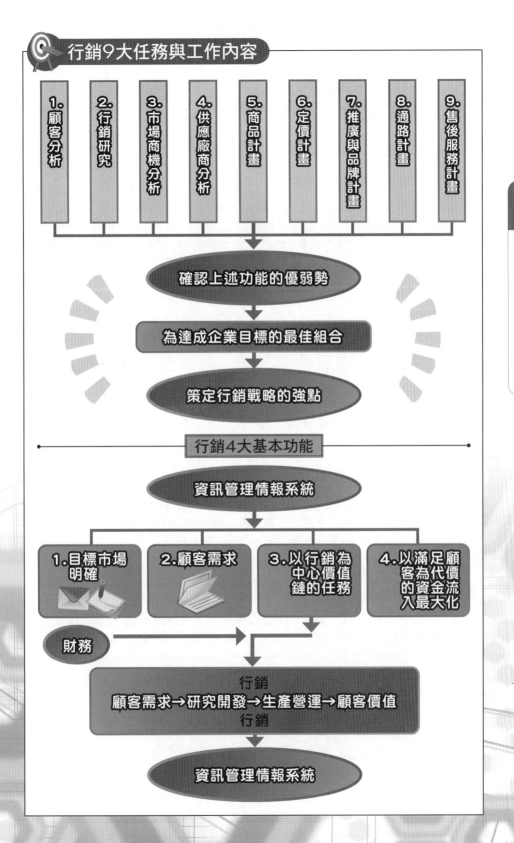

Unit **5-4**
財務比率面與策略方案

對於策略方案的制定，必須注意到這些策略對公司四種財務構面的影響如何。

一.對流動性的影響有利或不利

策略好不好，首要注意資產的流動性如何，我們可用以下兩種財務比率來評估：

(一)流動比率：即流動負債／流動資產。比率愈高，代表短期償債能力愈高。

(二)速動比率：即（流動資產－存貨－預付費用）／流動負債。測驗速動資產與流動負債間之關係，稱為酸性測驗。比率愈高，代表極短期償債能力愈高。

二.對財務槓桿影響有利或不利

所謂財務槓桿，是指一個公司資本與負債額的比例狀況如何，有兩個重要指標：

(一)負債比率：即負債總額／資產總額。負債比率愈高，表示企業之營運資金由債權人提供比率愈大，所負擔的資金成本愈高，即資本結構愈不健全。

(二)自有資金比率：即股東權益／負債＋股東權益，也是上述公式的相反數據。該比率代表企業自有資金投入所占的比例，此乃相對應於負債比率而言。

三.對資產運用影響有利或不利

好的策略乃是運用有限資源創造最大利潤，而利潤多寡完全取決於經營效率：

(一)存貨周轉率：即銷貨成本／（期初存貨＋期末存貨）÷2。此周轉率愈高，表示產品銷售速度愈快，流動性佳；反之，則表示企業有大量資金積壓於存貨。

(二)固定資產周轉率：即銷貨金額／固定資產額。此周轉率愈大，表示企業對固定資產的投資回饋大；反之，則顯示企業資金被固定而未能造成較高額的收入。

(三)總資產周轉率：即銷貨金額／資產總額。此周轉率愈高，表示企業運用總資金經營績效愈高；反之，則表示資產經營績效愈差。

四.對收益運用影響有利或不利

企業除財務穩定外，仍要有好的獲利能力，一般評估企業獲利能力的比率如下：

(一)稅前純利率：即稅前淨利／營業收入額。當稅前純利率高時，表示企業運用所有企業資源的獲利能力強。

(二)稅後純益率：即稅後純益／營業收入額。此比率愈高，表示企業獲利愈大。

(三)資產報酬率（Return on Assets, ROA）：即稅後息前淨利／總資產。通常用來衡量公司經營階層運用總資產為股東創造利潤能力的強弱。

(四)股東權益報酬率（Return on Equity, ROE）：即稅後淨利／股東權益額。通常用來衡量公司經營階層運用股東權益為股東創造利潤的能力的強弱。

(五)每股盈餘（Earnings Per Share, EPS）：即稅後淨利／流通在外股數。通常用來評估公司的獲利能力，每股盈餘愈高，代表獲利能力愈強。

策略VS.財務比率

財務比率的計算式

1.流動性

①流動比率＝流動資產／流動負債
→比率愈高，代表企業短期償債能力愈高。

②速動比率＝（流動資產－存貨－預付費用）／流動負債
→比率愈高，代表企業極短期償債能力愈高。

2.財務槓桿

①負債比率＝負債總額／資產總額
→比率愈高，表示企業之營運資金由債權人提供比率愈大，所負
擔的資金成本愈高，即資本結構愈不健全。

②自有資金比率＝股東權益／負債＋股東權益，
也是上述公式的相反數據。
→該比率代表企業自有資金投入所占的比例，此乃相對應於負債
比率而言。

3.資產運用

①存貨周轉率＝銷貨成本／（期初存貨＋期末存貨）÷2
→周轉率愈高，表示產品銷售速度愈快，流動性佳；反之，則表
示企業有大量資金積壓於存貨。

②固定資產周轉率＝銷貨金額／固定資產額
→周轉率愈大，表示企業對固定資產的投資回饋大；反之，則顯
示企業資金被固定而未能造成較高額的收入。

③總資產周轉率＝銷貨金額／資產總額
→周轉率愈高，表示企業運用總資金經營績效愈高；反之，則表
示資產經營績效愈差。

4.收益運用

①稅前純利率＝稅前淨利／營業收入額
→比率愈高，表示企業獲利能力愈大。

②稅後純益率＝稅後純益／營業收入額
→比率愈高，表示企業獲利愈大。

③資產報酬率（ROA）＝稅後息前淨利／總資產
→用來衡量公司經營階層運用總資產為股東創造利潤能力的強
弱。

④股東權益報酬率（ROE）＝稅後淨利／股東權益額
→用來衡量公司經營階層運用股東權益為股東創造利潤的能力
的強弱。

⑤每股盈餘（EPS）＝稅後淨利／流通在外股數
→每股盈餘愈高，代表獲利能力愈強。

有效的戰略方案策定

Unit 5-5
生產功能面與策略方案

在生產功能面，如何創造出優勢，以與策略方案相呼應，主要在五種構面的不斷改善提升，而能領先競爭對手。

一.生產製程的競爭力

生產系統如果設計良好，將有助於縮短製程時間，減少成本，進而提升企業的競爭力。生產系統的設計涵蓋面很廣，包含有產品設計與發展、資源需求規劃、廠址選擇與配銷系統設計、製程技術與選擇、製程設計與設備規劃、存貨政策與生產管理制度等流程與控管。

二.產能規模與產能利用率的競爭力

產量大，產品分攤的成本即可降低，使產品具有競爭力，但是產量過大，以致供過於求，也會使售價大跌，甚至市場售價低於生產成本。因此，決定適當的產量也是銷售成功的因素之一。

當然企業要先了解本身的產能利用率如何，就是實際生產能力到底有多少在運轉發揮生產作用。因為產能利用率過低，將造成人員、生產設備的閒置及成本的浪費；另外，產能利用如何，亦可評估產能擴充的需求程度，若產能利用率過高，可能表示產能有擴充的必要性，擬定擴充計畫，以免受限於固定產能而影響交期。

三.庫存控管的競爭力

企業必須盡可能對原材料、半成品、零組件、完成品等做好最適水準的管理及規劃，才能面對目前的競爭趨勢。因為庫存過大，造成企業資源的大量閒置，影響其合理配置和優化；掩蓋了企業生產、經營過程的各種矛盾和問題，不利於企業提高管理水準。倘若庫存量過小，將造成服務水準的下降，影響銷售利潤和企業信譽；造成生產系統原材料或其他物料供應不足，影響生產過程的正常進行；使訂貨間隔期縮短，訂貨次數增加，成本提高，影響生產過程的均衡性和裝配時的成套性。

四.工廠人力資源的競爭力

現場作業員、技術人員的工作態度、缺勤率、離職率，及在職訓練等都會影響到產量，管理人員如何激勵操作員，使操作員的工作士氣高昂，間接的提高產量與品質，也是管理人員的責任之一。

五.品質水準與穩定性的競爭力

公司產品的品質能讓顧客滿意，顧客才會繼續使用該產品，使產品的壽命延長。故有學者認為品質管理是為使消費者完全滿意，且以最經濟的水準生產，組織各個部門對品質的維持、品質的提高，予以協助努力的有效果之實施系統。

生產與營運5大基本功能

1.生產製程
①生產系統的設計
②技術、設備、生產線、庫存場所等流程與控管

2.產能
①最適生產水準的決定
②預測與設備計畫

3.庫存
→原材料、半成品、零組件、完成品的最適水準管理及規劃

4.人力資源
→現場作業員、技術人員與管理人員配置及管理

5.品質
→品質系統的控制與成本管理

創造出生產功能的競爭優勢

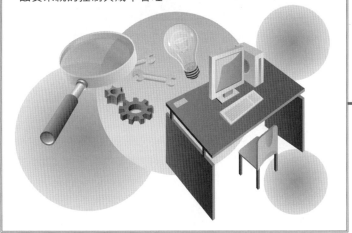

知識補充站

物流管理的重要

物流管理是整個供應鏈管理的重要一環，物料短缺固然會造成生產線停擺，材料庫存太多不但積壓資金，也會造成尋找材料，必須花更多的時間，間接減少生產時間，造成產量的減少。

物流管理乃指存貨、運輸、倉儲、採購、搬運、包裝、配銷通路、區位選擇及訂單處理等事項的管理，在成熟的產品裡，因為研發及製程的改善，對於降低成本已經很少有重大的突破貢獻，完善的物流管理對於整體產品成本的降低，便逐漸受到重視。

Unit **5-6**
管理資訊系統與策略方案

　　管理資訊系統（Management Information System, MIS）不但提供公司相關經營決策，而且也提高各功能部門的自動化作業效率。因此，資訊系統對當今企業而言，實是一個重要的配套輔助機制。

一.企業資源規劃系統

　　企業資源規劃（Enterprise Resource Planning, ERP）系統，乃是一種用以讓公司整合內部價值最佳化的結構化系統，可透過整合性的資訊傳輸連接各部門。ERP將企業內部包括財務、會計、人力資源、製造、配送，以及銷售等作業流程所需要的作業資訊，藉由組織與流程的再造及資訊技術的運用，達到有效的整合。

二.顧客關係管理系統

　　顧客關係管理（Customer Relationship Management, CRM）系統，通常包含每位顧客的基本資料及互動歷史紀錄集合成的客戶群資料庫，而系統的使用者尚需有效整理出有利用價值的資料，讓前線銷售人員、市場分析員、客戶服務主任等跟客戶互動時，可以參考此系統內的客戶紀錄，加強對客戶的了解，使服務更個人化。

三.供應鏈管理系統

　　供應鏈管理（Supply Chain Management, SCM）系統在1985年由麥可·波特提出，有多種不同的定義。供應鏈管理作為一個戰略概念，以相應的資訊系統技術，將從原材料採購直到銷售給最終用戶的全部企業活動集成在一個無縫流程中。

四.決策支援系統

　　決策支援系統（Decision Support System, DSS）的主要目的，在於協助決策人員制定決策與執行決策，基本哲學是要利用電腦來改進並加速使用者制定決策與執行決策的過程，而不是在增進處理大量資料的效率。

五.銷售點資訊情報管理系統

　　銷售點資訊情報管理（Point of Sales, POS）系統是連鎖企業必須具備的一套門市管理系統，適用於各種銷售業使用。

六.其他——入口網站與知識庫

　　(一)入口網站：此為中心點，讓所有類型的資訊能被所有使用者存取。主要分為企業資訊入口網站及內容管理入口網站兩類。企業最好合併使用，才能符合所需。

　　(二)知識庫系統：此乃架構在知識管理的理論上，藉由e化的動作達到有效管理及分享知識、經驗、技術，甚至專案管理，一般企業都歸屬於這領域。

管理資訊情報系統的任務

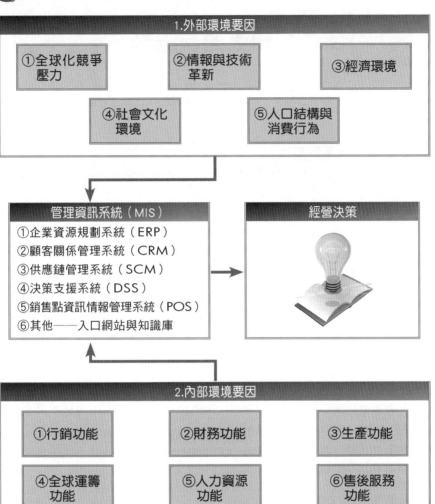

1.外部環境要因

①全球化競爭壓力

②情報與技術革新

③經濟環境

④社會文化環境

⑤人口結構與消費行為

管理資訊系統（MIS）
①企業資源規劃系統（ERP）
②顧客關係管理系統（CRM）
③供應鏈管理系統（SCM）
④決策支援系統（DSS）
⑤銷售點資訊情報管理系統（POS）
⑥其他──入口網站與知識庫

經營決策

2.內部環境要因

①行銷功能

②財務功能

③生產功能

④全球運籌功能

⑤人力資源功能

⑥售後服務功能

知識補充站

連鎖業e化的開始

連鎖業e化是由POS的導入展開的。最早也是狹義的POS，是在零售店面做收銀和銷售的作業，包括銷售紀錄、結合收銀機、條碼掃描，以及發票或收據開立等功能，所以現在幾乎所有的連鎖業店內都有類似的系統。店內POS系統的設置，會隨著同時間內交易量的多寡，而有或多或少數量的不同，有些大型或來客數較多的店面，如綜合零售的便利店、超市等，會另外設置一臺主機，俗稱後臺（相對於收銀的前臺），用以儲存和服務所有店面的事務。

Unit **5-7**
公司年度預算如何編製

　　大型公司在每個年底（十二月分）時，至遲到一月初，應該都會編製該公司最新年度的財務預測或財務預算，一方面作為內部營運的目標管理與績效管理；另一方面，也是對外部股東大眾的交代。

一.公司年度預算編製基礎

　　實務上，公司都在每年年底，最遲一月初，即要提出明年度或下年度的營運預算，然後才能進行討論及定案。

　　而要如何編製營運預算呢？通常建立在以下三個依據，以進行年度預算的編製：

　　(一)中長期發展：即公司或集團中長期事業發展計畫案如何？

　　(二)去年達成率：即公司去年度預算達成狀況如何？

　　(三)今年目標：即公司今年最新發展趨勢如何？

二.事業總部組織型態的預算編製

　　一般來說，採取事業總部組織型態的公司，其年度預算的編製，大約有兩種組合而成，茲分述如下：

　　(一)各事業總部的預算：包括各事業部的營收、成本、費用及損益預估，按年及按月編列。

　　(二)各幕僚部門的費用預算：幕僚部門因為沒有營收來源，屬純費用支出，因而必須將此費用，按一定比率，分攤到各事業總部負擔。這些幕僚部門，可能包括財務、會計、企劃、法務、人力資源、行政總務、研發（R&D）、董事長室、顧問室、公共事務部、專案組等。

三.預算訂定的流程

　　至於預算訂定的流程，大致如下：1.經營者提出下年度的經營策略、經營方針、經營重點及大致損益的挑戰目標；2.財會部門主辦，並請各事業部門提出初步年度損益預算及資金預算數據；3.財會部門請各幕僚單位提出該單位下年度的費用支出預算數據；4.由財會部門彙整各事業單位及各幕僚部門的數據，然後形成全公司的損益預算及資金支出預算；5.然後由最高階經營者召集各單位主管共同討論、修正及最後定案，以及6.定案後，進入新年度即正式依據新年度預算目標，展開各單位的工作任務與營運活動。

四.預算的檢討與應變

　　在預算績效管理中，最重要的應該是每月定期檢討，檢討實際與預算達成的比較差異，然後採取調降財測或加強營收與獲利的具體措施。

公司年度預算之編製與流程

1.公司年度預算編製基礎

①依據公司或集團中長期事業發展計畫案
②依據去年度預算達成狀況
③依據今年最新發展趨勢

2.事業總部組織型態的預算編製

A事業總部 預算編製	B事業總部 預算編製	C事業總部 預算編製	各幕僚部門 預算編製

財務、會計、企劃、法務、人力資源、行政總務、研發（R&D）、董事長室、顧問室、公共事務部、專案組。

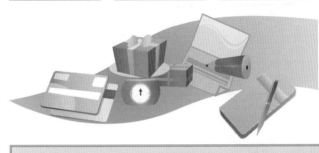

①各事業總部的預算：包括各事業部的營收、成本、費用及損益預估，按年及按月編列。
②各幕僚部門的費用預算：幕僚部門因為沒有營收來源，屬純費用支出，因而必須將此費用，按一定比率，分攤到各事業總部負擔。

3.各事業總部預算及幕僚部門經過討論、修正、再討論及定案。

4.預算彙整

①彙整各事業總部別及幕僚總部預算，成為全公司總預算。
②各公司總預算彙整成為全集團總預算。

5.年度預算正式執行
（每年1月1日起～12月31日止）

Unit **5-8**
策略管理日常營運與業務工作

策略管理乃指組織運用適當的分析方法，確定組織目標和任務，形成發展策略，並執行其策略和進行結果評估，以達成組織目標的過程。

因此，運用在企業日常營運與業務面上，具體來說，可以含括以下四大工作範圍。企業平常必須不斷對這四大工作範圍進行評估與檢討，並予以調整因應，才能達成既定目標。

一.中長期經營計畫的進度管理

企業管理者必須對中長期經營計畫的進度管理，以及與實績互相比較分析後，再研訂對策予以因應。

通常檢討過程如下：首先公司或集團每個月會先核對前期計畫執行狀況及業績；其次由計畫部門（很多公司沒有計畫部門，大部分會由總經理室或是幕僚部門）報告市場環境（產業分析）與發展趨勢；接下來，由各個部門主管以機能主管的角度，檢視自己部門的進度與績效，是否仍在計畫之內。如有失序現象，則進行部門別結構變革的檢討。

二.年度預算與實際進度之檢討

實際進度的績效是否趕上年度預算的目標呢？因此，檢討乃為必要。各事業部門及幕僚部門，應討論的內容如下：

(一)定期檢討績效：每週要檢討上週達成業績狀況如何，幾乎每月也要檢討上月損益狀況如何？

(二)實際進度與預算不符時：與原訂預算目標相比是超出或不足？超出或不足的比例、金額及原因是什麼？又有何對策？

(三)確定無法達成預算時：如果連續一、二個月都無法依照預算目標達成，則應該進行預算數據的調整。

三.集團企業營運的有效管理

集團企業是彼此可相互聯合、支援、服務、協調的企業群。因此，集團企業從生產、銷售、技術轉移、資金流通等活動，都以降低生產成本，追求最高利潤為主要目標。既然如此，對集團組織架構與事業版圖的調整與修正、資源整合及效率化的推動，也是策略管理的必要課題。

四.對集團或各公司重要專案的推進

策略管理平常也必須對公司各部門或各集團重要專案或政策的推展，由經營企劃部門主動提案的推展專案，予以支援與協助。

圖解策略管理

策略管理日常營運與業務工作

策略管理日常營運在做什麼？

1. 中長期經營計畫的進度管理與實績對比
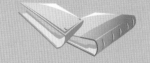

①公司別以每個月進行檢討分析，集團別以每個月進行檢討分析。
②部門別結構變革的檢討。
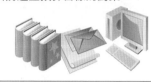

2. 年度預算與實際進度檢討分析

①每個事業總部別、每個幕僚部門別。
②研討趕上預算目標的對策。

3. 集團企業的管理及營運效率化
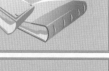

①集團組織架構與事業版圖的調整與修正。
②集團資源整合效益專案的推進。

4. 對上述各項重要提案與推進

①對各部門、各集團重要專案或政策的推展支援。
②由經營企劃部門主動提案的推展專案。

知識補充站

紅海戰略

紅海戰略是指在現有的市場空間中競爭，是在價格中或在推銷中作降價競爭，目的在爭取效率，從而會增加銷售成本或減少利潤。

紅海戰略是所謂的傳統策略，其觀點和軍事戰略並無太大差異。紅海戰略把市場當作領土，CEO就是軍隊的指揮官，市場競爭是一種「零和」關係，不是你死就是我亡。因此，所有公司都在自身的產業範疇內拚命超越對手，以求更大的市占率。然而這種流血競爭的結果往往使市場空間愈來愈狹窄，所有公司的獲利和成長都日漸萎縮。

第 **6** 章
經營企劃部工作職掌及組織位置

●●●●●●●●●●●●●●●●●●●●●●●● 章節體系架構 ▼

Unit 6-1
經營企劃部在公司組織中的位置

實務上，一般企業的經營企劃部，通常是負責公司策略發展、營運管理及教育訓練等領域之專案企劃與推動工作。但它歸屬於公司組織中的哪個層級，並且層級對其功能上的發揮有無影響，也是值得關切。

一.各種組織下的經營企劃部

(一)直屬董事長：經營企劃部在組織中的位置，大部分以直屬董事長居多。通常直屬董事長，代表這家公司或集團是採取「董事長制」的公司。

一般情況下，董事長對內為股東大會、董事會及常務董事會的最高負責人，對外代表公司。職務為代表所有董事會領導公司，因為它是所有董事的最高代表，理論上可以是公司管理層所有權力的來源。因此，經營企劃部直屬董事長，也意味著這家公司或集團對該部門的高度重視。

(二)直屬總經理：經營企劃部也通常以直屬總經理居多，同時也代表這家公司或集團是採取「總經理制」的公司。

所謂「總經理制」係指公司由總經理掌理一般管理及運作，董事長僅需看緊荷包，管好財務，並抓緊未來的策略發展方向。但實務上有不少企業其內部總經理不少於一個的；也就是說，總經理可說只是一個組織內的職位名稱，其權力有多大，要參考其僱用合約條款及工作範圍，而其位置有多高，則要研究該公司或集團的組織架構圖。因此，經營企劃部如果直屬總經理，也意味著這家公司或集團對該部門的高度重視，但考核面就多一些層級了。

(三)與各部門平行：雖說經營企劃部通常以直屬董事長或總經理居多，但也有下放到與公共事務部、採購部、業務部、財務部、生產部、人力資源部、資訊部等各一級部門平行的情況。因此，經營企劃部如果與各部門平行，則意味著這家公司或集團並不凸顯對該部門的特別重視，也代表其必須透過與其他平行部門充分合作，來發揮應有的功能。

二.經營企劃部在組織中應有的角色

無論公司或集團將經營企劃部放在何種位置，這都不是重點，重要的是該部門：

(一)是否獲得最高主事者的重視：董事長或總經理是否很重視這個單位？是否很支持這個部門？

(二)是否常被賦予重任：董事長或總經理是否經常交付重大任務給這個部門？

(三)能力是否足夠：這個經營企劃部的主管及其人員是否都很有足夠能力，來擔負起這些重要的工作任務，並且有很不錯的表現，讓其他一級部門的主管對經營企劃部不敢輕忽，而能全力配合。

如果上述所提都能做到，經營企劃部才會變成公司內部一個相當重要的火車頭，才能帶動公司整個部門。

經營企劃部在公司組織中的位置

1.直屬董事長

董事會

董事長 —— 經營企劃部（室）

總經理

2.直屬總經理

董事會

總經理 —— 經營企劃部（室）

執行副總

3.與各部門平行

董事長

總經理

公共事務部　採購部　經營企劃部　業務部　財務部　生產部　人力資源部　資訊部

Unit 6-2
負責中長期營運計畫業務

一家公司或集團的經營企劃部，其工作職掌一般是負責中長期營運計畫業務、組織體制活性化業務、中長期事業與技術選擇及育成、經營體系的革新，以及高階支援業務等五大工作內容，以下我們將逐一單元介紹。

首先，我們先來介紹中長期營運計畫業務，經營企劃部可說是全公司負責中長期產業發展經營計畫與策略分析最主要的部門。

在實務上來說，公司高階經營者所重視的除了短期（一年內）業績目標的達成外，他們也很重視公司未來三年、五年或十年後的變化與布局。

換言之，公司董事會或董事長要站在更前瞻與更高遠的視野上，規劃未來十年的事業範疇領域、營收成長目標、核心競爭力與全布局計畫。而能夠從今天的基礎上，一步一步爬升，向十年後的願景目標階段的努力完成。

一.中長期經營計畫業務層次

有關中長期經營計畫業務，可以區分為集團及公司兩種不同層次：

(一)集團中長期經營計畫策定：包含有1.集團相關聯的公司內外部資訊情報之蒐集分析評估與對策建議；2.集團整體經營方針與目標的立案確定；3.集團統一的經營計畫策定的模式開發；4.與集團共通課題的詮釋與方針立案；5.集團經營會議的舉辦，以及6.集團企業的功能別統合計畫的作成。

(二)公司中長期經營計畫策定：包含有1.公司內外部情報蒐集、分析、評估與對策建議；2.經營方針與目標的立案；3.經營計畫策定的方式開發及選擇，以及4.經營計畫的策定。

二.對外部單位撰寫營運計畫書

在策定公司或集團中長期經營策略與計畫之後，再來就是要對上述各項事情，進行戰略管理業務。

所謂戰略管理業務，主要是針對各大經營計畫、年度預算及營運效率等，進行追蹤考核比較、分析及建議對策。

這樣才能確保各種策略方向、經營方針與年度預算，均能在正確的道路上，穩健有效向前推進，並獲得最後優越的財務績效。

(一)中長期經營計畫的追蹤管理並與實績比較分析：包含有1.每季總檢討；2.部門結構變革分析，以及3.對策提案。

(二)對公司年度預算的綜合管理並與實績比較分析：包含有1.和部門每月進行檢討預算達成率；2.主要變化及原因掌握，以及3.重要對策的提案。

(三)對集團企業的營運與管理效率化提升：包含有1.集團組織架構的設立、合併、退出再編，以及2.效率化課題。

(四)對上述各項行動提案與推動：包含有專案小組或專案委員會的成立與推動。

經營企劃部5大職掌功能

1.負責：
未來中長期營運計畫評估及規劃業務

2.負責：
組織體制活性化推動業務

3.負責：
中長期事業與技術選擇及育成任務

4.負責：
經營體系的不斷革新與改革

5.負責：
對高階長官支援業務

①集團中長期經營計畫策定
★集團相關聯的公司內外部資訊情報之蒐集分析評估與對策建議。
★集團整體經營方針與目標的立案確定。
★集團統一的經營計畫策定的模式開發。
★與集團共通課題的詮釋與方針立案。
★集團經營會議的舉辦。
★集團企業的功能別統合計畫的作成。

②公司別中長期經營計畫策定
★公司內外部情報蒐集、分析、評估與對策建議。
★經營方針與目標的立案。
★經營計畫策定的方式開發及選擇。
★經營計畫的策定。

③撰寫營運計畫書→進行戰略管理業務。

戰略管理業務，主要是針對各大經營計畫、年度預算及營運效率等，進行追蹤考核比較、分析及建議對策。

★中長期經營計畫的追蹤管理並與實績比較分析。
★對公司年度預算的綜合管理並與實績比較分析。
★對集團企業的營運與管理效率化提升。
★對上述各項行動成立專案小組進行提案與推動。

Unit **6-3**
負責組織體制活性化業務

　　「組織」是公司的基礎，也是管理循環內重要的一個環節。如果組織不強，那麼企業就不能成為卓越企業。

圖解策略管理

一.目前常見的組織體制的缺點

　　目前業務上常見的組織體制缺點，大約有以下十點：

　　(一)無法因應改變：組織架構未隨策略改變及營運方向改變而改變。

　　(二)官僚化：組織日漸老化與官僚。

　　(三)好人才留失：不良的組織文化與企業文化，留不住好人才。

　　(四)缺乏激勵性：組織與人事制度過於僵化、老化，不夠公平性與激勵性。

　　(五)董監事會的功能沒有發揮：董監事只是行禮如儀的官僚式報告會議，沒有達到公司治理的目標。

　　(六)公司或集團各內部單位太過本位主義：集團各公司各行其事，或公司各部門各行其事與本位主義，使集團資源及公司資源未能充分整合發揮及選用。

　　(七)缺乏重大決策的正確模式：公司重大決策模式不當，產生偏差與損失。

120

　　(八)人才不足以因應市場挑戰：公司的關鍵人才與核心人才不足或流失，無法因應下一階段技術、產品與市場之激烈挑戰。

　　(九)海外人才配合不上全球布局的速度：公司急速擴充與全球布局快速展開，使派出海外的人才明顯不足。

　　(十)海外據點管理需求增大：海外各產銷據點之人力管理與組織管理之需求增大。

二.組織體制活性化的業務項目

　　經營企劃所負責之組織體制活性化業務項目，茲歸納整理並分述如下：

　　(一)集團與各公司組織架構再設計：包含有1.集團架構；2.事業群架構；3.公司架構，以及4.總幕僚架構。

　　(二)董事會等本公司組織改革策定：包含有1.外部獨立董事導入；2.各種委員會設置，以及3.經營決策委員會設置。

　　(三)人事制度的革新：包含有1.集團人事交流；2.績效、年薪制導入；3.公司內部創業，以及4.高階人事晉升。

　　(四)體質改善的提案與推動：包含有1.公司體系與文化革新，以及2.公司制度革新。

　　(五)與外部組織的交流及合作：包含有1.與學術界（大學）；2.與研究機構；3.與政府行政主管單位；4.與同業，以及5.與異業。

　　(六)經營模式的再建議：包含有1.集權與分權，以及2.核心事業。

　　(七)集團的統括管理：包含有1.企業內部大學，以及2.其他綜合共通性課題。

經營企劃部5大職掌功能

1.負責:
未來中長期營運計畫評估及規劃業務

2.負責:
組織體制活性化推動業務

3.負責:
中長期事業與技術選擇及育成任務

4.負責:
經營體系的不斷革新與改革

5.負責:
對高階長官支援業務

目前常見組織體制10缺點

①組織架構未隨策略及營運改變而改變。

②組織日漸老化與官僚。

③不良的組織文化與企業文化,留不住好人才。

④組織與人事制度僵化、老化,不夠公平性與激勵性。

⑤董監事會的功能沒有發揮,只是官僚式報告會議,沒有達到公司治理的目標。

⑥集團各公司或公司各部門,各行其事與本位主義,使資源未能充分整合發揮。

⑦公司重大決策模式不當,產生偏差與損失。

⑧公司關鍵人才與核心人才不足,無法因應下一階段產品與市場之激烈挑戰。

⑨公司全球布局快速展開,使派出海外的人才明顯不足。

⑩海外各產銷據點之人力管理與組織管理之需求增大。

組織體制活性化7項業務項目

❶集團與公司組織架構再設計

❷董事會等本公司組織改革策定

❸人事制度革新策定

❹體質改善的提案與推動

❺與外部組織交流合作

❻經營模式的再建議

❼集團的統括管理

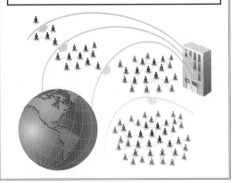

Unit 6-4
中長期事業與技術選擇及育成

　　每一個公司或集團都會想到下一階段或下一個五年，他們究竟應該選擇及育成哪些事業？哪些技術？哪些產品？哪些市場？哪些顧客？來作為他們未來五年、十年、二十年的營收及獲利來源，以及最佳與適量的選擇呢？

　　此種決策，攸關企業投入的巨大研發支出、人力培養方向、製程技術與持續獲利與否的重大抉擇。一旦決策錯誤，將帶來包括投資損失、顧客損失、時間損失、市占率損失與獲利損失等多項重大損失。

一.下一階段技術、商品與事業的選擇決策步驟

　　(一)對本公司現況分析：首先，分析現在本公司所在的商品、市場及技術位置。

　　(二)外部環境分析：其次，分析外部顧客、技術、競爭者、市場、產業等變化。

　　(三)內部資源條件分析：然後分析內部環境的技術、人才、品牌、財力、生產、研發、成本等優劣勢條件。

　　(四)界定發展方向：確定並選擇技術、商品、市場之方針、方向、目標與原則。

　　(五)確實執行：決策一旦選擇後，即要充分具體執行，讓決策得以落實。

　　(六)定期評估：決策是要經得起考驗，不斷在執行過程進行追蹤、考核、評估。

二.中長期事業及技術的選擇與育成業務

　　(一)事業經營模式（Business Model）的再建構：包含有1.對既有事業的再構築；2.對新事業的再構築，以及3.對經營模式特許權取得。

　　(二)對下一代核心事業、商品、業態的分析、策定及提案：包含有1.調查、提案；2.新事業企劃；3.大型商品專業計畫；4.核心技術選擇，以及5.員工再教育。

　　(三)對成長中心事業的育成體制：包含有1.新公司、新事業部設立；2.購併（M&A），以及3.資本參加。

　　(四)對新事業、新業態之育成：包含有1.內部專案育成管理與支援協助，以及2.委外育成管理。

小博士解說

技術策略

技術策略可簡單定義為：「企業為實現其經營目標，進行與技術有關的重大決策，包括發展方向、資源配置、能力水準、實現方法，以及與技術研發相關的組織管理等議題。」技術策略雖然屬於經營策略中的一環，但一家公司技術策略的形成，與其所擁有的技術資源能力密切相關，而技術資源能力又與企業長期在技術方面的發展與積累有關。因此我們可說，技術策略是引導企業技術發展的指導綱領。

經營企劃部5大職掌功能

1.負責：
未來中長期營運計畫評估及規劃業務

2.負責：
組織體制活性推動業務

3.負責：
中長期事業與技術選擇及育成任務

4.負責：
經營體系的不斷革新與改革

5.負責：
對高階長官支援業務

①事業經營模式的再建構
★對既有事業的再構築
★對新事業的再構築
★對經營模式特許權取得

②對下一代核心事業、商品、業態的分析、策定及提案
★調查、提案
★新事業企劃
★大型商品專業計畫
★核心技術選擇
★員工再教育

③對成長中心事業的育成體制
★新公司、新事業部設立
★購併（M&A）
★資本參加

④對新事業、新業態之育成
★內部專案育成管理與支援協助
★委外育成管理

策略的選擇

1.分析現在本公司所在的商品、市場及技術位置

2.外部環境分析
→分析外部顧客、技術、競爭者、市場、產業等變化

3.內部資源條件分析
→分析內部的技術、人才、品牌、財力、生產、研發、成本等優劣勢條件

4.確定並選擇技術、商品、市場之方針、方向、目標與原則

5.選擇後的執行

6.追蹤、考核、評估

Unit **6-5**
負責經營體系的革新

經營企劃部所負責的第四項功能職掌——經營體系的革新。這是公司「效率化」與「效能化」運作的最大關鍵點;也是達成顧客滿意度100%,以及創造出競爭優勢的根本本質所在。

一.經營管理下的各種業務

要了解經營企劃部所負責的經營體系之革新之前,應對企業的經營管理有所認識,才能清楚應在哪裡使力。

一般所說的經營管理是指在企業內,為使生產、採購、物流、營業、勞動力、財務等各種業務,能按經營目的順利執行、有效調整而所進行的系列管理、運營之活動。

二.經營體系的革新面向

這裡所提的經營體系之革新,除上述各種業務外,也包括資訊技術(IT)的開發運用、國際ISO標準的導入,以及全公司對內、對外經營運作系統的改變:

(一)事業經營模式(Business Model)的再建構:包含有1.會員經營;2.單品管理;3.POS(銷售時點資訊情報);4.ECR(快速交貨管理);5.CRM(顧客關係管理);6.SCM(供應鏈管理);7.B2B(電子商務系統);8.B2E(對員工網站內容);9.B2C(對顧客網站),以及10.CALL CENTER(客服中心)。

(二)對成長中心事業的育成體制:包含有ISO9001,以及ISO14000等兩種。

(三)對新事業、新業態之育成:包含有1.銷售通路的改變;2.自動化作業模式的導入改變;3.品管系統的改變;4.出貨速度的改變;5.與國內外顧客連繫作業方式的改變,以及6.全球各據點管控方式的改變。

(四)全公司的經營課題解決:包含組織、人事、權責、架構等課題之因應與解決。

小博士解說

效率VS.效能

效率一般指的是投入的資源和產出的成果之關聯度,關聯度愈高,效率愈高;而效能指的是對預期目標達成的程度。

彼得・杜拉克認為效率就是把事情做對;而效能就是做正確的事情。

效率和效能不應偏廢,但這並不意味著效率和效能具有同樣的重要性。我們當然希望同時提高效率和效能,但在效率與效能無法兼得時,我們首先應著眼於效能,然後再設法提高效率。

124

經營企劃部5大職掌功能

1.負責：
　未來中長期營運計畫評估及規劃業務

2.負責：
　組織體制活性化推動業務

3.負責：
　中長期事業與技術選擇及育成任務

4.負責：
　經營體系的不斷革新與改革

5.負責：
　對高階長官支援業務

①事業經營模式（Business Model）的再建構
★會員經營
★單品管理
★POS（銷售時點情報）
★ECR（快速交貨管理）
★CRM（顧客關係管理）
★SCM（供應鏈管理）
★B2B（電子商務系統）
★B2E（對員工網站內容）
★B2C（對顧客網站）
★CALL CENTER（客服中心）

②對成長中心事業的育成體制
★ISO9001
★ISO14000

③對新事業、新業態之育成
★銷售通路的改變
★自動化作業模式的導入改變
★品管系統的改變
★出貨速度的改變
★與國內外顧客連繫作業方式的改變
★全球各據點管控方式的改變

④全公司的經營課題解決
★包含組織、人事、權責、架構等課題之因應與解決

Business Marketing
Global Business

Unit 6-6
負責高階支援業務

前文提到經營企劃部的工作職掌，相當是公司內部的一個重要火車頭，如果功能可以充分發揮，將火力十足的帶動公司整個部門。除此之外，它還有一種相當幕僚工作成分的任務，即負責高階支援業務。

一.扮演高階主管的幕僚

高階支援業務主要是指經營企劃部內，為高階經營者或高階主管，所提供個人的或是特定指示交辦的事項。因為高階經營者經常會有與外部各機構及各企業界人士接觸的機會，高階經營者偶有一些臨時思考出來的問題，或者是想要推動某項急迫專案，或是想要了解某項情報訊息內容的正確性等。此時經營企劃人員就必須及時提出正確情報，呈給高階經營者或主管。

二.支援高階主管的業務內容

經營企劃部通常為高階主管提供支援的業務項目，計有以下內容：

(一)提供高階必要的資訊情報：包含有1.總體經濟環境與景氣動向；2.市場動向及競爭對手動向；3.集團與公司目前經營概況，以及4.意外事故發生與對策。

(二)高階特定指示交辦事項：包含有1.對公司內部事項；2.對集團事項，以及3.對外部事項。

(三)對成長中新事業的育成體制：不斷思考成長與突破，是高階主管必要的職責，因此對企業在預期的時間內可成氣候的新事業，應提供如何使其更成熟的策略，予以高階主管參考。

(四)高階指示全公司參與的重大專案：包含有1.組織整併構造變革；2.成本降低；3.人力精簡；4.集團重組，以及5.全球布局。

(五)對外簡報及媒體專訪稿撰寫：董事長對外演講講稿、簡報稿、答覆記者專訪稿及研討會稿之內容擬定與撰寫。

小博士解說

理想的幕僚

理想的幕僚功能如下：1.協助主管了解組織性質、職掌活動、工作分配、推行方法等；2.替主管蒐集各種資料，讓他了解各部門現況，以便決定防止或解決工作上的糾紛、衝突的時機和方式；3.代替主管解答各單位所有的質詢、疑義，以發布合理的指導；4.協助主管蒐集情報，以便主管做行政決定的合理依據；5.輔助主管隨時研究各個行政措施，以期適應現代變遷迅速的環境，以及6.輔導或代表主管融合公共關係和與大眾溝通的工作。

經營企劃部5大職掌功能

1.負責：
未來中長期營運計畫評估及規劃業務

①集團中長期經營計畫策定
②公司別中長期經營計畫策定
③撰寫營運計畫書

①集團與公司組織架構再設計
②董事會等本公司組織改革策定
③人事制度革新策定
④體質改善的提案與推動
⑤與外部組織交流合作
⑥經營模式的再建議
⑦集團的統括管理

2.負責：
組織體制活性化推動業務

①事業經營模式的再建構
②對下一代核心事業、商品、業態的分析、策定及提案
③對成長中心事業的育成體制
④對新事業、新業態之育成

3.負責：
中長期事業與技術選擇及育成任務

①事業經營模式的再建構
②對成長中心事業的育成體制
③對新事業、新業態之育成
④全公司的經營課題解決

①提供高階必要的資訊情報
★總體經濟環境與景氣動向
★市場動向及競爭對手動向
★集團與公司目前經營概況
★意外事故發生與對策

②高階特定指示交辦事項
★對公司內部事項
★對集團事項
★對外部事項

4.負責：
經營體系的不斷革新與改革

③對成長中新事業的育成體制

④高階指示全公司參與的重大專案
★組織整併構造變革　　★成本降低
★人力精簡　　　　　　★集團重組
★全球布局

5.負責：
對高階長官支援業務

⑤對外簡報及媒體專訪稿撰寫
★董事長對外演講講稿、公司簡報稿、答覆記者專訪稿及研討會稿之內容擬定與撰寫。
★銀行團、證券投資公司、外資公司來公司訪視之簡報撰寫。

Unit 6-7
實務上的策略形成

　　實務上來看，到底「公司策略」是怎麼形成的？形成的過程大致如何？依筆者個人經驗，並參考別家公司狀況，可歸納整理成五種來源，極具實用功能。

一.策略是「老闆」形成

　　這種公司屬於老闆（即董事長）強勢領導的模式。這種老闆懂的很多，資訊情報來源管道也不少，經驗更為豐富，再加上個性因素使然，使公司重大策略，大部分都是由老闆思考後，大力發動，進行洗腦，全面加速推進。此種策略形成模式，不能說是絕對好或絕對不好，因為各有其利弊存在。這還要看不同的行業、不同的條件、不同的公司、不同的階段、不同的內容，以及不同的老闆而定。

　　有時，一個概念或想法突然閃過老闆的腦海，他想抓住這種靈感，極力發動某個重大策略。也有一些時候，當然也是老闆經過幾天的深思熟慮之後，才展開發動的。

二.策略是「經營決策委員會」討論形成

　　再來常見的經營策略形成，是由公司或集團內各相關部門一級主管（副總級以上）所組成「經營決策委員會」，經過幕僚人員提報資料，然後多次充分討論、修正及形成決策共識後，才形成的。這種策略模式是屬於「團體決策」與上述「老闆一人決策」，是有差異的。

　　「團體決策模式」雖有不少好處，但因為各部門站在各自本位立場與利益立場，有時不易形成結論或共識。這時候還是必須仰賴具有「拍板」決定權力的人，來做最後決策的抉擇。這個人不外是董事長或總經理，亦有可能是「董事會」來抉擇。

三.策略是「經營企劃部」形成

　　在某些狀況下，當公司的經營企劃部門功力很強時，公司的策略也有可能是由「經營企劃部」分析評估、規劃，並上呈最高主管而決定的。

四.策略是「董事會」形成

　　就法律而言，對某些極為重大的投資案、購併案、擴廠案、融資案、新事業案、上市案、技術研發、分派股利及其他大案、特案等，亦均必須在董事會議上討論通過的。因此，在一些具有積極功能與強調「公司治理」的董事會，必然也會積極介入及參與這些重大決策案的抉擇及討論過程，最後必要形成決議。

五.策略是上述四種方式「混合」形成

　　就事實而言，上述四種策略形成與決定方式，在很多大型公司裡，其實是混合形成的，並沒有特定的方式。事實上，若能充分混合運用這四種模式，將可集思廣益，掌握最關鍵點，如此策略的抉擇成功機率，就會提高不少。

3.
經營企劃部
高階幕僚形成

2.
高階經營團
隊討論形成

4.
董事會形成

1.
老闆形成

5.
上述四種方
式混合形成

策略的產生

3種不同公司型態的策略形成

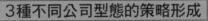

1.集權公司	➡	策略是老闆形成的居多
2.授權公司	➡	策略是團隊共同討論形成的
3.分權公司	➡	策略是各子公司獨立負責形成的

Unit **6-8**
公司策略形成的實務步驟

前文提到實務上企業的策略形成有五種方式，即老闆形成、高階經營團隊討論形成、經營企劃部高階幕僚形成、董事會形成，以及前面四種方式混合形成等五種策略產生方式。雖是如此，但很多公司並沒有絕對使用哪一種決策模式，通常以混合運用居多。因此若能充分混合運用前面四種模式，將可集思廣益，掌握最關鍵點，如此策略的抉擇成功機率，就會提高不少。

一.公司策略形成的十項基本步驟

綜上所述，筆者將實務上常見的公司策略形成的十項基本步驟，列示說明如下：

(一)老闆發動： 通常這種老闆是屬於強勢領導，也深具創意點子，所以常會個人發動某項策略。

(二)交由專業幕僚共同討論並提案報告： 老闆個人發動某項策略，尚屬於創意發想階段，故必須交由經營企劃部及相關事業總部共同合作，予以具體化並提案報告，或是經營企劃部門或個別事業總部也可以主動向老闆提報可行策略，以供老闆參考。

(三)提案報告交公司經營決策委員會討論： 此代表策略方案已具體化，待高階主管評估其可行性。

(四)討論、分析、辯論、修正到最後共識形成： 此乃必經且必要過程，每位經營決策委員會的委員應善盡專業能力為策略進行全方位的思辨與討論，進而形成共識。

(五)老闆（董事長）做出抉擇： 當各方堅持己見之時，即需最高主管的定案。

(六)呈報董事會會議決議： 上述最高主管定案的策略，必須再呈報董事會會議討論及核准通過。

(七)策略執行計畫書的撰寫： 此由經營企劃部及相關部門負責。

(八)展開策略計畫執行： 此通常由經營企劃部主導，並與相關部門溝通並充分合作，以使策略可具體落實執行。

(九)策略計畫執行後的再分析與評估： 策略並非完美無缺，應於執行過程中不斷予以分析與評估其準確度。

(十)策略計畫的再調整： 策略在執行上多少會有變數的發生，因此管理者應靈活因應與調整，好讓策略可順利執行成功。

二.策略形成過程的管制關卡

在這個流程步驟中，算是對策略形成較為周延思考的過程。它們包括了四個「管制關卡」點如下：

第一道防線： 經營企劃部專業幕僚的分析、評估與建議。

第二道防線： 由高階一級主管形成的「經營決策委員會」集體把關討論。

第三道防線： 由董事長做成策略抉擇。

第四道防線： 送董事會會議中討論決議。

```
┌─────────────────┐     ┌─────────────────┐
│1.老闆個人發動某   │╌╌╌ │經營企劃部門或個  │
│  項策略          │     │別事業總部主動提  │
└────────┬────────┘     │報               │
         ▼              └─────────────────┘
┌─────────────────┐
│2.交由經營企劃部   │╌╌╌╌╌╌╌╌╌╌╌╌╌╌╌╌╌╌╌
│  及相關事業總部   │
│  合作,共同提案   │
│  報告            │
└────────┬────────┘
         ▼
┌─────────────────┐
│3.提案報告交由公   │
│  司經營決策委員   │
│  會討論          │
└────────┬────────┘
         ▼
┌─────────────────┐
│4.討論、分析、辯   │
│  論、修正到最後   │
│  共識形成        │
└────────┬────────┘
```

┌─────────────────┐   ┌─────────────────┐
│10.策略計畫的再   │   │9.策略計畫執行後   │
│   調整   │   │ 的再分析與評估   │
└─────────────────┘   └─────────────────┘

┌─────────────────┐   ┌─────────────────┐   ┌─────────────────┐
│8.展開策略計畫執   │   │5.老闆(董事長)   │───▶│6.呈報董事會會議   │
│ 行   │   │ 做出抉擇   │   │ 中討論及核准通   │
└─────────────────┘   └────────┬────────┘   │ 過   │
                                ▼   └─────────────────┘
                       ┌─────────────────┐
                       │7.經營企劃部及相   │◀────────────
                       │ 關部門做出策略   │
                       │ 執行計畫書   │
                       └─────────────────┘

策略形成過程4管制關卡

┌──┐
│ 在上述流程步驟中,算是對策略形成較為周延思考的過程,包括4個管制關卡 │
└──┘

  第一道防線 ▶ 經營企劃部專業幕僚的分析、評估與建議。

  第二道防線 ▶ 由高階一級主管形成的「經營決策委員會」集體把關討論。

  第三道防線 ▶ 由董事長做成策略抉擇。

  第四道防線 ▶ 送董事會會議,由全體董事成員共同討論決議。

Unit **6-9**
策略與執行力缺一不可

圖解策略管理

聯電公司副董事長宣明智在國內知名商業雜誌《今周刊》，曾發表一篇針對策略的重要性，以及策略與執行力兩者並重的專文，極為精彩。茲特別摘述精華論點如下，與讀者分享。

一.執行力的重要性，應從兩個方向來看

近來大家都很強調企業執行力的重要性。執行力的重要性，應該可從兩個方向來說明：一是在相同的策略下，企業要做的比別人好及有效率；二是有些策略如果沒有良好的執行力，根本做不到。

這兩點都很重要，前者是企業想要勝出的關鍵，也是在資訊產業競爭中能夠成為贏家的主因；後者，則要求執行力不能與策略脫鉤，要相輔相成才能成功，就像打籃球，假設策略是要快攻，那麼球員傳球就得非常準，否則一定無法達成使命。

二.不景氣時期，企業比較重視執行力

在不景氣時，企業會更重視執行力，因為此時創新研究、新產品推出時程或宣傳活動都降低了，產業鏈中透過創新的銷售減少了，企業展示策略才華的空間相對縮小。此時，很多企業可能不太鼓勵策略創新，只要求不出錯，能撐過去就好了；也就是在這種時候，大家才會把注意力集中在執行力上。

三.策略制定得好，應比執行力更重要

不過，在探討執行力之前，還是要看策略制定的好不好，有時候策略方向甚至比執行力重要。企業的執行力有時容易被別人模仿，像在技術面、管理面上，別家企業有樣學樣，很快就能追上來；但是策略的制定與成形，有時候需要針對個別企業的優缺點，再加上客戶特有的需求而量身訂做，因此別人要模仿就會相當困難。

四.策略是不斷調整的過程

聯電成立二十餘年來，不斷在策略及執行上進行調整，從最早開始嘗試四班二輪制度，首創員工分紅配股、垂直分工系統，到後來大幅調整為晶圓專工、到日本併購公司、西元2000年的「五合一」，到最近進行夥伴關係的商業模式等，聯電一直透過這種不斷調整的過程，讓自己能夠擺脫過去的包袱，再往前邁進。

五.鴻海的成功──除執行力強外，策略也很成功

很多人提到鴻海，都會說這家公司成功的關鍵在於能夠落實執行力。鴻海不僅生產力高、交貨速度也快，而且大家提到鴻海董事長郭台銘時，也對他一天只睡幾小時的拚勁印象深刻，不時還會強調，郭台銘會像軍隊裡的司令官一樣，命令主管罰站。這些都是對鴻海執行力印象深刻的描述。

聯電公司副董事長宣明智認為策略與執行力，兩者並重，缺一不可。

1.策略制定得好	➡	應比執行力更重要
2.策略方向出錯	➡	白白浪費執行力
3.只有好的策略指引	➡	執行力不足，也無法達成策略目標
4.策略是不斷調整與因應的過程	➡	執行力必須跟著策略改變而變
5.在非常不景氣時期	➡	策略空間不大，故以執行效率較重要
6.策略正確＋執行力強	➡	兩者兼具並重

第六章 經營企劃部工作職掌及組織位置

133

知識補充站

企業的執行力

一個企業是一個組織，一個完整的肌體，企業的執行力也應該是一個系統、組織和團隊的執行力。執行力是企業管理成敗的關鍵。只要企業有好的管理模式、管理制度，好的帶頭人，充分調動全體員工的積極性，管理執行力就一定會得到最大的發揮，企業就一定能創造百年企業的目標。企業要實現「辦一流企業、出一流產品、創一流效益」的經營宗旨，解決管理中存在的問題，就必須在員工中打造一流的企業執行力。一個執行力強的企業，必然有一支高素質的員工隊伍，而具有高素質員工隊伍的企業，必定是充滿希望的企業。

第 7 章
策略工具與分析方法

•••••••••••••••••••••• 章節體系架構 ▼

Unit **7-1**
波特教授「企業價值鏈」分析 Part I

事實上，早在1980年時，策略管理大師麥可‧波特教授就提出「企業價值鏈」（Corporate Value Chain）的說法。

波特認為每個企業都包含產品設計、技術研發、生產、行銷、物流運輸與相關幕僚部門支援作業等，各種不同活動的集合體，並且可以用一個價值鏈來表示。

一個企業的價值鏈和其中各種活動的進行方式，反映出它的歷史、策略、執行、策略的方法，以及活動本身的經濟效益。

> ## 兩種價值活動＝主要活動＋支援活動

價值鏈所呈現的總體價值，是由各種「價值活動」（Value Activities）和「利潤」（Margin）所構成。

價值活動是企業進行的各種物質上和技術上的具體活動，也是企業為客戶創造有價值產品與服務的基礎。利潤則是總體價值和價值活動總成本間的差額。

> ## 價值活動＋利潤＝公司總體價值產生

價值活動可分為「主要活動」和「支援活動」兩大類。

「主要活動」乃指那些涉及產品實體的生產、銷售、運輸及售後服務等方面的活動，任何企業的主要活動都可分成下面五個範疇。

「支援活動」則藉由採購、技術、人力資源及各式整體功能的提供，來支援主要活動，並互相支援。

由於本主題內容豐富，特分兩單元予以介紹「主要活動」和「支援活動」。

一.主要活動

右圖所顯示五類共通的第一線營運主要活動（Primary Activities），與任何產業的競爭都有關係。而每種活動又可以依據特定產業如企業策略，再分為許多不同的活動：

(一)進料後勤（倉儲及品管管理部門）：這類活動與接收、儲存，以及採購目的分配有關，例如：物料處理、倉儲、庫存控制、車輛調度、退貨等。

(二)生產作業（生產管理部門及生產工廠）：這類活動與將原料轉化為最終產品有關，例如：機械加工、包裝、裝配、設備維修、測試、印刷及廠房作業等。

波特的企業價值鏈

2.支援活動（幕僚人員）

① 企業的基本制度、辦法、流程及SOP

② 人力資源管理（R&D）

③ 技術發展

④ 採購

利潤

① 進料後勤
→ 這類活動與接收、儲存，以及採購目的分配有關。
★例如：物料處理、倉儲、庫存控制、車輛調度、退貨等。

② 生產作業
→ 這類活動與將原料轉化為最終產品有關。
★例如：機械加工、包裝、裝配、設備維修、測試、印刷及廠房作業等。

③ 出貨後勤

④ 行銷與銷售

⑤ 服務

利潤

1.主要活動（第一線人員）

137

人才團隊是企業價值產生來源

1. 主要活動 　✚　支援活動

＝　企業價值活動

2. 企業價值活動 　✚　利潤

＝　企業總體價值產生

3. 企業價值產生 　＝　人才團隊

Unit **7-2**
波特教授「企業價值鏈」分析 Part II

　　前文提到波特認為企業價值鏈是由企業主要活動及支援活動建構而成，公司如果能讓這些活動彼此之間有良好與周全的協調及搭配，即能產生價值出來；否則各自為政及本位主義的結果，可能使活動價值下降或抵銷。因此，波特認為凡是營運活動搭配良好的企業，大致均有較佳的營運效能（Operational Effectiveness），也因而產生相對的競爭優勢。

一.主要活動（續）

　　(三)出貨後勤（倉儲與物流管理部門及企劃部門）：這類活動與產品蒐集、儲存、將實體產品運送給客戶有關，例如：成品倉儲、物料處理、送貨車輛調度、訂貨作業、進度安排等。

　　(四)市場行銷（業務部門、行銷部門及企劃部門）：這類活動與提供客戶買產品的理由，並吸引客戶購買有關，例如：廣告、促銷、業務人員、報價、選擇銷售通路、建立通路關係、定價等。

　　(五)服務（技術服務或售後服務部門）：這類活動與提供服務以增進或維持產品價值有關，例如：安裝、修護、訓練、零件供應、產品修正或Call Center客服中心等。

二.支援活動

　　企業的支援性價值活動，也可以分為四種共通的類型。每類支援活動（Support Activities）就像主要活動一樣，可以按產業的特性再細分為更多不同的獨立價值活動。以技術發展為例，其個別活動可能包括零件設計、功能設計、現場測試、製程工程、技術選擇等；同樣地，採購也可再細分為審核新供應商、買不同組合的採購項目、長期監督供應商表現等。茲簡述各種支援功能如下：

　　(一)企業基本制度、辦法、流程：企業基本設施包含很多活動，例如：一般管理、企劃、財務、會計、法務、政府關係、品質管理等。基本設施與其他支援活動不同之處在於，它通常支援整個價值鏈，而非支援個別價值活動。

　　(二)人力資源管理：這種功能乃由涉及人員招募、僱用、培訓、發展及各種員工福利津貼的不同活動所組成。在企業內部，人力資源管理不但支援個別需要，例如：聘用工程師之輔助活動，也支援整個價值鏈（如勞工協商）。

　　(三)技術發展：每種價值活動都會用到「技術」，可以是專業技術（Know-How）、作業程序、生產設備所運用的技術。

　　(四)採購：這種功能是指購買企業價值鏈所使用採購項目的功能，而非所採購的項目本身。這些採購項目包括了原料、零組件和其他消耗品，以及機械、實驗儀器、辦公設備、房屋建築等資產。雖然採購項目通常與主要活動有關，但也常見於各種價值活動（包括輔助活動）。

波特的企業價值鏈

①企業的基本制度、辦法、流程、SOP（標準作業流程）
→通常支援整個價值鏈，而非支援個別價值活動。
★例如：一般管理、企劃、財務、會計、法務、政府關係、
　品質管理等。

②人力資源管理
→這種功能乃由涉及人員招募、僱用、培訓、發展及各
　種員工福利津貼的不同活動所組成。
★例如：聘用工程師之輔助活動，也支援整個價值鏈
　（如勞工協商）。

③技術發展（R&D；研發能力）
→每種價值活動都會用到「技術」。
★例如：專業技術（Know-How）、作業程序、生產設備
所運用的技術。

④採購
→這種功能是指購買企業價值鏈所使用採購項目的功能，而
　非所採購的項目本身。
★例如：採購原料、零組件和其他消耗品，以及機械、實驗
儀器、辦公設備、房屋建築等資產。

2.支援活動（幕僚人員）

利潤

①進料後勤

②生產作業

③出貨後勤
→這類活動與產
　品蒐集、儲
　存、將實體
　產品運送給
　客戶有關。
★例如：成品倉
　儲、物料處
　理、送貨車輛
　調度、訂貨作
　業、進度安排
　等。

④行銷與銷售
→這類活動與提
　供客戶買產品
　的理由，並吸
　引客戶購買有
　關。
★例如：廣告、
　促銷、業務人
　員、報價、選
　擇銷售通路、
　建立通路關
　係、定價等。

⑤服務
→這類活動與提
　供服務以增進
　或維持產品價
　值有關。
★例如：安裝、
　修護、訓練、
　零件供應、產
　品修正或Call
　Center客服
　中心等。

利潤

1.主要活動（第一線人員）

Unit 7-3
波特教授三種基本競爭策略

就長期觀點而言，使獲利性高於一般水準的基礎是「持續性的競爭優勢」（Sustainable Competitive Advantage）。企業與競爭者相較之下，雖然在許多方面不相上下，但企業必須把持著能增加競爭優勢的兩個法寶──低成本與差異化。

由於企業功能策略必須與成本或差異化策略環環相扣，這是在1980年代，由美國哈佛大學企管大師波特（Porter）教授所提出的知名策略理論，將這兩個策略稱為「基本競爭策略」（Generic Competitive Strategy）。這兩種增加競爭優勢的基本形式，用企業所追求的目標市場加以擴充，就可推導出三個能夠增加企業績效的策略。

一.低成本領導策略

低成本領導（Low Cost Leadership）策略是指根據在業界所累積的最大經驗值，控制成本低於對手的策略。而具體的作法通常是靠規模化經營來實現，至於規模化的表現形式，則是「人有我強」。所謂「強」，首要追求的不是品質高，而是價格低。所以，市場激烈競爭中，處於低成本地位的公司，將可獲得高於所處產業平均水準的收益。

換句話說，企業在實施成本領導策略時，不是要開發性能領先的高端產品，而是要開發簡易廉價的大眾產品。正是這種思維，促使工業化前期的企業往往選擇提高效率，降低成本，使得過去僅有上流社會所能享用的奢侈品，走進一般大眾的生活。不過，此策略不能僅著重於擴大規模，必須連同降低單位產品的成本才有意義。

二.差異化策略

差異化（Differential）策略則是利用價格以外的因素，讓顧客感覺有所不同；也就是說，企業將做出差異所需的成本（改變設計、追加功能所需的費用）轉嫁到定價上，所以售價變貴，但多數顧客都願意為該項「差異」支付比對手企業高的代價。

差異化的表現形式是「人無我有」；簡單說，就是與眾不同。凡是走此策略的企業，都是把成本和價格放在第二位考慮，首要考量則是能否做到標新立異。這種「標新立異」可能是獨特的設計和品牌形象，也可能是技術上的獨家創新，或是客戶高度依賴的售後服務，甚至包括別具一格的產品外觀，如此將可形塑消費者對於企業品牌產生忠誠度，同時也會對競爭對手造成排他性，抬高進入壁壘。

三.專注策略

專注（Focus）策略乃是將資源集中在特定買家、市場或產品種類；一般說法就是「市場定位」。如果把競爭策略放在針對特定的顧客群、某個產品鏈的一個特定區段或某個地區市場上，專門滿足特定對象或特定細分市場的需要，就是專注策略。

公司會採取此策略，可能是在為特定客戶服務時，實現低成本的成效；或針對顧客需求做到差異化；也有可能是在此特定客戶範圍內，同時做到了低成本和差異化。

波特教授對競爭策略的看法

	<廣泛的目標市場>	<狹窄的目標市場>
<低成本>	1.低成本領導	3-1.成本專注
<差異化>	2.差異化	3-2.差異化專注

波特教授3種競爭策略

1.低成本競爭策略	➡	成本、報價比別人低。
2.差異化競爭策略	➡	以特色、獨特性、不一樣取勝。
3.專注競爭策略	➡	又可分為成本專注（Cost Focus）與差異化專注（Differential Focus）策略，以專攻於某種專長領域而取勝。

小心掉入低成本策略的陷阱

知識補充站

波特也提醒，成本領導策略不能僅著重於擴大規模，必須連同降低單位產品的成本才有意義，否則所謂的規模，就無異於埃及法老造金字塔、秦始皇築長城，不具備經濟學上的分析意義。他舉例說明如下：

福特（Ford）汽車在20世紀初期，透過流水作業線，把T型車價格從最初的850美元降到200多美元；鋼鐵大王卡內基把每噸鋼材價格從50美元左右，降到10幾美元的舉措，才算是規模化經營；但如果就此簡單地將企業購併擴張理解為規模化，將失其真諦。

日本卡西歐（Casio）電子計算機也是代表案例。自1972年推出6位數的低價口袋型電子計算機後，產品從廉價到最高級一應俱全、席捲市場，究其原因就來自於該公司的生產效果（當累積產量達兩倍後，生產成本平均降低20%～30%）凌駕其他廠商。

Unit **7-4**
低成本領導策略

低成本領導策略（Low Cost Leadership Strategy）也許是三種基本競爭策略中，最清晰易懂的策略。

一.低成本領導者所擁有的資源

為什麼企業可以採取低成本領導策略，乃是因為低成本領導者（Low Cost Leader）就是具有相對競爭對手較低的生產成本的企業。成本優勢的獲得有很多來源，且因其產業結構的不同而異。這些來源（或原因）包括了：低成本來自大量規模經濟、低成本的原始產品設計、自動化的裝配線、低人工生產成本或低土地成本等。

實施成本領導策略的企業也不應忽視差異化策略。因為當產品不再被消費者接受，或是競爭者也同樣採取降價競爭的時候，企業必定被迫降價。此時如能再實施差異化策略，則維持原先的價格水準是很容易的。

二.執行低成本策略七大方向

成本領先工程的推動不僅是費用的低減而已，而是要全面的創造及改變全公司的價值。不論是從組織的強度或企業的利潤來看，任何的改善作業無法只由一人或一部分的人來執行就會有成效的，而是要全面性的推展，並且不是工作外抽時間的推展，而是長期在工作中的不斷改善。實務上，企業追求成本上的優勢或低成本的價格競爭力，主要從以下幾個方向切入：

(一)降低人力薪資成本：主要尋求較低人工成本的地區生產，例如：臺商到中國大陸內陸省分或東南亞投資等，基本上是因為大陸內陸省分的勞工成本僅是臺灣的1/2到1/3而已。對勞力密集產業而言，勞工成本占產品總成本很高的比例，因此必須努力尋求下降。

(二)降低零組件、原物料成本：主要尋求較低的零組件及原物料的採購成本下降，這包括以規模採購量壓低成本，或是從原始產品設計著手，簡化零組件以降低成本，或是自己向上游工廠投資，以降低進貨成本。

(三)生產線自動化程度提升，精簡用人數量：在生產自動化、製程改善與公司e化（資訊化）的結果，亦可以達到少用人力的目的。

(四)有效降低庫存品壓力，提升資金運用效率：即準確預估銷售量，以降低庫存壓力，並精簡產品項目、簡化產品製程，以降低原有成本。

(五)降低管銷費用：此外，在一般管銷費用方面的控制，包括交際費、出差費、贈品費、佣金、加班費、廣宣費等，亦可一一評估降低的作法。

(六)精簡製程或服務流程：獲利其實都藏在細節裡；同樣地，浪費也是躲在細節裡。唯有不斷改善及精簡產品製程或服務流程，才能提升效率。

(七)強化人員訓練與學習力：在知識經濟時代裡，知識就是力量，也是財富，企業唯有不斷強化組織人員訓練與學習力，才能加快作業效率及服務效率。

企業降低成本7大構面來源

企業如何有效降低成本？

1. 降低人力薪資成本
→ 尋求較低人工成本的地區生產。

2. 降低零組件、原物料成本
→ 尋求較低的零組件及原物料的採購成本下降。

3. 生產線自動化程度提升，精簡用人數量
→ 在生產自動化、製程改善與公司e化的結果，達到少用人力的目的。

4. 有效降低庫存品壓力，提升資金運用效率
→ 準確預估銷售量，降低庫存壓力，並精簡產品項目、簡化產品製程，降低成本。

5. 降低管銷費用
→ 包括交際費、出差費、贈品費、佣金、加班費、廣宣費等，亦可評估降低作法。

6. 精簡製程或服務流程
→ 不斷改善及精簡製程或服務流程，以提升效率。

7. 強化人員訓練與學習力
→ 在知識經濟時代裡，唯有不斷強化組織人員訓練與學習力，才能加快作業與服務效率。

143

案例——不景氣下，汽車業節省人力成本措施

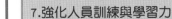

汽車廠	措施
1.裕隆汽車	・管控內部費用 ・生產線遇缺不補
2.中華汽車	・內部成本遞減10% ・暫停生產線建教合作生招募
3.福特六和汽車	・一般部門開支縮減10% ・暫停生產線建教合作生招募
4.三陽工業	・生產線遇缺不補
5.國瑞工業	・生產線遇缺不補

Unit **7-5**
差異化策略

企業在某些消費者所重視的層面上，企圖做到「獨特」或是「特色」時，即稱為「差異化策略」（Differential Strategy）。

一.差異化的基礎與分別

差異化的基礎有的是產品本身、配銷系統，有的是行銷方法或服務方式。實施差異化，要使產品價格超過成本才有利可圖。因此，實施差異化策略不能忽視成本因素。企業在進行差異化策略時，要針對競爭者未強調的特有屬性。差異化也有實質差異（Physical Differentiation）與認知差異（Perceived Differentiation）的分別。

二.企業執行差異化的構面

企業在尋求差異化的落實，可從十一個構面進行。差異化的努力，無論製造業或服務業，都是經營成功的關鍵。特別在後者差異化的創新，更必須尋求持續性突破。

(一)商品差異化：實務上，在產品方面的差異化，可從產品的外觀設計、產品功能、產品包裝、產品等級、產品材質等角度上，創造產品的差異化。例如：一些高級品牌化妝品、皮件、轎車、服飾、手錶、珠寶、巧克力、喜餅等，都經過特殊與精美的規劃，以顯示出它們的價值、特色及差異化。再如統一超商推出九種菜色的豐富新國民便當，以區別於過去僅有五種菜色較單調的鐵路便當。

(二)售後服務差異化：具體方面，可舉幾個案例如下：1.郵購業者、電視購物及網購業者，保證七天鑑賞期，看到商品不滿意，可要求退貨或換貨；2.在汽車維修的場所，由汽車廠商提供五星級的服務貴賓室，在車主取車之前，也能享受五星級的接待室設備條件；3.在銷售新車上，保證五萬公里內，免費維修的口號，以及4.要定期做民意調查，隨時了解顧客對本公司各種服務指標的滿意度是否進步。

(三)付款方式差異化：現在已有愈來愈多消費者採取分期信用卡結帳付款的機制。此也使得更多中低收入的顧客，在寬鬆付款的架構下，有意願及有能力付款買東西。這些分期付款，短則三個月，長則五年，最近利用低利率時代來臨，汽車廠商推出五年期購車免息分期付款的機制，對上班族而言，並不算是沈重的負擔。

(四)銷售方式差異化：例如：業者採取會員才能買的限量促銷活動，或是優惠活動，或是創造無店鋪行銷銷售通路，也算是一種差異化。

(五)配送速度差異化：將商品以最快速度送到顧客指定地，使其感到非常滿意。

(六)品牌價值差異化：品牌是有等級差距的，例如：賓士轎車的品牌自然比裕隆汽車品牌要為高價；SK-II面膜比一般面膜的價格貴一倍；LV皮件比一般皮件貴五倍。這些都是因為名牌所創造出來的價值感。

此外，還有五種差異化構面可執行，但因版面關係，僅臚列重點供參考運用，即1.服務人員素質差異化；2.廣告宣傳差異化；3.原物料材質使用差異化；4.產品包裝差異化，以及5.地點差異化。

企業執行差異化11構面

1.商品差異化
→可從產品外觀設計、產品功能、產品包裝、產品等級、產品材質等角度上，創造產品的差異化。
★例如：統一超商推出九種菜色的豐富新國民便當，以區別於過去僅有五種菜色較單調的鐵路便當。

2.售後服務差異化→具體案例
①郵購業者、電視購物及網購業者，保證七天鑑賞期，不滿意可要求退貨。
②汽車維修場所，由汽車廠商提供五星級的服務貴賓室，接待取車的車主。
③新車銷售，保證五萬公里內，免費維修。
④定期做民意調查，隨時了解顧客對本公司各種服務指標的滿意度。

3.付款方式差異化→愈來愈多消費者採取分期信用卡結帳付款的機制。
①使得更多中低收入的顧客，有意願及有能力付款買東西。
②這些分期付款，短則三個月，長則五年。
③最近利用低利率時代來臨，汽車廠商推出五年期購車免息分期付款的機制，對上班族的負擔並不重。

4.銷售方式差異化
①採取會員才能買的限量促銷活動或優惠活動。
②創造無店鋪行銷銷售通路，也算是一種差異化。

5.配送速度差異化
★將商品以最快速度送到顧客指定地，使其感到非常滿意。

6.品牌價值差異化→品牌是有等級差距，能創造出價值感。
①賓士轎車的品牌自然比裕隆汽車品牌要更為高價。
②SK-II面膜比一般面膜的價格貴一倍。
③LV皮件比一般皮件貴五倍。

7.服務人員素質差異化

8.廣告宣傳差異化

9.原物料材質使用差異化

10.產品包裝差異化

11.地點差異化

差異化策略

145

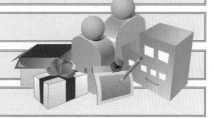

Unit **7-6** 專注策略

專注策略（Focus Strategy）與前述兩種基本策略——低成本領導策略與差異化策略——不同之處在於，它是在產業中選擇一個比較狹窄的競爭利基範圍。因此，企業在產業中，選擇某一個或某些區隔來提供產品或服務。

一.專注策略的表現形式

專注策略的表現形式通常是顧客導向，為特定客戶提供更有效和更滿意的服務。所以，實施專注策略的企業，或許在整個市場上並不占優勢，但卻能在某一較為狹窄的範圍內獨占鰲頭。

專注策略有兩種方式，茲大致分述如下：

(一)成本專注（Cost Focus）策略：企業在某一區隔中，尋求成本利基優勢。

(二)差異化專注（Differential Focus）策略：企業在某一區隔中，尋求差異化利基優勢。

如果目標市場區隔與其他市場區隔，沒有什麼明顯的差別，那麼專注策略便沒有什麼價值可言。例如：台積電公司專注於晶圓代工事業，以及過去衣蝶百貨公司專注於女士族群百貨公司等。

二.專注策略類似於差異化

如果不仔細研究，在某種程度上，專注策略類似於差異化，只不過是調換了位置（專注策略是顧客角度，差異化則是站在企業角度）的差異化而已。不過，採用專注策略的公司，因為把自己的生產資源和精力放在特定的目標市場，所以在整體市場占有率上，有其先天上的限制。

三.專注策略的成功案例

(一)王品餐飲集團：以十多個餐飲品牌，專注於中、西餐飲而成功。

(二)晶華大飯店：以平價旅館及高價大飯店，專注於飯店而成功。

(三)統一超商零售流通集團：以專注於各種零售流通連鎖店經營而成功。

(四)宏達電手機公司（HTC）：專注於智慧型手機，創新經營與品牌打造而成功。

(五)鼎泰豐餐飲公司：專注於麵食、小籠包經營而成功。

四.專注策略的主要風險

鎖定分眾市場的公司與大範圍提供服務的公司，兩者之間的成本差距如果過大，將使得公司的專注策略失去成本優勢，或失去特色優勢。而且，隨著時間的流逝，當原本確定的目標顧客與其他客戶逐漸趨同、當針對特定目標提供特色服務的需求不再時，細分客戶市場就會失去其意義。

專注策略5成功案例

1.王品餐飲集團	以10多個餐飲品牌，專注於中、日、西餐飲而成功。
2.晶華大飯店集團	以平價旅館及高價大飯店，專注於飯店而成功。
3.統一超商零售流通集團	以專注於各種零售流通連鎖店經營而成功。
4.宏達電手機公司（HTC）	專注於智慧型手機，創新經營與品牌打造而成功。
5.鼎泰豐餐飲公司	專注於麵食、小籠包經營而成功。

知識補充站

波特策略的風險

波特表示，任何策略都有風險，在選定策略時，不但要看到相應的策略能帶來什麼效益，同時還要看會造成什麼風險。在一定意義上，對風險的認識要比對效益的掌握更重要。左文已介紹了專注策略的風險，下面再說明其他兩種：

1.**成本領先策略的主要風險**：規模化經營會妨礙產品的更新，而技術上的重大變化，將會把過去的投資和經驗積累一筆勾銷；加上產品易於製造，新進入者和追隨者易於模仿產品；而且，當企業集中精力於成本時，很可能會忽視消費者的心理需求和市場的變化。另外，成本領先者還必須和競爭對手保持足夠的價格差，一旦這個價格差不足以抵禦競爭對手的品牌和特色影響，此一策略就會失敗。

2.**差異化策略的主要風險**：維持差異化特色的高成本，能否被買方所接受？如果價格差距過大，買主的差異化需求很可能會下降，不再願意為保持特色而支付較高或過高的價格，因而放棄對品牌的忠誠度，轉而採購更便宜的產品以節省費用；此外，差異化形成的高額利潤，常會吸引投資者進入並模仿；而大量模仿或後繼者出現，將導致產品的差異縮小，利潤逐漸降低。

Unit **7-7**
波特教授的策略觀點

　　波特教授認為，策略就是要創造出一個獨特而有價值的位置，而且這個位置有一套與眾不同的活動。波特強調，單單追求營運效益，也就是執行相同活動的效果比對手好，很難能維持長期的成功，因為最佳實行模範（Best Practice）常有迅速的擴散效果，競爭者可以很快模仿。以下我們就來介紹這位策略大師的策略觀點。

一.產業獲利「驅動力」有兩項

　　策略的基本原則即是獲利，而獲利的驅動力（Drivers）有兩項，茲分述如下：

　　(一)來自身處的產業，是否是個健康、賺錢的產業：此代表不同的產業，其產業價值會有所不同；也就是說，不同業別的獲利，其差異會很大。

　　(二)個別公司在特定產業的定位：此處要強調的是「定位」（Positioning），如何在所處產業內獲得優勢及獲利。從美國航空業與半導體業的表現，由平均獲利來看，航空業是表現最差的產業，在這兩個業別看到表現最好與最差的差距相當巨大。英特爾（Intel）比其競爭者領先至少二十年，西南航空（Southwest）也是如此，關鍵即在如何獲得競爭優勢的策略定位。

二.「策略面」效益重要於「營運作業面」效益

　　如何在成本與差異上獲得競爭優勢？有兩套完全不同的方法，必須分開來看，否則會造成困擾。

　　(一)營運效能（Operational Effectiveness）：也就是在做同樣的工作，但是比你的競爭對手做得更好。這裡可用的方法很多，例如：用比較好的機器、善用科技等。問題卻在營運效能只能算是提高競爭優勢的必要條件，波特教授的研究發現，單單只靠營運效能本身，是無法一直保持企業的競爭優勢。

　　為什麼呢？因為如果一直用低成本賺大錢，那麼就會吸引更多競爭者進入市場。只要努力執行「優良營運操作」（Best Practice），即可降低成本，但是每個人都會做，無法區分你的特色。最後結果便是大家都在削價競爭，消費者既然能在許多產品上得到同樣的東西，那為什麼不選擇最便宜的呢？於是便形成價格競爭了。

　　(二)重要的是，公司必須有策略：策略是完全不同的議題，不只要在優良營運操作上做得最好，還必須從不同地方上競爭，也就是創造自己企業獨特的優良營運操作方式。

　　優良營運操作是以最好的方式提供同樣的服務，策略是用完全不同的方式來提供服務。如果某產業中有三家公司，他們都能各自找到不同定位、提供不同服務，他們雖然彼此競爭，卻是一種良性競爭。

　　但是現在多數產業並不是如此，產業中的多數公司都只是在模仿一家執行優良營運操作的龍頭企業。因此，要從這種毀滅性的競爭（Destructive Competition）進化到正面的競爭，才能創造出更多選擇、更多價值，並讓每一家企業都更能獲利。

產業獲利「驅動力」2因素

所處產業是否是個賺錢的行業？ ✚ 個別在這個產業中的定位是否正確、有利？

＝決定公司獲利狀況如何

波特教授認為：策略重於營運效面

營運效率遲早會被競爭對手跟上來！

⬇

只有唯一無二的差異化經營策略

⬇

才能保有較長期的競爭優勢

知識補充站

競爭VS.合作

這是摘自現任國立政治大學校長吳思華教授曾發表的一篇〈波特的策略競爭理論〉一文中，所提到一個值得大家留意的是，競爭固然是企業經營的本質，但合作卻是這幾年來策略思考的主要潮流，而這也是波特的競爭理論中顯然不足的地方。

這幾年來全球企業強調合作聯盟的重要性是有其環境背景的。首先，全球性的通訊媒介日漸發達，消費者所接收到的訊息幾乎同步，使得顧客偏好與口味漸趨一致。任何一項新產品上市後，如果得到消費者的認可，必將爆發很大的市場量，這樣的市場幾乎是任何一家單一的廠商無法吃得下來的；其次，技術的快速進步使得研發經費支出相當龐大，這筆費用對任何單一廠商更是一項很大的負擔，上述這些因素使得廠商間尋求合作聯盟的動機大增，也逐漸成為九〇年代策略思考的主流。

以合作理念檢視波特的競爭理論，更可以看出波特競爭策略邏輯的不足。若以波特的理論出發，企業經營需要透過各種作法來刻意提高對上游供應商或下游經銷商的談判地位，這種相互對抗的結果雖然短期內維持了本身的利益，但長期而言，彼此間的對抗增加了許多交易成本，毀損了整個體系的實力。最終產品沒有競爭力，終將使企業本身嘗到苦果。

Unit **7-8**
策略制定的五個要素

這是各個產業中的基本議題，每家企業都要自問：我如何與競爭對手區分開來？如何提供不同的服務給消費者？甚至要如何搶攻競爭對手的市場？企業既然要這麼做，便要有明確的定位，才能形成一個強而有力的攻防策略。

一.公司是否提供不同的產品或服務

企業可以有不同的運作方式，但到了策略層次，則只有一種最佳競爭方式。

策略說穿了就是要做決定。制定策略的公司也就是要為自己設定限制（Limits）。企業將自己的目標設定在成長，如果企業不斷成長，卻無獲利，那有什麼好得意的呢？如果企業真的要追求成長，那麼不是什麼都要做，而是要為自己設定限制。找出真正優勢後，公司便可以快速成長。

二.你是否有不同的價值鏈

如果在產品、流程各方面都與競爭對手不同，那麼便擁有了自己的策略，否則只是在第一個層次（優良操作）上競爭。露得清（Neutrogena）將自己定位為提供中性的肥皂，讓自己與寶僑（P&G）等公司區隔開來，便是一例。

三.取捨

當公司走向一種獨特而有利的定位時，公司必須考慮自己所設定的競爭方向，是否與競爭對手不同。因為如果你真能夠大小通吃的話，那麼競爭對手也勢必能立即跟進模仿。

因此，企業必須懂得聚焦、要能取捨（Trade-offs），才能凸顯產品或服務的獨特與差異；也就是說，企業要讓自己特別到成為一種唯一，這樣的地步，就不是一般競爭對手可以跟進的。

四.整合、配套

企業如果有策略，則各部分都能整合、配套（Fit）在一起；反之，則不然。這點很重要，因為這麼一來，競爭對手要模仿，便不能只模仿一部分，一部分是沒有任何功用的。因此，聰明的企業要杜絕競爭對手的模仿，就要將各部分都互相連結並強化，讓有心人士無機可趁。

五.持續性

企業制定了策略後，便不能隨意變來變去，因為策略乃是企業基本的長期目標、目的的決定，應執行的行動方向的選擇，執行這些目標之必要資源的分配。

公司可以不斷檢討並改進，但策略不能說變就變；也就是說，策略方向要很明確，但是執行的方法可因應內外在環境的變化而調整或強化。

競爭策略制定5要素

思考

1.公司是否提供了什麼不同的產品或服務嗎？

 ＋

2.公司是否有不同價值鏈可以發揮力量？

 ＋

3.公司面對決定關頭必須做出取捨。
不能什麼都想要，都想得到。

 ＋

4.公司是否可以把自己擁有的都有效整合及配套起來？

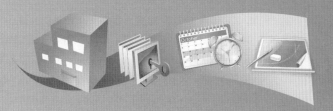

＋

5.公司對策略方向制定後，就必須耐心持續下
去，不能變來變去，但可以做微調改善。

成功的開始

Unit **7-9**
波特教授的產業獲利五力分析

　　哈佛大學著名管理策略學者麥可‧波特曾在其名著《競爭性優勢》一書中，提出影響產業（或企業）發展與利潤之五種競爭的動力，茲圖示如右，並概述如下，與大家分享。

一.獲利五力之意義與詮釋

　　波特教授當時在研究過幾個國家的不同產業之後，發現為什麼有些產業可以賺錢獲利，有些產業為何不易賺錢獲利。後來，波特教授總結出五種原因，或稱為五種力量，這五種力量會影響這個產業或這個公司是否能夠獲利，或是獲利程度的大與小。

　　例如：某一產業，經過分析後發現：1.現有廠商之間的競爭壓力不大，廠商也不算太多；2.未來潛在進入者的競爭可能性也不大，就算有，也不是很強的競爭對手；3.未來也不太有替代的創新產品可以取代我們；4.我們跟上游零組件供應商的談判力量還算不錯，上游廠商也配合得很好，以及5.在下游顧客方面，我們的產品，在各方面也會令顧客滿意，短期內彼此談判條件也不會大幅改變。

　　如果在上述五種力量下，我們公司在此產業內，就比較容易獲利，而此產業也算是比較可以賺錢的行業。當然，有些傳統產業這五種力量都不是很好，但如果他們公司的品牌或營收或市占率屬於行業內的第一或第二品牌，仍是有賺錢獲利的機會。

二..獲利五力之說明

　　(一)新進入者的威脅（The Threat of New Entrants）：當產業之進入障礙很少時，將在短期內會有很多業者競相進入爭食大餅，此將導致供過於求與價格競爭。因此，新進入者的威脅，端視其「進入障礙」（Entry Barrier）程度為何而定。而廠商的進入障礙可能有七種：1.規模經濟（Economic of Scale）；2.產品差異化（Product Differentiation）；3.資金需求（Capital Requirement）；4.轉換成本（Switch Cost）；5.配銷通路（Distribution Channels）；6.政府政策（Government Policy），以及7.其他成本不利因素（Cost Disadvantage）。

　　(二)現有廠商的競爭狀況（Rivalry Among Existing Firms）：亦指同業爭食市場大餅常採用的手段，即降價競爭、廣告戰、促銷戰，或造謠、夾攻、中傷。

　　(三)替代品的壓力（Pressure of Substitute Products）：替代品的產生將使原有產品快速老化其市場生命。

　　(四)客戶的議價力量（Bargaining Power of Buyers）：如果客戶對廠商之成本來源、價格，有所了解而且又具有採購上之優勢時，則將形成對供應廠商之議價壓力；亦即要求降價。

　　(五)供應商的議價力量（Bargaining Power of Suppliers）：供應廠由於來源的多寡、替代品的競爭力、向下游整合力等之強弱，形成對某種產業廠商之議價力量。另一位行銷學者基根（Geegan）則認為政府與總體環境的力量也應考慮進去。

影響產業獲利的5種競爭動力

Competitive Forces

2.潛在進入者競爭性

3.供應廠商 → **1.產業現有廠商間的競爭情形** ← **4.客戶**

對供應廠商的議價能力

對客戶的議價能力

5.替代品

東森電視臺5力架構分析

2.潛在新進入者
- 尚不明確
- 且有進入障礙

3.與上游供應商之談判能力	1.既有競爭者	4.與下游顧客之談判能力
①新聞與節目大部分為自製，僅有國片、洋片、卡通才有外購。 ②除香港國片有採購競爭性外，其餘均無。	①TVBS電視臺 ②東森電視臺 ③年代電視臺 ④三立電視臺 ⑤八大電視臺 ⑥緯來電視臺 ⑦衛視電視臺 ⑧中天電視臺 ⑨壹電視 ★市場地位已定，東森及三立均居第一位。	①1/3下游通路系統臺均為本集團所投資及擁有，其餘2/3系統臺亦維持良好關係。 ②廣告代理公司及廣告客戶亦維持良好互動關係，彼此有其互依性。（計有500多家廣告顧客）

5.替代品威脅
- 尚不明確，短期看不到取代威脅

全國電子5力架構分析

2.潛在的進入者
①資訊連鎖店 ②通訊連鎖店 ③品牌系列連鎖加盟店

3.供應商議價能力	1.產業內的競爭者	4.顧客議價能力
①製造商 ②代理經銷商	①3C連鎖通路 ②泰一電器 ③上新聯晴 ④燦坤3C ⑤順發3C ⑥倉儲量販通路→家樂福、大潤發	★不同特性、區域的顧客

5.替代品
①郵購 ②網路商城 ③直銷 ④電視購物

Unit **7-10**
SWOT分析內涵及邏輯架構 Part I

SWOT分析是大家耳熟能詳的分析方法，其有兩種圖示表達方法如右，我們可從這兩種角度呈現，並予以分析探討。由於本主題內容豐富，特分兩單元介紹。

一.SWOT分析

SWOT分析即強弱機危綜合分析法，是一種企業競爭態勢分析方法，是市場行銷的基礎分析方法之一，透過評價企業的優勢（Strengths）、劣勢（Weaknesses）、競爭市場上的機會（Opportunities）和威脅（Threats），用以在制定企業的發展戰略前，對企業進行深入全面的分析以及競爭優勢的定位。從右圖SWOT之分析架構，我們可得知以下兩點結論：

(一)從公司內部環境來看，有哪些強項及弱項：例如公司成立歷史長短、公司品牌知名度的強弱、公司研發團隊的強弱、公司通路的強弱、公司產品組合完整的強弱、公司廣告預算多少的強弱、公司成本與規模經濟效益的強弱等。

(二)從公司外部環境來看，有哪些好機會（好商機）或威脅（不利問題）：例如茶飲料崛起、健康意識興起、自然、有機、樂活風潮流行、景氣低迷對平價商品或平價商店的機會等。

二.SWOT分析後的因應對策

在經過SWOT交叉分析下，可發展出四種可能狀況下的因應對策：

(一)攻勢戰略：公司擁有的強項，而且又是面對環境商機出現，則此時本公司應採取什麼樣的A行動。此行動當然即是趕快加入參與的積極攻勢戰略。

(二)階段性對策：公司面對環境商機，但公司卻是弱項，則此時公司應考量是否能夠補足這些弱項，轉變為強項，如此才能掌握此商機。此時為B行動。

(三)差別化戰略：至於C行動，則是面對環境的威脅與不利，但卻是本公司的強項，此時亦應考慮如何應變。例如：某食品公司的專長優勢是茶飲料，但面對很多對手都介入茶飲料市場，此時該公司應如何應對呢？

(四)防守或撤退戰略：最後D行動，則同時是環境威脅，又是本公司弱項，此時公司就必須採取撤退對策了。

三.行銷企劃部門應有的職責

行銷企劃部門應有專人專責，定期提出SWOT分析，主要從兩種角度著手：

(一)OT分析：公司在行銷整體面向，面臨哪些外部環境帶來的商機或威脅呢？這可從以下幾個面向得知，即：1.競爭對手面向；2.顧客群面向；3.上游供應商面向；4.下游通路商面向；5.政治與經濟面向；6.社會、人口、文化、潮流面向；7.經濟面向，以及8.產業結構面向等。上述1～8項的改變，將會對公司帶來有利或是不利的影響，值得行銷企劃人員予以關注並深思因應對策。

SWOT分析

	S：強項（優勢）	W：弱項（劣勢）
公司內部環境	S：strength S：…… S：……	W：weakness W：…… W：……
	O：機會	T：威脅
公司外部環境	O：opportunity O：…… O：……	T：threat T：…… T：……

	強項（優勢）	弱項（劣勢）
機會	A行動→攻勢戰略	B行動→階段性對策
威脅	C行動→差別化戰略	D行動→防守或撤退戰略

SWOT環境分析架構

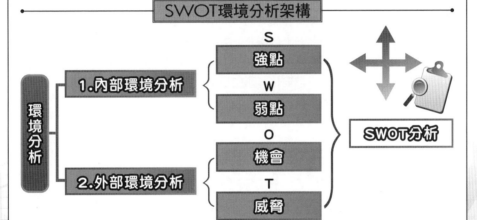

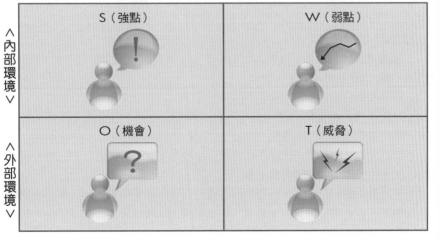

Unit **7-11**
SWOT分析內涵及邏輯架構 Part II

　　SWOT分析，嚴格說來，要分析的細目很多，從各種情報的蒐集，例如：技術革新、新商品開發趨勢、競爭企業的動向、政策與法令的改變、經貿動向、消費者的改變、其他不測事件或突發事件，再將蒐集到的情報做數量與質的雙重預測，以作為機會或威脅程度的判斷依據，然後才能將策略方向明確化，並擬定具體戰略以執行。

三.行銷企劃部門應有的職責（續）

　　(二)SW分析：此外，行銷企劃人員也要定期檢視公司內部環境及內部營運數據的改變，而從此觀察到本公司過去長期以來的強項及弱項是否也有變化，即強項是否更強或衰退，以及弱項是否得到改善或更弱，而這些問題要如何得到具體的答案呢？我們可從以下幾個變化得知，即：1.公司整體市占率、個別品牌市占率的變化；2.公司營收額及獲利額的變化；3.公司研發能力的變化；4.公司業務能力的變化；5.公司產品能力的變化；6.公司行銷能力的變化；7.公司通路能力的變化；8.公司企業形象能力的變化；9.公司廣宣能力的變化；10.公司人力素質能力的變化，以及11.公司IT資訊能力的變化。看看這十一種變化，哪些是讓公司更強或更弱的關鍵，找到後即能一一突破，然後調整、改善並強化。

四.SWOT分析案例

　　為讓讀者對SWOT分析有更明確的認識，本文以統一速食麵面對味全康師傅速食麵之挑戰的SWOT分析為例，特分述如下：

　　(一)統一面對威脅：

　　1.康師傅為大陸第一品牌，回攻臺灣第一品牌。

　　2.統一過去速食麵市占率高達50％，反而是一個被分食攻擊的目標，江山難守。

　　3.康師傅之割喉戰超低價殺進市場，會影響整個市場價位向下殺，影響獲利水準。

　　(二)統一面對機會：

　　1.臺灣速食麵市場，可能會因而擴大（註：事實證明是擴大了市場，估計從100億規模，擴大為120億規模）。

　　2.發展高價位的速食麵市場。

　　(三)統一擁有的優勢強點：統一具有品牌知名度高、通路關係良好、產品系列多，以及集團資源多等四點優勢。

　　(四)統一的弱點：統一未必每個系統產品都是物美價廉，以及市占率太高，不易守成，尤其在低價格爭戰時更是不易。

　　(五)結果：統一經過這一系列的SWOT分析後，結果事實證明，味全康師傅並沒有成功擊敗統一企業泡麵的市場地位，而來勢洶洶的臺灣康師傅在這場速食麵爭餅大戰中，反而打了一場敗戰。

SWOT分析細目

1.公司內部資訊情報的強項與弱項

可從組織面向→行銷4P面向→商品及推廣面向來看。

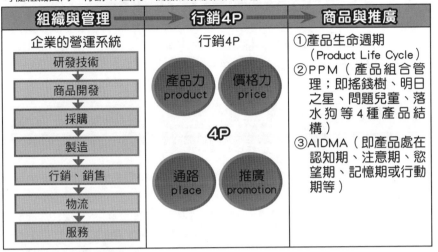

組織與管理	行銷4P	商品與推廣
企業的營運系統	行銷4P	①產品生命週期（Product Life Cycle）②PPM（產品組合管理；即搖錢樹、明日之星、問題兒童、落水狗等4種產品結構）③AIDMA（即產品處在認知期、注意期、慾望期、記憶期或行動期等）
研發技術→商品開發→採購→製造→行銷、銷售→物流→服務	產品力 product／價格力 price　4P　通路 place／推廣 promotion	

2.公司外部資訊情報的商機與威脅

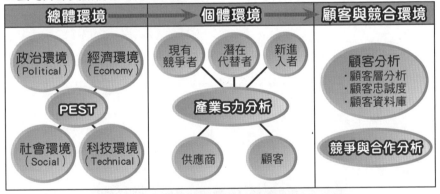

總體環境	個體環境	顧客與競合環境
政治環境（Political）經濟環境（Economy）　PEST　社會環境（Social）科技環境（Technical）	現有競爭者　潛在代替者　新進入者　產業5力分析　供應商　顧客	顧客分析・顧客層分析・顧客忠誠度・顧客資料庫　競爭與合作分析

如何分析事業「機會」與「威脅」？

1.事業機會與威脅基本影響要因（情報蒐集與分析）

2.數量預測	機會或威脅程度的判斷依據	3.質的預測
★國內外研究機構、政府機構的推估數據		①本公司的產業調查及市場調查②營業單位的預測③經驗的判斷

4.事業機會與威脅的明確化及討論定案→因應策略方向與戰術執行方案

Unit **7-12**
企業成功轉型變革八部曲 Part I

　　哈佛大學商學院教授約翰‧科特（John P. Kotter）在2002年出版了一本《引爆變革之心》（*The Heart of Change*）的好書。該書研究重點指出，企業成功轉型有八個步驟，提供企圖變革的管理者參考。由於本主題內容豐富，特分兩單元介紹。

一.升高危機意識

　　不論是大型私人企業的高層或是非營利組織的基層小組，推動成功轉型的人士，必先在相關人員間升高其危機意識。

　　在小型組織裡，所謂「相關」人員是100人，不是區區5人而已；在大型企業中，這個數字就是1,000人，不是50人。

　　不能成功推動轉型的企業領導人，往往只把相關人等設定在5人或50人，有時甚至毫無一人。過度自滿、恐懼憤怒只會阻礙變革，有時藉由創新方式所營造的危機感，能夠讓人不再坐而言，而會起而行。

二.建立領導變革團隊

　　危機意識升高後，成功的變革必須立即組成變革領導團隊，成員要具備值得信賴、專業技巧、良好人際關係、聲望及正式職權等條件。一如所有優秀團隊一樣，變革領導小組在充分信賴及全力投入的情況下運作。

　　未能成功變革的企業往往仰賴一人小組或根本沒人，要不就是軟弱的專案小組委員會，再不就是複雜的管理架構，行事毫無章法、技巧，更無必要的權力。這種企業裡功能不彰的專案小組林立，焉能推動成功轉型。

三.提出正確願景

　　極度成功轉型企業的變革領導團隊能夠建立合理、明確、簡潔、向上提升的願景及配套策略。

　　不成功的案例中，都有詳細的計畫與預算，雖然這些是必要的，但並不足夠；要不就是願景悖離現實、不切實際；或是願景由他人提出，領導團隊根本不放在眼裡。此外，失敗案例中的策略往往缺乏時效與膽識，無法因應一個快速變遷的時代。

四.溝通變革願景

　　接下來就是溝通變革願景與策略，透過簡單明瞭、打動人心的訊息打通企業任督二脈。其目標就是要促進了解、培養鬥志、釋放激發多數人的潛能。

　　在這個階段，行動往往比文字來得重要。符號的宣傳效果極大，不斷重複則是關鍵。在不成功的案例中，有效溝通太少，要不就是人們把口號當耳邊風。有相當多的精明幹練人士，不是溝通不夠，就是溝通不良，但他們往往看不到自己的錯誤，這就是我們常說的「盲點」。

約翰·科特的引爆變革之心

約翰·科特——全球研究「領導與變革」首屈一指的專家，33歲升任哈佛商學院正教授並取得終生教職，是哈佛大學校史上獲此殊榮的極少數學者之一。過去25年間，科特於《哈佛商業評論》發表過許多經典文章，其著作被翻譯成25種語言，在全球總發行量近200萬冊，訪談過1,000家以上知名企業的CEO，協助企業轉型，並發展出領導變革模型。

成功大型企業變革8部曲

步驟	行動	新行為
Step 1	升高危機意識	人們競相走告：「該是改變的時候了」。 ①推動成功轉型的人士，必先在「相關」人員間升高其危機意識。 ②小型組織的「相關」人員是100人。 ③大型企業的「相關」人員是1,000人。 ★不能成功的原因 ①推動轉型的企業領導人，往往只把相關人等設定在5人或50人，有時甚至沒有人。 ②過度自滿、恐懼憤怒，只會阻礙變革。
Step 2	建立領導變革團隊	強而有力的變革領導團隊形成，運作情形良好。 ★不能成功的原因 ①企業往往仰賴一人小組或根本沒人，要不就是軟弱的專案小組委員會。 ②企業功能不彰→複雜的管理架構，行事毫無章法、技巧，更無必要的權力。
Step 3	提出正確願景	領導團隊提出正確的願景與變革策略。 ★不能成功的原因 ①不成功的案例中，都有詳細的計畫與預算，雖然這些是必要的，但並不足夠。 ②願景悖離現實、不切實際；或是願景由他人提出，領導團隊根本不放在眼裡。 ③策略往往缺乏時效與膽識，無法因應一個快速變遷的時代。
Step 4	溝通變革願景	人們開始接受變革，行為產生轉變。 ★不能成功的原因 ①有效溝通太少，要不就是人們把改革口號當耳邊風。 ②有相當多的精明幹練人士，不是溝通不夠，就是溝通不良，但他們往往看不到自己的錯誤。
Step 5	授權員工，移除革新障礙	
Step 6	創造快速戰果	
Step 7	鞏固戰果，再接再厲	
Step 8	深植企業文化	

Unit **7-13**
企業成功轉型變革八部曲 Part II

圖解策略管理

科特認為企業在變革時，領導的因素往往重於管理的因素，但是通常需要變革的企業組織反而多為管理過度，無法回應環境變遷、反應過慢的企業，由於這類企業大都已存在一段時間，且飽受衝擊，無力招架，想要進行變革時，往往為時已晚，無從力挽狂瀾。此時企業最需要的就是，具有領導力的主事者，能創造、溝通遠景與策略，並且能發掘追隨者的潛力，使高、中層管理者負責日常管理的責任，領導者則扮演觸媒（Catalyst）的角色。

五.授權員工，移除革新障礙

成功的企業轉型具備高度授權的特性，阻礙願景實現的主要障礙會被一一移除。變革領導人重點放在不授權的老闆或資訊系統不足，以及人們自信心障礙等問題上。

這個步驟的關鍵在於排除障礙，不是「送出權力」（Giving Power），因為權力是無法打包送人的。

在不成功的案例中，儘管阻礙重重，領導團隊仍是放任人們自生自滅，沮喪油然而生，改革效果自然大打折扣。

160

六.創造快速戰果

有權又有願景，成功轉型企業的人們往往創造出快速戰果。這些正面效果是極具關鍵性的，它們為整體轉型的努力帶來信心、資源及活力。

在不成功的案例中，贏面效果來得太慢、太不明顯、不符預期，甚至算不算贏面都有待商榷。缺乏管理妥善的過程、精挑細選的初期方案，以及立竿見影的效果，看笑話及半信半疑的人，都很可能因此找到著力點，而導致變革努力的前功盡棄。

七.鞏固戰果，再接再厲

成功的企業轉型領導人夙夜匪懈。初期的贏面產生了動態，整合了早期的各項改革，人們精明的選定下一個努力目標，帶動一波波的變革，直到願景實現。

在不成功的案例中，人們想一次達成多項目標，抽身太快，缺乏幹勁，終究一事無成。

八.深植企業文化

最後，藉由培養企業新文化，成功變革領導人會讓改革深植人心。

企業文化是一套行為規範及其共同價值，經過一足夠的時間，透過持續性的成功行動，醞釀出新的文化。此時，適當的晉升、精心策劃的員工教育及活動都可以凝聚熱情、產生極大效果。

不成功的案例中，改革只是浮光掠影，辛苦努力的成果很可能在短時間內，就被過去的傳統取而代之。

步驟	行動	新行為
Step 1	升高危機意識	人們競相走告：「該是改變的時候了」。
Step 2	建立領導變革團隊	強而有力的變革領導團隊形成，運作情形良好。
Step 3	提出正確願景	領導團隊提出正確的願景與變革策略。
Step 4	溝通變革願景	人們開始接受變革，行為產生轉變。
Step 5	授權員工，移除革新障礙	①更多人感受到自己改變的能力，也願意採取行動實現願景。 ②關鍵在於排除障礙，不是送出權力。 ★不能成功的原因 →儘管阻礙重重，領導團隊仍是放任人們自生自滅，沮喪油然而生，改革效果自然大打折扣。
Step 6	創造快速戰果	行動能量開始累積，抗拒變革的人愈來愈少。 ★不能成功的原因 ①贏面效果來得太慢、太不明顯、不符預期，甚至算不算贏面都有待商榷。 ②缺乏管理妥善的過程、精挑細選的初期方案，以及立竿見影的效果，而導致變革努力的前功盡棄。
Step 7	鞏固戰果，再接再厲	人們前仆後繼直到實現願景。 ★不能成功的原因 ①人們想一次達成多項目標。 ②抽身太快，缺乏幹勁，終究一事無成。
Step 8	深植企業文化	儘管傳統陰影揮之不去或是領導人更替，成功變革後的行為已深入人心。 ★不能成功的原因 ①認為改革只是浮光掠影。 ②辛苦努力的成果很可能在短時間內，就被過去的傳統取而代之。

第七章 策略工具與分析方法

161

Unit **7-14**
市場目標定位（S-T-P）行銷架構分析

所謂目標行銷（Target Marketing）乃指銷售者將整個大市場（Whole Market）細分為不同的區隔市場（Segment Target），然後針對這些區隔之市場，設計相對應的產品及行銷組合，以求滿足這些目標區隔之消費群，並進而達成銷售目標。

一.S-T-P分析步驟

S-T-P行銷架構分析有以下三步驟，茲簡單扼要說明如下：

(一)市場區隔化（Market Segmentation，簡稱S）：首先必須先依據特定的區隔變數，將整個大市場，區隔為幾個不同型的市場，並以不同的產品及行銷標準因應，並評估每一個區隔化後市場之吸引力。

(二)目標市場選定（Market Targeting，簡稱T）：大市場經過區隔後，即須針對每一個區隔市場進行考量、分析、評估，然後選定一個或數個具有可觀性之市場作為目標市場，以及選擇目標消費群（TA , Target Audience）。

(三)產品定位（Product Positioning，簡稱P）：即指產品訂出競爭的位置在哪裡，並且依此位置研訂詳細之行銷組合，以為配合。

二.為什麼要做S-T-P架構分析

企業行銷人員為何要做S-T-P架構分析呢？主要有以下幾點原因：

(一)從「大眾市場」走向「分眾市場」：由於大眾消費者的所得水準、消費能力、個人偏愛與需求、生活價值觀、年齡層、家庭結構、個性與特質、生活型態、職業工作性質等都有很大不同，因此，使分眾市場也演變形成。而分眾市場的意涵，等同區隔市場及鎖定目標消費族之意。因此，必須先做好分眾市場的確立及分析。

(二)有助於研訂行銷4P操作內容：在確立市場區隔、目標客層及產品定位後，企劃行銷人員在操作實際的行銷4P活動時，即能比較精準設計相對應於S-T-P架構的產品（Product）、通路（Place）、定價（Price）及推廣（Promotion）等細節內容。如此，也才能發揮出行銷4P的宏大效果。

(三)有助於競爭優勢的建立：行銷要致勝，當然要找出自身的特色及競爭優勢之所在，並不斷強化及建立這些行銷的競爭優勢。因此，在S-T-P架構確立之後，行銷人員即會知道建立哪些優勢項目，才能滿足S-T-P架構，並從此架構中勝出。例如：當廠商鎖定某些目標客層時，即會知道滿足這些客層需求，從而加強自身某些特色與優勢，進而超越過競爭對手。

(四)建立自己的行銷特色，與競爭對手有所區隔：S-T-P架構中的產品定位，即在尋求與競爭對手有所不同，有所差異化，而且有自己獨特的特色及定位，然後才能在消費者心目中得到突出。

(五)達到「精準行銷」的目的：依據前面分析，S-T-P架構分析完整且有效時，將會有助於行銷人員及廠商達成「精準行銷」的目的及目標。

S-T-P架構分析

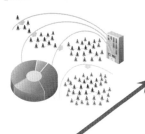

S

1.市場區隔化
①認明市場區隔化的基礎。
②發展劃分後之區隔市場的圖像。

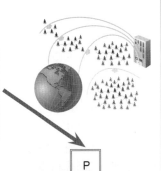

T；TA

2.目標市場選定
③考量各區隔市場的吸引力。
④選定目標市場及消費群。

P

3.產品定位
⑤在每一目標市場發展產品定位。
⑥在每一目標市場研訂行銷組合。

為何必須做S-T-P架構分析

1.因應從大眾市場走向分眾市場

2.有助於研訂行銷4P操作內容

3.有助於競爭優勢的建立

4.建立自己的行銷特色與競爭對手有所區隔

5.達到精準行銷的目的

知識補充站

白蘭氏雞精S-T-P架構分析

1.區隔市場（Segmentation）：區分為①老人健康補給食品市場與②上班族健康活力食品市場等兩大市場。

2.鎖定目標客層（Target Audience）：鎖定①老年人，60歲以上，住院老人及非住院老人與②上班族，25-40歲，男性，對精神活力重視的人等兩大目標客層。

3.產品定位（Product Positioning）：即將產品定位在①把健康事，就交給白蘭氏；②健康補給營養品的第一品牌，以及③高品質健康補給營養品等三大領域，以凸顯其差異性與獨特性。

Unit **7-15**
產品組合管理矩陣分析

　　當企業在考量有限經營資源分配時，必須從產品組合策略來考量。因此，美國波士頓管理顧問公司（The Boston Consulting Group, BCG）曾提出「產品組合管理」（Product Portfolio Management, PPM）分析工具。

　　目的乃在協助企業從制高點評估與分析其現有產品線，對於不同組合的投資事業，必須站在制高點決定其現金流量的投入，或是做產品（事業投資）組合的取捨。

　　PPM也能擴大為事業組合管理，為一種思考架構以及策略工具。應用上就是將各事業或產品以矩陣呈現現有競爭狀態與定位，可思考如何做資源分配（Resource Allocation）以及事業發展方向。

　　PPM也是一種概念（Concept），不只針對現有商品進行檢視與模擬發展，亦可拉長時間軸，預測未來環境變化、競爭者動態，提前規劃未來的產品企劃，形成中長期產品發展計畫，如汽車商品就得提前規劃未來3～5年，甚至5～7年以後的新車款。

　　如果從目前本公司產品在此市場上之「市占率」，以及此產品未來「成長性」兩個構面來看，可以將公司區隔為四種狀況，思考各種因應對策。

164

一.落水狗產品

　　本公司產品市占率相對低，而未來此產品之成長性亦低。此時，即稱此為「落水狗」。換言之，很難救活的產品，不必寄望太深。

二.金牛產品與搖錢樹

　　本公司產品市占率相對高，而未來此產品成長性已達成熟飽和狀態，未來不可能更好了，但現在還算不錯。因此，稱為「搖錢樹」或「金牛」（Cash Cow）。是本公司目前現金流入的主要來源。

三.未來的明日之星

　　本公司產品市占率相對高，且未來此市場成長性極具潛力，是屬於「明日之星」（Rising Star）的產品，值得好好培養，投入資源，提升競爭力，以利來日豐收。

四.有潛力的問題兒童產品

　　本公司產品市占率低，對公司現有營收及獲利無重大貢獻，但未來市場成長率高，值得觀察、努力、改良、強化的，則為「問題兒童」的產品，有待公司大力協助，使其逐步增強，進而看到希望。

　　總結來說，公司投入在各產品線的資源有限且珍貴，因此必須做最佳的安排、配置及規劃，才能發揮最好的效益出來。因此，PPM管理是非常重要的，而且也具有相當的前瞻性及預判準備性。

產品組合管理矩陣

	2.明日之星	3.問題兒童
高 **∧** **市** **場** **成** **長** **性** **∨** **低**	・現金流入大 ・必要投資大	・現金流入小 ・必要投資較大
	1.搖錢樹（金牛）	4.落水狗
	・現金流入大 ・必要投資不大	・現金流入小 ・必要投資較小

←高＜相對市占率＞低→

企業4種產品組合結構

（賺錢+虧錢）

金牛產品	明日之星產品
・當前最賺錢	・尚賺錢，但明天會更好
落水狗產品	**問題兒童產品**
・虧錢產品 ・夕陽產品	・過去賺錢，但現在已不太賺錢 ・如何改善及強化

企業的行銷決策

1.全力鞏固、維繫、拉長「金牛」產品。	2.加速全力投入「明日之星」產品。

3.縮小投入「問題兒童」產品。	4.裁撤、退出「落水狗」產品。

Unit **7-16**
事業單位（BU）制度分析 Part I

圖解策略管理

BU制度係指一種組織設計制度，它是從SBU（Strategic Business Unit：戰略事業單位）制度，逐步簡化稱為BU（Business Unit），然後，因為可以有很多個BU存在，故也可稱為BUs。由於本主題內容豐富，特分兩單元介紹。

一.何謂BU制度

BU組織乃指公司可以依事業別、公司別、產品別、任務別、品牌別、分公司別、分館別、客戶別、層樓別等不同，而將之歸納為幾個不同BU單位，使之權責一致，並授權與課予責任，最終要求每個BU要能夠獲利才行；此乃BU組織設計之最大宗旨。BU組織也有人稱為「責任利潤中心制度」（Profit Center），兩者頗為相似。

二.BU制度優點何在

BU的組織制度究竟有何優點呢？大致可歸納整理成以下幾點：

(一)權責一致：確立每個不同組織單位的權力與責任的一致性。

(二)提升整體績效：可適度有助於提升企業整體的經營績效。

(三)良性競爭：可引發內部組織的良性競爭，並發掘出優秀潛在人才。

(四)邁向優良的績效管理：可有助於形成「績效管理」導向的優良企業文化與組織文化。

(五)績效攸關賞罰的好壞：可使公司績效考核能與賞罰制度，有效的連結一起。

三.BU制度盲點何在

事實上，BU組織並非我們想像的萬靈丹，不是每個採取BU制度的企業，它的每個BU即能賺錢獲利，這未免也太不實際了。否則，為什麼同樣實施BU制度的公司，依然有不同的成效呢？因此，必須注意BU制度的盲點：

(一)BU單位的負責人很重要：當BU單位的負責人如果不是一個很卓越及很優秀的領導者或管理者時，該BU仍然會績效不彰。

(二)有無配套措施：BU組織要發揮功效，仍須有配套措施的運作，才能畢其功。

四.BU組織單位如何劃分

實務上，因各行各業甚多，可看到BU的劃分如下：公司別BU、事業部別BU、分公司別BU、各店別BU、各地區BU、各館別BU、各產品別BU、各品牌別BU、各廠別、各任務別、各重要客戶別、各分層樓別、各品類別、各海外國別等。

舉例來說，甲飲料事業部劃分茶飲料BU、果汁飲料BU、咖啡飲料BU，以及礦泉水飲料BU四種；乙公司劃分A事業部BU、B事業部BU，以及C事業部BU三種；丙品類劃分A品牌BU、B品牌BU、C品牌BU，以及D品牌BU四種；丁公司劃分臺北區BU、北區BU、中區BU、南區BU，以及東區BU五種。

BU制度的優點與缺點

優點

1. 確立每個不同組織單位的權力與責任的一致性。

2. 可適度有助於提升企業整體的經營績效。

3. 可引發內部組織的良性競爭，並發掘出優秀潛在人才。

4. 可有助於形成「績效管理」導向的優良企業文化與組織文化。

5. 可使公司績效考核能與賞罰制度，有效的連結一起。

缺點

1. 當BU單位的負責人如果不是一個很卓越及很優秀的領導者或管理者時，該BU仍然會績效不彰。

2. BU組織要發揮功效，仍須有配套措施的運作，才能畢其功。

BU單位如何劃分

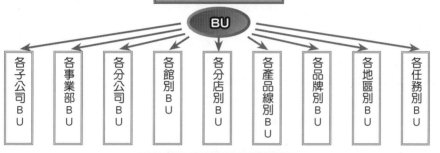

BU

- 各子公司BU
- 各事業部BU
- 各分公司BU
- 各館別BU
- 各分店別BU
- 各產品線別BU
- 各品牌別BU
- 各地區別BU
- 各任務別BU

167

案例——BU組織單位

 案例一

甲飲料事業部

1. 茶飲料BU
2. 果汁飲料BU
3. 咖啡飲料BU
4. 礦泉水飲料BU

 案例二

乙公司

1. A事業部BU
2. B事業部BU
3. C事業部BU

 案例三

丙品類

1. A品牌BU
2. B品牌BU
3. C品牌BU
4. D品牌BU

 案例四

丁公司

1. 臺北區BU
2. 北區BU
3. 中區BU
4. 南區BU
5. 東區BU

Unit 7-17
事業單位（BU）制度分析 Part II

前文提到企業設有BU制度，雖然是有助於經營績效的提升，但不一定保證賺錢，因也有其盲點所在。因此，以下即針對此方面提出如何有效運作BU制度，才能更發揮BU制度的優點，進而達到其成功的目標。

五.BU制度執行步驟

BU制度的步驟流程，大致可歸納整理成以下幾點：

(一)精準區分BU單位：適切合理劃分各個BU組織，如此才能賦予一致的權利與責任。

(二)挑選合適的BU長：選擇合適且強有力的「BU長」或「BU經理」，負責帶領單位。

(三)研訂配套措施：包括授權制度、預算制度、目標管理制度、賞罰制度，以及人事評價制度等。

(四)定期考核與評估績效：定期嚴格考核各個獨立BU的經營績效成果如何。

(五)訂定獎勵目標：若BU達成目標，則給予獎勵及人員晉升等。

(六)設定績效不彰的補救措施：若未能達成目標，則給予一段觀察期，若仍不行，就應考慮更換BU經理。

六.BU制度成功要因何在

BU制度並不保證成功，不過歸納企業實務成功的BU制度，大致有如下原因：

(一)強有力的BU長：要有一個強有力BU Leader（領導人、經理人、負責人）。

(二)要有一個完整的BU「人才團隊」組織：一個BU就好像是一個獨立運作的單位，必須要有各種優秀人才的組成。

(三)完整的配套措施：要有一個完整的配套措施、制度及辦法，才能發揮功效。

(四)要認真檢視自身BU的競爭優勢與核心能力何在：每個BU必須確信越超任何競爭對手的BU。

(五)最高主管要有勢在必行的決心：最高階經營者要堅定貫徹BU組織制度。

(六)BU經理的年齡層有日益年輕化的趨勢：因為年輕人有企圖心、上進心、對物質有追求心、有體力、活動與創新。因此，BU經理彼此會存有良性的競爭動力。

(七)幕僚單位的支援：幕僚單位有時仍未歸屬各個BU內，故應積極支援各個BU的工作推動。

七.BU制度與損益表之結合

BU制度最終仍要看每個BU是否為公司帶來獲利，每個BU都能賺錢，全公司累計起來就會賺錢。所以如果將BU制度與損益表的效能成功結合起來使用，即能很清楚知道每個BU的盈虧狀況。這也是BU制度被稱為「責任利潤中心制度」的原因。

BU制度如何運作

BU制度的步驟流程

1.適切合理劃分各個BU組織。

↓

2.選擇合適且強有力的「BU長」或「BU經理」，負責帶領單位。

↓

3.研訂配套措施，包括：授權制度、預算制度、目標管理制度、賞罰制度、人事評價制度等。

↓

4.定期嚴格考核各個獨立BU的經營績效成果如何。

↓

5.若BU達成目標，則給予獎勵及人員晉升等。

↓

6.若未能達成目標，則給予一段觀察期，若仍不行，就應考慮更換BU經理。

BU制度與損益表之結合

各BU 損益表	BU1	BU2	BU3	BU4	BU5
①營業收入	\$××××	\$××××	\$××××	\$××××	\$×××××
②營業成本	\$(××××)	\$( )	\$( )	\$( )	\$( )
③營業毛利	\$××××	\$××××	\$××××	\$××××	\$××××
④營業費用	\$××××	\$( )	\$( )	\$( )	\$( )
⑤營業損益	\$××××	\$××××	\$××××	\$××××	\$××××
⑥總公司幕僚費用分攤額	\$(××××)	\$( )	\$( )	\$( )	\$( )
⑦稅前損益	\$××××	\$××××	\$××××	\$××××	\$××××

Unit **7-18**
預算管理制度分析 Part I

預算管理對企業界相當重要，也是經常在會議上被當作討論的議題。企業如要常保競爭優勢，就須事先參考過去經驗值，擬定未來年度的可能營收與支出，才能作為經營管理的評估依據。由於探討內容豐富，特分兩單元介紹。

一.何謂預算管理

所謂「預算管理」（Budget Management），即指企業為各單位訂定各種預算，包括營收預算、成本預算、費用預算、損益（盈虧）預算、資本預算等，然後針對各單位每週、每月、每季、每半年、每年等定期檢討各單位是否達成當初所定的目標數據，並且作為高階經營者對企業經營績效的控管與評估的主要工具之一。

二.預算管理的目的

「預算管理」之目的及目標，主要有下列幾項：

(一)營運績效的考核依據：預算管理是作為全公司及各單位組織營運績效考核的依據指標之一，特別是在獲利或虧損的損益預算績效是否達成目標預算。

(二)目標管理方式之一：預算管理亦可視為「目標管理」（Management by Objective, MBO）的方式之一，也是最普遍可見的有力工具。

(三)執行力的依據：預算管理可作為各單位執行力的依據或憑據；有了預算，執行單位才可以去做某些事情。

(四)決策的參考準則：預算管理亦應視為與企業策略管理相輔相成的參考準則，公司高階訂定發展策略方針後，各單位即訂定相隨的預算數據。

三.預算何時訂定及種類

企業實務上都在每年年底快結束時，即十二月底或十二月中時，即要提出明年度或下年度的營運預算，然後進行討論及定案。

基本上，預算可區分為以下種類：1.年度（含各月別）損益表預算（獲利或虧損預算）：此部分又可細分為營業收入預算、營業成本預算、營業費用預算、營業外收入與支出預算、營業損益預算、稅前及稅後損益預算；2.年度（含各月別）資本預算（資本支出預算），以及3.年度（含各月別）現金流量預算。

四.哪些單位要訂定預算

全公司幾乎都要訂定預算，不同之處在於，有些是事業部門的預算，有些則是幕僚單位的預算。幕僚單位的預算是純費用支出，而事業部門則有收入，也有支出。

因此，預算的訂定單位，應該包括：1.全公司預算；2.事業部門預算，以及3.幕僚部門預算（財會部、行政管理部、企劃部、資訊部、法務部、人資部、總經理室、董事長室、稽核室等）。

預算管理的目的

1.營運績效的考核依據

→①預算管理是作為全公司及各單位組織營運績效考核的依據指標
　　之一。
　②特別是在獲利或虧損的損益預算績效，是否達成目標預算。

2.目標管理方式之一

→①預算管理亦可視為「目標管理」(Management by Objective,
　　MBO)的方式之一。
　②也是最普遍可見的有力工具。

3.執行力的依據

→①預算管理可作為各單位執行力的依據或憑據。
　②有了預算，執行單位才可以去運作某些事項。

4.決策的參考準則

→①預算管理亦應視為與企業策略管理相輔相成的參考準則。
　②公司高階訂定發展策略方針後，各單位即訂定相隨的預算數據。

預算管理的目的為何？

預算何時訂定？

每年12月中或12月底提出明年度或下年度的營運預算，然後進行討論及定案。

1. 年度（含各月別）損益表預算（獲利或虧損預算）
   - 營業收入預算　　　　　　• 營業成本預算
   - 營業費用預算　　　　　　• 營業外收入與支出預算
   - 營業損益預算　　　　　　• 稅前及稅後損益預算

2. 年度（含各月別）資本預算（資本支出預算）
3. 年度（含各月別）現金流量預算

Unit 7-19
預算管理制度分析 Part II

預算管理的重要性從前文即可得知，然而是否意味著公司有完善的預算制度，錢就會自動的傾倒進來呢？答案當然是否定的。但不可否認的，它的確是一項好的績效控管工具。

五.預算訂定的流程

至於預算訂定的流程，大致可歸納整理成以下幾點：

(一)經營者提出下年度目標：包括經營策略、經營方針、經營重點及大致損益的挑戰目標。

(二)各事業部門提出初步年度預算：包括初步年度損益表預算及資金預算數據，此由財會部門主辦。

(三)各幕僚單位提出費用預算：財會部門請各幕僚單位提出該單位下年度的費用支出預算數據。

(四)財會部門彙整數據：由財會部門彙整各事業單位及各幕僚部門的數據，然後形成全公司的損益表預算及資金支出預算。

(五)高階主管會議討論：然後由最高階經營者召集各單位主管共同討論、修正及最後定案。

(六)執行：定案後，進入新年度即正式依據新年度預算目標，展開各單位的工作任務與營運活動。

六.預算何時檢討及調整

在企業實務上，預算檢討會議經常可見，就營業單位而言，應檢討的內容如下：

(一)密集檢討：每週要檢討上週達成業績如何，每月也要檢討上月損益如何。

(二)與原訂預算目標相比：是超出或不足？超出或不足的比例、金額及原因是什麼？又有何對策？

(三)如果連續一、二個月下來，都無法依照預期預算目標達成：則應該要進行預算數據的調整。調整預算，即表示要「修正預算」，包括「下修」或「上調」預算；下修預算，即代表預算沒達成，往下減少營收預算數據或減少獲利預算數字。

總之，預算關係公司最終損益結果，必須時刻關注達成狀況而做必要的調整。

七.預算制度不代表會賺錢

有預算制度，是否表示公司一定會賺錢？答案當然是否定的。預算制度雖很重要，但它也只是一項績效控管的管理工具，並不代表有了預算控管就一定會賺錢。

公司要獲利賺錢，此事牽涉到很多面向問題，包括產業結構、景氣狀況、人才團隊、老闆策略、企業文化、組織文化、核心競爭力、競爭優勢、對手競爭等太多的因素。不過，優良的企業，是一定會做好預算管理制度。

預算訂定流程

1. 經營者提出下年度的經營策略、經營方針、經營重點及大致損益的挑戰目標。

↓

2. 由財會部門主辦，並請各事業部門提出初步年度損益表預算及資本預算的數據。

↓

3. 財會部門請各幕僚單位提出該單位下年度的費用支出預算數據。

↓

4. 由財會部門彙整各事業單位、各幕僚部門的數據，然後形成全公司的損益表預算及資本支出預算。

↓

5. 由最高階經營者召集各單位主管共同討論、修正及最後定案。

↓ 定案後

6. 進入新年度即正式依據新年度預算目標，展開各單位的工作任務與營運活動。

損益表預算格式

損益表　　　　　　　　單位：元

項目 ＼ 月分	1月	2月	3月	4月	5月	6月	7月	8月	9月	10月	11月	12月	合計
①營業收入													
②營業成本													
③＝①－② 營業毛利													
④營業費用													
⑤＝③－④ 營業損益													
⑥營業外收入與支出													
⑦＝⑤－⑥ 稅前損益													
⑧營利事業所得稅													
⑨＝⑦－⑧ 稅後損益													

Unit **7-20**
損益表分析 Part I

策略的擬定不能與真實營運脫節，故對於策略的知識，首先應對公司每月都必須即時檢討的損益表（Income Statement）有一個基本的概念與認識，這樣才知道公司營收、成本、費用與損益的狀況如何，也能運用策略使其更有成效。

一.損益表的構成要項

基本上，損益表的主要構成項目就是營業收入（Q×P→銷售量×銷售價格）扣除營業成本（製造業為製造成本，服務業為進貨成本），即稱為營業毛利（毛利率、毛利額）。

營業毛利再扣除營業管銷費用，即稱為營業損益（賺錢時，稱為營業淨利）。

營業損益再加減營業外收入與支出（指利息、匯兌、轉投資、資產處分等）後，即稱為稅前損益（賺錢時，稱為稅前獲利）。

稅前損益再扣除稅賦，即為一般熟知的稅後損益（稅後獲利）。稅後損益除以流通在外股數，即為每股盈餘（Eernings Per Share, EPS）。

二.損益表的分析與應用

(一)當公司呈現虧損時，有哪些原因呢？

1.可能是營業收入額不夠。而其中，又可能是銷售量（Q）不夠，也可能是價格（P）偏低等所致。

2.可能是營業成本偏高。如果是製造業，則包括製造成本中的人力成本、零組件成本、原料成本或製造費用等偏高所致。如果是服務業，則是指進貨成本、進口成本或採購成本偏高所致。

3.可能是營業費用偏高，包括管理費用及銷售費用偏高所致。此即幕僚人員、房屋租金、銷售獎金、交際費、退休金、健保費、勞保費、加班費等是否偏高。

4.可能是營業外支出偏高所致，包括利息負擔大（借款太多）、匯兌損失大、資產處分損失、轉投資損失等。

(二)公司對產品要如何定價，才能獲利呢？

基本上來說，公司對某商品的定價，應該是看此產品或是公司的毛利額，是否足以Cover（超過）該產品或該公司的每月管銷費用及利息費用。如有，才算是可以賺錢的商品或公司。

所以，基本上廠商應該都有很豐富的過去經驗，根據經驗值而估算一個適當的毛利率（Gross Margin）。例如：某一個商品的成本是1,000元，廠商如估算30％毛利率，即會將此產品定價在1,300元左右；也就是說，每個商品可以賺300元毛利額，如果每個月賣出10萬個，表示每月可賺3千萬元毛利額。如果這3千萬元毛利額，足以Cover公司的管銷費用及利息，就代表公司這個月可以獲利賺錢。

損益表範例

1. 營業收入（Q×P→銷售量×銷售價格）
−2. 營業成本（製造業為製造成本，服務業為進貨成本）

---

3. 營業毛利（毛利率、毛利額）
−4. 營業費用（管銷費用）

---

5. 營業損益（賺錢時，稱為營業淨利）
±6. 營業外收入與支出（指利息、匯兌、轉投資、資產處分等）

---

7. 稅前損益（賺錢時，稱為稅前獲利）
−8. 稅賦

---

9. 稅後損益（稅後獲利）
÷10. 流通在外股數

---

11. 每股盈餘（Earnings Per Share, EPS）

從損益表分析產品如何定價 —— 舉例說明

1. 某個口香糖公司，一條口香糖成本為20元，毛利率賺30%計算
→出貨到便利商店的價格為26元
→便利商店再賺30%毛利率
→故定價34元，賣給一般消費者。

2. 該公司如果一年總計出貨（賣出）2千萬條口香糖
→該公司的毛利額：
2千萬條×6元＝1.2億元

減：
一年的管理費用　　2千萬元 ⎫
⎬ 1億
減：
一年的（銷售費用 廣告費用）8千萬元 ⎭

實際最後淨獲利為2千萬元
（即1.2億－1億＝2千萬元）

結論：該公司必須控制一年的管銷費用不能超過1億元，才能一年獲利2千萬元。

Unit **7-21**
損益表分析 Part II

損益表可以清楚表達企業每階段的獲利或虧損，其中收入部分能讓企業管理者了解哪些產品或市場可再開源，而哪些成本及費用可控制或減少。

二.損益表的分析與應用（續）

(三)銷量與價格都是動態的：不管從Q（銷量）看、P（價格）看也好，這兩個也都是動態與變化的。因為，本公司每月的Q與P是多少，牽涉到諸多因素的影響：

1.本公司內部因素，例如：廣告支出、產品品質、品牌、口碑、特色、業務戰力等。

2.本公司外部因素，例如：競爭對手的多少、是否供過於求、是否施出促銷戰或價格戰、市場景氣好不好等。

(四)隨時以行銷4P策略因應或反擊：總結來看，企業每天都是在機動及嚴密注視整個內外部環境的變化，而隨時做行銷4P策略上的因應措施及反擊措施。

三.如何使公司獲利

針對上述分析，我們再予以簡化，如果企業為追求如何提升獲利水準時，我們可在營業收入方面，思考如何提高Q及P；營業成本方面，思考如何使成本下降；這樣即能提高營業毛利；再來是營業費用方面，思考如何使費用下降，以及營業外收支方面，思考如何使利息費用支出下降及轉投資損失下降，這樣即能提高稅前淨利。

四.合適的毛利率水準分析

一般來說，製造業或服務業的平均合適及應有的毛利率，大致在25％～40％之間，平均是三成（30％）左右。這是實務上的常識，此即代表在30％的毛利率下，其所賺到的毛利額，應可足夠Cover總公司的管銷費用，因此，還能有一些淨獲利。

不過，也有些例外的行業。例如：零售流通業的百貨公司、資訊3C賣場、量販店、超市、便利商店、福利中心等，他們平均毛利率只有10％～15％之間。如再扣掉管銷費用率，淨獲利平均只在2％～5％之間。例如：統一超商如果營業額做9百億，平均3％獲利率，大概一年淨賺為27億元。因為這些零售流通業是通路業，其年營業額常達幾百億，故其毛利率即會低些。

另外，像國內筆記型電腦、手機、液晶電視等OEM代工大廠，平均毛利率也很低，大約在5％～8％之間。但因代工金額常高達2～3千億元之多，故仍是賺錢。例如：華碩、廣達、鴻海等，假設年營業額3千億元，乘上5％毛利率，即有150億元淨毛利額，然後再扣掉全公司一年的管銷費用30億元，則全年仍能淨賺120億元。

至於一般個別的店面，像火鍋店、西餐店、紅茶店、冰飲店、麵店、早餐店、簡餐店等，由於其營業額低，故其毛利率必定會高些。一般可達六至七成之多。例如：火鍋店，一個月營業額30萬元，毛利率為七成，則毛利額為21萬元，扣掉房租、水電、工讀生費用等合計為10萬元，那麼店老闆每月還能淨賺11萬元。

企業獲利的方法

利用損益表提高獲利水準

1. 營業收入（Q×P）→思考如何提高Q及P
－2. 營業成本→思考如何使成本下降

3. 營業毛利→思考如何提高毛利
4. 營業費用→思考如何使費用下降

5. 營業損益
－6. 營業外收支→思考如何使利息費用支出下降及轉投資損失下降

7. 稅前淨利

企業如何獲利4大方向

方法1→提高營收 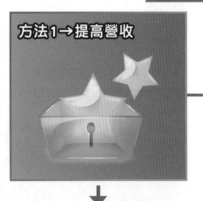	①完全創新產品（iPhone、iPad） ②推出新品 ③提高售價 ④舉辦促銷活動 ⑤運用對的產品代言人 ⑥長期打造品牌 ⑦多元、多角通路鋪貨 ⑧運用會員卡（忠誠卡） 　　**紅利積點或折扣優惠** ⑨固定、長期投資電視廣告 ⑩其他行銷措施（如加強銷售人員業績達成）
方法2→降低成本	①降低製造成本 ②降低原物料、零組件成本 ③使用共用、簡化產品組件設計 ④海外生產
方法3→降低費用	①控制幕僚人力數量 ②控制租金、交際費、加班費等
方法4→降低營業外費用	①降低利息支出 ②降低轉投資損失

第 **8** 章
策略理論介紹

●●●●●●●●●●●●●●●●●●●●●●●●●●● 章節體系架構 ▼

Unit **8-1**
策略九種基本理論 Part I

策略理論主要有九種重要學說，國內企管知名學者吳思華教授，在其專著《策略九說》有很深入詳實的論述，非常值得參考。茲特摘錄其要點，分四單元介紹。

這些策略理論，乃屬企管研究所碩士班及博士班的研究範疇，故僅作為讀者對這些理論名詞有一初步認識之用。

一.價值說

價值說（Value Theory）的主要觀點是認為企業存在社會的正當性，主要來自於其能有效組合資源、創造價值，以滿足社會的需求。因此，價值說的思考邏輯主要在於企業能否透過商品，提供顧客所想要的「價值」。

以價值為核心的思考邏輯主要是分析企業是否能創造顧客所認知的價值，而其方式大致可分為迎合顧客購買標準的一般分析流程與差異化、以積極為顧客創造新價值等兩種方式。企業要提供符合顧客需求的商品，首先應辨識各個不同區隔顧客的效用偏好及購買標準，以發展出不同的商品組合，然後透過價值鏈的分析，界定目標市場、商品組合，以及應積極投入的價值活動組合。

以價值為核心的一般分析流程雖可清楚界定廠商應投入的領域，但在競爭激烈的時代卻不易形成特色。因此，廠商應從每一個價值活動中尋求差異化的可能性，在重要的價值活動上製造獨特的差異，以形成專屬性，甚至藉由改變遊戲規則或建構新的價值鏈，展現其獨特之處。

例如國內外企業能夠創造高級價值，而消費者仍樂於消費的案例如下：1.臺灣日月潭涵碧樓休閒飯店採用高定價；2.臺灣星巴克咖啡定價高；3.臺灣財富銀行對頂級客戶的頂級服務；4.歐洲名牌精品，如LV、Prada、Dior、YSL、Tiffany、Chanel等名牌精品，也是走精品店的高定價；5.美國名校，如哈佛、麻省理工、史丹佛、華盛頓、柏克萊、賓州等大學名校，收費高於一般大學；6.臺灣臺大EMBA企管碩士班收費較高，以及7.德國賓士轎車一直是高價車。

二.效率說

效率說（Efficiency Theory）是以效率為中心的思考邏輯，主要探討企業如何透過規模經濟（Economy of Scale）、經驗曲線（Experience Curve），以及範疇經濟（Economy of Scope）的追求，來達成企業的效率。茲說明如下：

(一)規模經濟：此觀念乃是透過增加數量，降低平均單位成本，其主要成因是由於「成本的不可分割性」，而策略思考的根本邏輯即在於「最適規模」的追求，企業可採用低價獲取市占率的方式，達成規模經濟，或採用OEM方式出售剩餘產能，擴大規模經濟的利益。另外，透過適當的制度或經營策略，企業可將不同最適規模的價值活動予以連結，以達成較高的效率。規模經濟的項目包含有採購、配銷、廣告、財務、R&D研發、管理等六種。

策略9種學說理論

學說	主要論點
1.價值說	→①企業有效結合所有資源，創造價值，滿足顧客。 ②兩種提供顧客需求的方式。 ★迎合顧客購買標準的一般分析流程與差異化。 ★積極為顧客創造新價值。 國內外企業能夠創造高級價值，而消費者仍樂於消費的案例如下： ❶臺灣日月潭涵碧樓休閒飯店採用高定價。 ❷臺灣星巴克咖啡定價高。 ❸臺灣財富銀行對頂級客戶的頂級服務。 ❹歐洲名牌精品，如LV、Prada、Dior、YSL、Tiffany、Chanel等名牌精品，也是走精品店的高定價。 ❺美國名校，如哈佛、麻省理工、史丹佛、華盛頓、柏克萊、賓州等大學名校，收費高於一般大學。 ❻臺灣臺大EMBA企管碩士班收費較高。 ❼德國賓士轎車一直是高價車。
2.效率說	→以效率為中心的思考邏輯，探討企業如何透過規模經濟、經驗曲線，以及範疇經濟的追求，來達成企業的效率。
3.資源說	
4.結構說	
5.賽局說	
6.統治說	
7.互賴說	
8.風險說	
9.生態說	

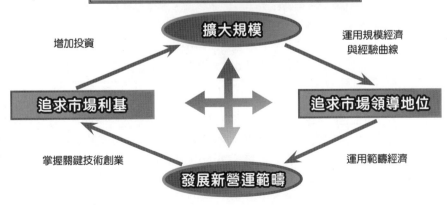

以效率為核心的企業成長策略動態邏輯

擴大規模

增加投資　　　　　　　　　　　　　運用規模經濟與經驗曲線

追求市場利基　　　　　　　　　　追求市場領導地位

掌握關鍵技術創業　　　　　　　　　運用範疇經濟

發展新營運範疇

資料來源：吳思華，1996年

Unit 8-2
策略九種基本理論 Part II

　　吳思華教授在其著作《策略九說》一書中提到，企業的成敗，一部分來自策略決策者精明的計算，一部分來自本身長期的執著與努力，而有一部分則決定於天命。「精於計算、執著於理想、接受命運的安排」，應是企業經營的重要準則。

二.效率說（續）

　　(二)經驗曲線：即指當生產的累積數量增加後，相對應的平均成本下降，其形成原因主要來自於學習效果、科技的進步以及數量累積後的產品改善。企業在思考經驗曲線的策略邏輯時，首應了解經驗曲線在產業中存在的狀況，然後研擬適當的價格策略，爭取市占率，達成經驗曲線效果。

　　(三)範疇經濟：此觀點乃是透過資源共享，降低成本。其主要的原因是企業內部具有剩餘的資源且無法分割，透過內部多元化的方式，企業可將既有資源充分運用，以達成資源共享目的。範疇經濟項目包含有銷售（例如：金控公司交叉行銷）、投資、作業、管理等四種活動。

三.資源說

　　資源說（Resources Theory）主要觀點乃是企業在特定領域的持續努力，不斷累積資源，才能形成不敗的競爭優勢。Gary Hamel & C. K. Prahalad（1994）、James Brian Quinn（1992）等學者皆有類似的看法，強調企業培養核心專長的重要性，認為只要能在特定領域達到世界之最，就能建立不敗的競爭優勢。

　　此說的思考邏輯乃在企業的發展策略是否有助於核心資源的累積、核心能力的培養。企業在制定發展策略時，應先設定核心資源的發展方向，然後以資源為基礎出發，一方面充分運用核心資源，一方面不斷強化核心專長，以形成長期的競爭優勢。例如：1.品牌資源：可口可樂、微軟、IBM、麥當勞、三星、SONY、acer、HTC、康師傅、王品、ASUS、捷安特；2.研發人才資源：廣達、鴻海、華碩、宏達電、友達光電、聯發科等公司研發人才；3.大量採購資源：全聯福利中心、家樂福、7-11便利商店等；4.本土化節目資源：三立臺灣臺、民視電視臺；5.垂直整合資源：台塑石油、南亞、台塑，以及6.行銷交叉資源：國泰、富邦、中信銀等金控集團。

四.結構說

　　結構說（Structure Theory）乃認為市場的結構會決定廠商的行為，同時決定產業的績效，而獨占結構則是企業利潤的最佳保障。換言之，廠商的獨占力愈大，則獲利率愈高，企業也愈容易生存。波特（Porter）在1980年出版的《競爭策略》一書中，以五力分析架構觀察產業結構，他認為影響產業競爭，決定獲利強度的結構因素有：1.供應者的議價力；2.同業的對抗強度；3.顧客議價力；4.潛在進入者的威脅，以及5.替代品的壓力等五項，是觀察獲利力最具代表性的架構。

策略9種學說理論

學說	主要論點
1.價值說	→企業有效結合所有資源，創造價值，滿足顧客。
2.效率說	→①規模經濟 　★透過增加數量，降低平均單位成本。 　★項目有採購、配銷、廣告、財務、R&D研發、管理等六種。 ②經驗曲線 　★當生產的累積數量增加後，相對應的平均成本下降。 　★其形成原因主要來自於學習效果、科技的進步以及數量累積後的產品改善。 ③範疇經濟 　★透過資源共享，降低成本。 　★項目有銷售活動（例如：金控公司交叉行銷）、投資活動、作業活動、管理活動等四種。
3.資源說	→企業在特定領域的持續努力，不斷累積資源，才能形成不敗的競爭優勢。 案例說明 ❶品牌資源：可口可樂、微軟、IBM、麥當勞、三星、SONY、acer、HTC、大陸康師傅、王品、ASUS、捷安特。 ❷研發人才資源：廣達電腦、鴻海精密、華碩電腦、宏達電、友達光電、聯發科等公司研發中心人才。 ❸大量採購資源：全聯福利中心、家樂福、7-11便利商店等。 ❹本土化節目資源：三立臺灣臺、民視電視臺。 ❺垂直整合資源：台塑石油、南亞、台塑。 ❻行銷交叉資源：國泰、富邦、中信銀等金控集團。
4.結構說	→市場結構會決定廠商行為，同時決定產業績效，而獨占結構則是企業利潤的最佳保障。
5.賽局說	
6.統治說	
7.互賴說	
8.風險說	
9.生態說	

183

波特的5力分析架構圖

潛在競爭者的威脅

供應者的議價能力　　同業的競爭強度　　購買者的議價能力

替代品的威脅

資料來源：Porter，1980

Unit **8-3**
策略九種基本理論 Part III

我們要如何揭開策略決策背後的邏輯思考奧祕呢？即不能忽視九種基本理論。

四.結構說（續）

　　寡占案例如下：1.石油業：中油、台塑石油；2.KTV：錢櫃、好樂迪；3.手機服務業：中華電信、臺灣大哥大、遠傳電信、亞太電信等；4.辦公作業軟體：微軟（Windows），以及5.便利超商：統一7-11、全家、萊爾富、OK等。

　　既然獨占結構是企業利潤的保障，結構說的策略邏輯就是思考如何提高企業的獨占力，從影響產業結構與競爭強度的各因素營造較佳的結構環境，例如：思考如何掌握有利位置與關鍵資源、降低同業間的競爭強度、提高進入障礙、提高對顧客的議價力、提高對供應商的議價力等，皆是提高企業獨占力的方式，也是企業生存的保障。

五.賽局說

　　賽局說（Game Theory）的觀點主要根基於經濟學中的「賽局理論」（Game Theory）。在賽局論中，透過某些基本的前提假設，將真實世界的競爭態勢簡化，再利用理論模式了解並預測廠商的行為。在真實的世界中，廠商的行為模式雖然複雜得多，但透過賽局的策略思考邏輯，企業可預測競爭對手的可能行為，以作為擬採取何種攻擊策略、防禦策略、對抗、聯盟，甚至發送訊號等決策依據。

　　此說的策略思考，乃是綜合所處的環境情勢，透過與廠商間的合縱連橫或競爭對抗，以塑造最有利於己的情境，可說是一種爾虞我詐的競爭行為。當廠商分析競爭態勢，認為攻擊可擴大利基時，則應採取適當的攻擊策略；當廠商的實力不足以獨霸一方時，則可聯合次要敵人打擊主要敵人。透過對競爭情境的持續分析，企業可隨時因應外在環境的變化，重新進行策略的評估，擬定新的策略，建立新的競爭者關係。

六.統治說

　　統治說（Governance Theory）主要認為企業能夠存在且有利潤，乃因其能做好資源統治的工作。而此說的策略思考邏輯，即在如何極小化資源統治的成本。

　　統治說的觀念可說是起源於交易成本理論，所謂「交易成本」是指「在交易行為發生過程中，伴同產生的資訊搜尋、條件談判（議價）與交易實施監督等各方面的成本」，1937年寇斯（Coase）首先提出交易成本的觀念，1975年威廉生（Williamson）更據以發展出「交易經濟學理論」。而交易成本的成因主要來自於資訊的不對稱及人的有限理性等因素。

　　如前所述，資源統治策略的選擇即在於如何極小化資源統治的成本。而極小化資源統治的成本，也就等於極小化生產成本和交易成本的總和。當交易成本高時，表示市場機制無法有效運作，企業可考慮由組織內部自己完成，以降低交易成本；當自製成本甚高時，企業則可考慮透過市場交易的方式取得。

學說	主要論點
1.價值說	→企業有效結合所有資源，創造價值，滿足顧客。
2.效率說	→①配合生產與技術特性追求規模經濟及範疇經濟，以降低營運成本。 ②發揮學習曲線效果，獲取競爭優勢。
3.資源說	→①經營是持久執著的努力。 ②持續累積不可替代的核心資源以形成策略優勢。
4.結構說	→市場結構會決定廠商行為，同時決定產業績效，而獨占結構則是企業利潤的最佳保障。 寡占案例 ❶石油業：中油、台塑石油。 ❷KTV：錢櫃、好樂迪。 ❸手機服務業：中華電信、臺灣大哥大、遠傳電信、亞太電信等。 ❹辦公作業軟體：微軟（Windows）。 ❺便利超商：統一7-11、全家、萊爾富、OK等。
5.賽局說	→①經營是一個既競爭又合作的競賽過程。 ②聯合次要敵人，打擊主要敵人。 廠商如何分析競爭態勢 ❶當廠商認為攻擊可擴大利基時，則應採取適當的攻擊策略。 ❷當廠商的實力不足以獨霸一方時，則可聯合次要敵人打擊主要敵人。
6.統治說	→①企業組織是一個取代市場的資源統治機制。 ②和所有的事業夥伴建構最適當的關係，以降低交易成本。 資源統治策略的選擇→如何極小化資源統治的成本 ↓ 極小化資源統治的成本＝極小化生產成本＋極小化交易成本 ❶當交易成本高時，表示市場機制無法有效運作，企業可考慮由組織內部自己完成，以降低交易成本。 ❷當企業自製成本甚高時，企業則可考慮透過市場交易的方式取得。
7.互賴說	
8.風險說	
9.生態說	

Unit **8-4**
策略九種基本理論 Part IV

　　經營者面對愈來愈不確定的年代，千辛萬苦制定的策略，很可能今日拍板定案，明天卻成為昨是今非的過時策略，因此如何因應變動的各個風潮與風險，以尋求生存之道，即成為重要課題。

七.互賴說

　　互賴說（Interdependence Theory）主要從群體的觀點，探討有關事業網路的策略課題，認為組織是一群相互依賴共同爭取資源的聯盟，而單一企業的生存則決定於彼此間的互賴關係。

　　互賴說的思考邏輯方向大致可分為兩個層次：一是思考如何建構一綿密的網路體系分配較多利益，即希望透過合作網路的建立，形成集體力量，以提高對環境的控制程度；另一是提高體系成員對本身的依賴程度，以分配較多的利益。

　　而其所衍生的策略課題則包括事業夥伴的選擇、網路關係的建構與定位、網路體系的發展與茁壯、網路關係的維持，以及網路位置的選擇等。

八.風險說

　　風險說（Risk Theory）的觀點主要是認為企業經營必存在風險，而為了企業的永續生存，如何適當處理環境的風險，以營造較安定的經營環境，則成為重要課題。風險說的觀點，即是希望透過對風險的來源，以及風險本質的了解，制定適當的風險對抗策略。

　　風險說的策略思考邏輯，不外乎處理環境的不確定與組織的調適能力兩種。從處理環境不確定的觀點，企業應思考如何降低環境的不確定性，方法不外降低風險、轉移風險、分散風險及隔離風險。而在增進組織的調適能力上，企業應試圖改變組織的習性，一方面增加策略彈性，一方面累積雄厚資源，以增加對抗環境風險的能力。

九.生態說

　　生態說（Ecology Theory）的基本想法是企業沒有能力改變大環境的趨勢，因此最佳的經營策略就是了解環境、配合環境，進而利用環境。換句話說，生態說是生死有命的宿命觀，其基本的思考問題是組織如何由環境中取得所需的資源，如何配合環境的變化以求生存。

　　生態說的觀點大抵來自於自然生態系統的類比，認為人類社會的組織與自然生態系統有許多相似之處，而從較宏觀的視野，將組織的生存類比自然生態的演化，據以發展出相關的理論。

　　此說的策略思考邏輯，即是一方面尋求對環境的了解，並配合環境，以確保資源取得；另一方面了解環境中個體或族群與本身之間的關係，而建立適當的互動模式與關係，以群體的力量緩衝來自環境變動的壓力。

學說	主要論點
1.價值說	→企業有效結合所有資源，創造價值，滿足顧客。
2.效率說	→①配合生產與技術特性追求規模經濟及範疇經濟，以降低營運成本。 ②發揮學習曲線效果，獲取競爭優勢。
3.資源說	→①經營是持久執著的努力。 ②持續累積不可替代的核心資源以形成策略優勢。
4.結構說	→①獨占力量愈大，績效愈好。 ②掌握有利位置與關鍵資源，以提高談判力量。 ③有效運用結構獨占力，以擴大利潤來源。
5.賽局說	→①經營是一個既競爭又合作的競賽過程。 ②聯合次要敵人，打擊主要敵人。
6.統治說	→①企業組織是一個取代市場的資源統治機制。 ②和所有的事業夥伴建構最適當的關係，以降低交易成本。
7.互賴說	→①企業組織是一個相互依賴的事業共同體。 ②事業共同體應共同爭取環境資源，以維繫共同體的生存。
8.風險說	→①維持核心科技的安定，促使效率發揮。 ②追求適當的投資組合，以降低經營效率。 ③提高策略彈性，增加轉型機會。
9.生態說	→①環境資源主宰企業組織的存續。 ②靠山吃山，靠水吃水。 ③儘量調整本身狀況和環境同形。

Unit **8-5**
策略理論與策略觀點的演變

　　Danny Miller等人在2000年提出近二十多年來，主要的策略學派（Dominant School of Stragegy）大致有三派，他們認為這三派的觀點，各有其優缺點，也各有其特色及角度，但都是公司保有持續競爭優勢的關鍵來源。

一.定位學派

　　定位學派（Positioning School）認為公司能做的好，主要是因為發展出一種獨特策略，能夠保有競爭優勢，而競爭優勢取決於企業所處行業的獲利能力，即行業吸引力和企業在行業中的相對競爭地位。因此，戰略管理的首要任務就是選擇最有獲利潛力的行業，其次還要考慮如何在已經選定的行業中自我定位。

　　定位學派將戰略分析的重點第一次由企業轉向行業，強調企業外部環境，尤其是行業特點和結構因素對企業投資收益率的影響，並提供諸如五種競爭力模型（供應商、購買者、當前競爭對手、替代產品廠商和行業潛在進入者）、行業吸引力矩陣、價值鏈分析等一系列分析技巧，幫助企業選擇行業並制定符合行業特點的競爭戰略。例如：經由差異服務、高品質產品或品牌行銷等贏過競爭對手。

　　此學派的貢獻主要提供對創造競爭優勢重要性的視野觀點，但較少提及如何發展此等技能及如何達成。

二.資源基礎學派

　　資源基礎學派（Resource-Based View School）認為如果公司不能掌握到有價值、不易模仿、不可替代、極稀少的公司核心資源及能力時，那麼就不可能達成定位學派所說的競爭性定位，也意味著該企業不具持續性的競爭優勢。

　　而這些競爭優勢的資源及能力，可能包括特殊專利、唯一供貨來源、高科技創新能力、地理優勢或規模效益等。

　　此學派的貢獻，主要提供企業競爭力的內省觀點，重回問題的本質核心檢視自己。此學派強調由內而外的策略思考，專注於創造、發展、累積、應用企業自身的核心資源和能力，配合策略執行，來因應變動劇烈的外在環境，創造競爭優勢。

三.程序學派

　　程序學派（Process School）乃著重在策略的形成（Formulation），及如何去根植公司基礎結構及其文化，此即策略形成過程（Strategy-Making Process）。

　　程序學派的策略規劃過程邏輯，基本上是一種目標導向的單線（Linear）思考過程，更不是檢驗策略品質的辯證過程，而是大家耳熟能詳的願景、使命、目標、SWOT、策略方向、年度營運計畫與預算、績效指標等都是程序學派的標準術語及流程，這些都只是關心過程的策略管理內容，因此無法從中了解程序裡的每個步驟是如何創想得到的。

策略觀點轉變之彙整

1. 1965年：Ansoff & Leamed et al.

★古典策略規劃核心架構→
以SWOT分析為主軸

2. 1971年：Andrews

★古典策略觀點同時考量到→
①內部組織能做的（強弱點）
②外部環境的變化（機會與威脅）

3. 1980年：Porter

★I/O產業策略觀點→
①提出影響產業獲利力的
五種因子。
②從產業層次去重視外部
環境。
③進入吸引力的產業並具
競爭地位優勢。
④屬於競爭優勢的環境模
式。

4. 1984年：Wernerfelt

★資源基礎的策略觀點→
①重視公司層次的資源決策。
②擁有資源障礙地位，將可形成競爭
優勢。
③屬內省分析的資源基礎模式。

5. 1985～1998年：PBarney、
Grant、Aaker、Mehra、
Collis、Mongomery、Peteraf、
Pandian、Hall、Mosakowski

★完備資源基礎理論→
①核心資源是利潤及持續
競爭優勢的來源。
②重點在於如何做好獲取、
保護、累積、發展及複
製內部核心資源。
③諸多學者實證顯示內部
資源基礎模式對企業績
效所造成的影響超過市
場／產品模式，對資源
基礎分析給予肯定。

7. 1997年：Teece & Pisano

★提出動態能力（Dynamic Capabilities）
策略觀點→
①公司必須不斷革新及創新內部組織
的能力及專長，才能回應外部環境
的變化。
②建立、調適、整合、重塑內部與外
部之組織技能、資源及專長之能
力。
③將靜態的資源基礎理論附加動態需
求，使之更完整。

6. 1990年：Prahalad & Hamel

★提出核心能力
（Core Competence）
策略觀點→
①核心能力猶如樹之大根，
亦係公司競爭優勢與獲
利之根源。
②認為外部環境與市場變
化多端不易掌握，回到
內部分析。
③認為難道吸引力的產業
都會使企業賺錢嗎？
1980年代美國企業競爭
力衰退，不是外部環境
因素，而是忽略內部核
心能力。

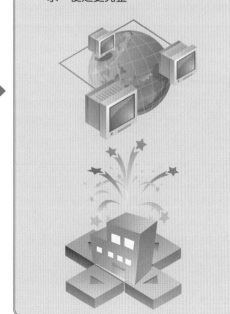

Unit **8-6**
各學者對資源基礎理論的論點 Part I

　　資源基礎理論（Resource-Based Theory）是策略理論與策略管理領域的新近名詞，而且也是非常重要的策略理論之一，故特分三單元說明之。

　　雖然「資源基礎」用詞較新，但若追溯其核心本質論點，卻可發現起源甚早，而且傳承了傳統策略管理之主流思想。包括三個主流的策略研究領域：

　　第一：資源基礎理論所強調的異質性資源（Heterogeneous Resources），是轉演自Selznick（1957）、Ansoff及Andrews（1971）等學者所謂的「獨特能力」（Distinctive Competence）。

　　第二：資源基礎理論被Barney及Ouchi（1986）視為是組織經濟（Organizational Economies）知識的第五支理論。

　　第三：資源基礎理論被Caves（1982）及Porter（1980）認為可與產業組織分析（Industrial Organization Analysis）作為互補觀點，特別是資源基礎觀點所強調的，即是融合Bain（1968）與Mason（1957）的哈佛學派，以及Demsetz（1982）與Stigler（1968）的芝加哥學派的產業組織思想及內容要素。

　　因此，Mahoney及Pandian（1992）認為資源基礎觀不僅激勵組織經濟及產業組織等傳統主流策略研究，同時增進策略研究領域更多元與更豐富的架構與內容。

一.Penrose的論點

　　Penrose（1959）可說是此理論的先驅，她經由經濟性理論的推演，提出「組織不均衡成長理論」，即公司成長的要因乃是「組織剩餘」（Organizational Slack）存在有不完全的市場，為發揮其經濟效率，因此改變公司規模。她還認為一家公司要獲利，不僅要擁有優越「資源」，更要擁有能有效利用這些資源的「獨特能力」。

二.Wernerfelt的論點

　　Wernerfelt（1984）依循Penrose的論點，首度提出「資源基礎觀點」一詞。他認為「資源」與「產品」好比是一個銅板的正反兩面，大部分產品的完成需要借助於資源的投入與服務，而大部分資源也被使用在產品上。傳統的策略觀是將焦點集中在「產品／市場」面，而資源基礎觀則是重視「資源」面。亦即，傳統的策略決策是以「產品」角度來思考所需資源，但很少以「資源」角度探討市場或產品。他並認為傳統所說的「進入障礙」（Entry Barrier），其背面真正的本質原因是「資源地位障礙」（Resource Position Barrier）所造成。因此，公司的策略性決策應該轉換到以公司所擁有的「資源地位」與「資源優勢」觀點，來替代過去的「產品」觀點，此對公司將更具意義。

　　換言之，公司主要任務，即是創造與把握資源的先占優勢的情境，使得在此情境中其所擁有的資源地位，是其他公司直接或間接難以獲得的。此種轉變可稱為「資源基礎觀點」。

資源基礎理論3領域

1.異質性資源是轉演自獨特能力
→資源基礎理論所強調的異質性資源是轉演自Selznick（1957）、Ansoff 及Andrews（1971）等學者所謂的「獨特能力」。

2.組織經濟知識的第五支理論
→此為Barney及Ouchi（1986）提出的論點。

3.可與產業組織分析互補
→Caves（1982）及Porter（1980）認為資源基礎理論可與產業組織分析作為互補觀點，特別是資源基礎觀點所強調的，即是融合Bain（1968）與Mason（1957）的哈佛學派，以及Demsetz（1982）與Stigler（1968）的芝加哥學派的產業組織思想及內容要素。

Mahoney及Pandian（1992）認為資源基礎觀不僅激勵組織經濟及產業組織等傳統主流策略研究，同時增進策略研究領域更多元與更豐富的架構與內容。

資源基礎觀點與理論之源起及演進

1.Penrose的論點（1959）
①為資源基礎理論的先驅，經由經濟性理論的推演，提出「組織不均衡成長理論」。
②擁有獨特能力以有效利用公司資源。

2.Wernerfelt的論點（1984）
①首度提出資源基礎觀點的字眼。
②傳統策略觀點集中在產品與市場面，而資源基礎觀點則重視資源面。
③強調建立資源地位障礙的優勢。

15.Haanes的論點（2000）

14.Foss的論點（1997）

13.Don Tapscott的論點（1997）

12.Collis及Montgomery的論點（1995）

11.李仁芳的論點（1994）

10.Tampoe的論點（1994）

3.Ramanujan的論點（1989）

4.Prahalad及Hamel的論點（1990）

5.Barney的論點（1991）

6.Grant的論點（1991）

7.Porter的論點（1991）

8.Stalk的論點（1992）

9.Peteraf的論點（1993）

Unit **8-7**
各學者對資源基礎理論的論點 Part II

十五位代表性學者分別提出對資源基礎理論的看法，其重要性可見一斑。

三.Ramanujan的論點

Ramanujan及Varadarajan（1989）證明資源基礎理論對公司「多角化策略」的研究，具有很大貢獻。

四.Prahalad及Hamel的論點

Prahalad及Hamel（1990）首度提出公司要先有「核心能力」，才能創造出「核心產品」。因此，他們認為公司必須認清核心能力是公司最主要的資產與資源，而核心能力是需要被公司管理階層，站在策略架構上，加以有效運用及發展。

五.Barney的論點

Barney（1991）將學者探討公司之持續性競爭優勢時，認為公司所擁有的異質性與不易移動之資源，若具有稀少性、不易模仿、不易替代性，以及有價值等四項顯著特質，並加以累積與培養，將可形成持續性的競爭優勢，此稱「資源基礎模式」。

六.Grant的論點

Grant（1991）則指出公司的「資源」與「能力」不僅是公司發展長期策略的根基，也是公司獲利的主要來源。他認為公司所擁有的資源及能力，若具有持久性、複製性、轉移性，以及透明性等四項特質，將是公司是否具有持續競爭優勢的關鍵因素。

七.Porter的論點

Porter（1991）認為「資源基礎觀點」是對公司所擁有核心能力（Core Competence）的強調，基本上是以廠商本身為重點的內省觀點。

八.Stalk的論點

Stalk、Evans及Shulman（1992）提出以「能力」為基礎（Capabilities-Based）的競爭理論。他們認為在1990年代公司成長的新邏輯，是使公司成為一個「能力基礎的競爭者」（Capabilities Predator）。在這種觀點下，公司的組織能力，就變成公司的最核心資源。

九.Peteraf的論點

Peteraf（1993）認為資源基礎理論所關心的是公司內部擁有哪些異質性資源？這些異質性資源如何應用與組合？到底是什麼資源造成持續性的競爭優勢？「租」的本質與異質性來源又是如何？

資源基礎觀點與理論之源起及演進

1.Penrose的論點（1959）

2.Wernerfelt的論點（1984）

3.Ramanujan的論點（1989）

> 證明資源基礎理論對公司「多角化策略」的研究，有很大貢獻。

15.Haanes的論點（2000）

14.Foss的論點（1997）

13.Don Tapscott的論點（1997）

12.Collis及Montgomery的論點（1995）

4.Prahalad及Hamel的論點（1990）

> ①首度提出公司要先有「核心能力」，才能創造出「核心產品」。
> ②核心能力是公司最主要的資產與資源，需要被有效運用及發展。

11.李仁芳的論點（1994）

10.Tampoe的論點（1994）

5.Barney的論點（1991）

> ①提出資源基礎模式。
> ②認為公司所擁有的資源，若具有異樣性、獨特性、不易移動性、稀少性、不易模仿性、不易替代性及有價值性，將可產生利潤及持續競爭優勢。

9.Peteraf的論點（1993）

> ①公司內部擁有哪些異質性資源是資源基礎理論關切的？
> ②這些異質性資源如何應用與組合？
> ③到底是什麼資源造成持續性的競爭優勢？
> ④「租」的本質與異質性來源又是如何？

6.Grant的論點（1991）

> ①公司的「資源」與「能力」不僅是公司發展長期策略的根基，也是公司獲利的主要來源。
> ②公司所擁有的資源及能力，若具有持久性、複製性、轉移性，以及透明性等特質，公司將具有持續競爭優勢。

7.Porter的論點（1991）

> ①認為「資源基礎觀點」是對公司所擁有核心能力的強調。
> ②基本上是以廠商本身為重點的內省觀點。

8.Stalk的論點（1992）

> ①提出以能力為基礎的競爭觀點。
> ②在這種觀點下，公司的組織能力，就變成公司的最核心資源。

Unit **8-8**
各學者對資源基礎理論的論點 Part III

資源基礎理論從最先於1959年Penrose提出「組織不均衡成長理論」，到2000年Haanes發現無形資源對公司競爭優勢的影響，更是增進策略領域的多元化。

十.Tampoe的論點

Tampoe（1994）進一步闡述「核心專長能力」的重要性，他從四個角度觀察公司存活及未來成長模式，如右下圖所示。圖中右上角區域的核心專長能力，將具有高利潤、高度競爭優勢、競爭者較不易追趕，以及有較強市場力量來源的顯著優越效果。

十一.李仁芳的論點

李仁芳（1994）強調組織能力的培養、組織能耐的強化，即是所謂的資源基礎，是企業必須擁有的內功。通常組織要擁有這個實力，需要長時間的努力才能蓄積，這是在市場上無法流通買賣。

十二.Collis及Montgomery的論點

Collis及Montgomery（1995）則認為資源基礎觀點其實是融合內部分析觀點，以及外部環境分析觀點。他們視公司為具有不同的有形資產及能力的吸收體，沒有兩家公司完全一模一樣。因為每家公司一定會有不完全相同的發展經驗、獲得不完全相同的資產及技能，以及建立不完全相同的企業文化。而這些不同資產與能力，乃決定各公司表現在企業功能運作過程中的不同效率及效果。因此，他們認為一家公司，當它擁有較佳的資源存量與策略運用時，公司則較容易取得成功地位。

十三.Don Tapscott的論點

Don Tapscott（1997）曾提出新經濟時代有十二項特質，首要特質即是「知識」，他認為未來的新經濟是一種以人及網路為基礎的「知識經濟」。知識存在於人、產品及組織等每項重要因素中。自古以來，都有人靠腦力而非勞力工作，但在新經濟時代，腦力工作者將成為工作人口的主力。Tapscott也認為在新經濟時代，能掌握新資源架構的人，就能充分參與社會及商業生活。若缺乏資本知識的人，恐會被拋在後頭。

十四.Foss的論點

Foss（1997）認為Porter的產業分析與資源基礎兩個觀點，是互補而非對立。

十五.Haanes的論點

歐洲學者Kunt Haanes（2000）則以醫藥及生化產業做研究時，從中發現無形資源（含核心能力）對公司競爭優勢的貢獻程度及貢獻重點，將隨該產業發展的階段性及競爭程度狀況，而有所不同。

資源基礎觀點與理論之源起及演進

1.Penrose的論點（1959） → **2.Wernerfelt的論點（1984）**

3.Ramanujan的論點（1989）

4.Prahalad及Hamel的論點（1990）

5.Barney的論點（1991）

6.Grant的論點（1991）

7.Porter的論點（1991）

8.Stalk的論點（1992）

9.Peteraf的論點（1993）

15. Haanes的論點（2000）

以醫藥及生化產業做研究時，發現無形資源（含核心能力）對公司競爭優勢的影響，將隨該產業發展階段及競爭程度而有所不同。

歐洲生化醫藥產業可區分為創新資源競爭、合約資源競爭及一般營運資源等三種不同的競爭態勢。

14. Foss的論點（1997）

認為Porter產業分析觀點與資源基礎觀點，是互補而不是對立。

13. Don Tapscott的論點（1997）

①提出新經濟時代的首要特質就是知識。
②若因缺乏資本知識而無法掌握新資源架構的人，就會被拋在後頭。

12. Collis及Montgomery的論點（1995）

①提出以資源為競爭重點，視公司為具有不同的有形、無形資產及能力的吸收體，因此沒有兩家公司是完全一樣的。
②強調對資源的保護、運用、發展、提升及複製的努力。

11.李仁芳的論點（1994）

①強調組織能力的培養、組織能耐的強化，即是所謂的資源基礎。
②組織要擁有這個實力，需要長時間的努力才能蓄積，這是無法買賣的。

10. Tampoe的論點（1994）

①進一步闡述「核心專長能力」的重要性。
②從4角度觀察公司存活及未來成長模式

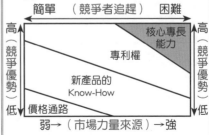

資料來源：Mahen Tampoe,「Exploiting the Core Competences of your Organization」, Long Range planning, 1994, p.75.

Unit **8-9**
企業優勢核心資源項目

　　根據前述文獻的探討，筆者認為所謂的「資源」，應該是由有形資產、無形資產、組織能力三者所共同組成為公司所擁有的資源基礎。

　　而這三者資源基礎，又再萃取出最核心與最關鍵的內涵項目，形成公司所獨特擁有的核心資源（Core Resources）與核心能力（Core Competence）。

　　然而這些彼此間具有什麼關聯性？又能為公司擦出什麼令人驚豔的火花？本文即來探討之。

一.資源基礎的三角關係

　　有形資產、無形資產與組織能力的三者關係，茲分述如下：

　　(一)有形資產（Tangible Assets）：例如1.硬體設備、廠房、土地；2.規模經濟（家數、店數）；3.財務資金；4.特殊地理位置，以及5.特有資產。

　　(二)組織能力（Organizational Capabilities）：例如1.專業經理人團隊能力；2.企業領導人能力；3.商品與服務創新能力；4.業務行銷能力；5.資訊科技運用能力；6.顧客服務能力；7.市場研究能力；8.經營策略規劃能力；9.通路能力；10.廣告與促銷能力；11.物流運籌能力，以及12.因應速度能力。

　　(三)無形資產（Intangible Assets）：例如1.企業聲譽、品牌聲譽；2.企業文化、組織文化；3.企業願景；4.市占率與顧客忠誠；5.專利、合約、版權；6.社會關係網絡，以及7.顧客資料庫。

　　從上述有形資產、無形資產與組織能力三者之間，即能得知公司的核心資源與核心能力何在了，此也可稱為公司的「核心專長能力」。

　　公司的核心專長，將可創造出公司的核心產品，並以此核心產品與競爭者相較勁，進而在市場上取得較高的占有率及獲利能力。

二.如何運用核心專長贏得顧客

　　一個成功的公司，當從公司有形資產、無形資產與組織能力三者又再萃取出最核心與最關鍵的資源能力（Core/Critical Resources & Competence）後，即能得知其核心資源與核心能力之所在，並透過這兩種核心專長能力，而在市場上推出核心產品與核心營運服務。

　　而這些核心產品與核心營運服務，將能提供顧客比競爭對手更為優越的價值創造與需求滿足。

　　另外，要如何顯示出資源基礎、核心資源、核心產品及顧客滿意四者之間的密切關係呢？茲將其先後順序列示如右圖，以供參考了解。

　　換言之，這樣的公司贏得了顧客，也獲得了長期競爭優勢，而這一切的根源，則在於公司擁有創造這些價值與滿足這些需求的核心資源與核心能力。

資源基礎的三角關係

1.有形資產
（Tangible Assets）

例如：
① 硬體設備、廠房、土地
② 規模經濟（家數、店數）
③ 財務資金
④ 特殊地理位置
⑤ 特有資產

核心資源
與
核心能力

3.無形資產
（Intangible Assets）

2.組織能力
（Organizational Capabilities）

例如：
① 企業聲譽、品牌聲譽
② 企業文化、組織文化
③ 企業願景
④ 市占率與顧客忠誠
⑤ 專利、合約、版權
⑥ 社會關係網絡
⑦ 顧客資料庫

例如：
① 專業經理人團隊能力
② 企業領導人能力
③ 商品與服務創新能力
④ 業務行銷能力
⑤ 資訊科技運用能力
⑥ 顧客服務能力

⑦ 市場研究能力
⑧ 經營策略規劃能力
⑨ 通路能力
⑩ 廣告與促銷能力
⑪ 物流運籌能力
⑫ 因應速度能力

資源基礎／核心能力／核心產品／顧客滿意之關係

1.資源基礎（Resource-Based）

有形資產 ✚ 無形資產 ✚ 組織能力

2.萃取核心／關鍵資源能力
（Core/Critical Resources & Competence）

3.提供核心產品與核心營運服務

4.對顧客提供比競爭對手更優勢的顧客需求滿足價值的創造

5.贏得顧客的心＆獲得長期競爭優勢

Unit 8-10
產業經濟理論之一：內部化理論 Part I

內部化理論（Internalization Theory）在產業經濟理論中，可說是一個非常重要的理論基礎，因此，特分兩單元介紹。

一.Make or Buy決策

企業大部分的決策都面臨著「內部化決策」或「外部化決策」。這裡所說的「內部化」，即是自身的組織層級來做；而「外部化」則是委外代工或向外採購等獲得。簡單來說，企業面臨著Make or Buy的決策。

可是企業要如何做Make or Buy的決策呢？有以下方法可資參考運用：

(一)決策指標：

1.當外部市場失靈時，一定必須由內部層級組織來做。

2.當外部市場未失靈時，則必須比較內部化及外部化的成本與效益，何者為優而決定。

3.內部化成本必須注意官僚成本，外部化則必須注意交易成本。而效益方面，則必須注意有形與無形效益。

(二)決策問題例舉（Make or Buy）：

1.對重要關鍵零組件，本公司是否參與上游投資自己做？抑或用採購的？

2.對海外市場拓展，本公司是否自己派人成立銷售子公司？抑或尋找海外代理商銷售？

3.對國防武器而言，我國是否自行研發生產？抑或向美國、法國採購？抑或兩者並行？

4.資訊委外做或自己做？抑或兩者並行？

5.對拓展海外市場是否赴海外直接設廠？抑或採取出口、技術授權等方式？

6.對美國Dell、Compaq、HP等電腦大廠而言，它們是否在美國自己生產高階筆記型電腦？抑或尋求臺灣廣達電腦、英業達、仁寶等做OEM代工方式？

二.外部化案例分析

現在舉一些實務案例做說明，以更深入了解外部化之意義：

(一)美商對臺灣廠商下OEM訂單：為何美商下OEM訂單給臺灣廠商？除了採購成本比美商自己製造成本低外（採購成本小於自行製造成本），雙方的交易成本也很低。因為，國內代工大廠主要的營收訂單來源，都來自於這些美、歐、日大公司，因此，都會排除萬難，配合國外大顧客。因此，不會有利己的投機主義，不會失去理性，雙方氣氛相當信任，訊息情報也沒有掩飾不給。

(二)百貨公司專櫃化：百貨公司為何朝向專櫃化，而非自營櫃化，主要原因乃在自營櫃將導致公司對外供貨商的交易成本增加很多，倒不如用專櫃外部化方式，只負責向專櫃抽成（30％以上），即能因此節省很多營運成本及交易成本。

Make or Buy Decision

決策指標
①當外部市場失靈時。
②外部市場未失靈，則比較內部化及外部化的成本與效益。

Make	Buy
自身內部組織來做	★委外製造 ★對外採購

1.內部化的成本與效益	①內部化成本	2.外部化的成本與效益	②外部化成本
	❶營運成本 ❷官僚成本		❶採購成本 ❷交易成本
	②內部化效益		②外部化效益
	❶有形數據效益 ❷無形效益		❶有形數據效益 ❷無形效益

3.內部化或外部化決策

優於或劣於
內部化 ←————————————————————→ 外部化
·成本效益衡量評估

Make or Buy決策問題例舉

 1.對重要關鍵零組件 ➡ **本公司是否參與上游投資或用採購？**

 2.對海外市場拓展 ➡ **本公司是否自己成立銷售子公司或尋找海外代理商銷售？**

 3.對國防武器而言 ➡ **我國是否自行研發生產或向國外採購？或兩者並行？**

 4.資訊 ➡ **委外或自己做？或兩者並行？**

 5.拓展海外市場 ➡ **是否赴海外直接設廠？或採取出口、技術授權等方式？**

 6.對美國Dell、Compaq、HP等電腦大廠而言 ➡ **是否在美國自己生產高階筆記型電腦或尋求臺灣做OEM代工？**

Unit 8-11
產業經濟理論之一：內部化理論 Part II

圖解策略管理

內部化理論又稱市場內部化理論，主要強調企業透過內部組織體系以較低成本，在內部轉移該優勢的能力，並把這種能力當作企業對外直接投資的真正動因。

在市場不完全的情況下，企業為了謀求整體利潤的最大化，傾向於將中間產品（指為了再加工或轉賣用於供別種產品生產使用的物品和勞務，如原材料、燃料等），特別是知識產品在企業內部轉讓，以內部市場來代替外部市場。

二.外部化案例分析（續）

(三)其他案例：

1.公司高級主管座車及司機，均委外處理。

2.公司保全人員及總機小姐，亦委外處理。

3.個人出售中古屋或汽車，不會自己賣，而委託房屋仲介及二手車車行代售。

4.美國7-11總公司，採取授權方式，授權全球各國家7-11之經營，包括臺灣7-11、日本7-11、中國7-11公司，以外部化授權方式，委託當地國家企業經營，而從中收取權利金。

5.公司呆帳催收，亦常委託外面催收公司代為處理。

三.內部化案例分析

上述已舉例說明企業通常會在什麼狀況採取外部化決策，現則舉例說明企業採取內部化決策的原因，以更深入了解內部化之意義：

(一)統一企業自己發展下游通路事業：統一企業在二十多年前，鑑於掌握自主行銷通路的重要性，乃積極擺脫經銷商及批發商的不穩定控制性。因此，乃自行投資經營統一超商公司，此為內部化案例。因為，與經銷商及批發商的交易，不但成本偏高，而且自己無法掌控，風險較高。

(二)日本TOYOTA汽車公司：日本TOYOTA汽車的上千種零件組件供應來源，大部分是對外採購，但是對於重要零組配件，則是參與投資，而自行製造供應，例如：傳動引擎組件工廠等。

(三)臺灣自行研發IDF戰機：臺灣在1980年代，因買不到高性能戰機，因此展開自行研發及製造IDF戰機。

(四)麥當勞以自主經營為主：美國麥當勞公司在全球的麥當勞公司，大部分均為獨資自營，不像美國7-11公司採取授權模式。

由上所述，企業內部化的原因，產業特定因素最為關鍵。因為如果某一產業的生產活動存在著多階段生產的特點，那麼就必然存在中間產品，若中間產品的供需在外部市場進行，則供需雙方無論如何協調，也難以排除外部市場供需間的劇烈變動，於是為了克服中間產品的市場不完全性，就可能出現市場內部化。市場內部化會給企業帶來多方面的收益。

外部化或內部化案例分析

Make or Buy Decision

1.外部化案例分析	2.內部化案例分析
①為何美商下OEM訂單給臺灣廠商？ →❶除採購成本比美商自己製造成本低外，雙方的交易成本也很低。 ❷因為美商是國內代工大廠主要營收訂單來源，因此都會排除萬難，配合國外大顧客。 ②百貨公司為何朝向專櫃化？ →❶自營櫃將導致公司對外供貨商的交易成本增加很多。 ❷專櫃外部化方式，只負責向專櫃抽成，即能節省很多營運成本及交易成本。 ③其他案例 →❶公司高級主管座車及司機，委外處理。 ❷公司保全人員及總機小姐，委外處理。 ❸個人出售中古屋或汽車，委託房屋仲介及二手車車行代售。 ❹美國7-11總公司，採取外部化授權方式，授權全球各國家7-11之經營，而收取權利金。 ❺公司呆帳催收，委託催收公司代為處理。	①統一企業自己發展下游通路事業 →與經銷商及批發商的交易，不但成本偏高，而且無法掌控，風險較高。 ②日本TOYOTA汽車投資製造重要零組配件 →例如：傳動引擎組件工廠等。 ③臺灣自行研發IDF戰機 →臺灣在1980年代，因買不到高性能戰機，因此自行研發及製造IDF戰機。 ④麥當勞以自主經營為主 →美國麥當勞公司在全球的麥當勞公司，大部分均為獨資自營，不像美國7-11公司採取授權模式。

知識補充站

市場失靈

外部「市場失靈」（Market Failure）係指無法依據市場機制或價格機制，從外部市場進行供需交易活動。亦即，有錢也不易買到所想要的東西，或是買到的數量很少，或是價格太高。

例如：對中華民國而言，早期在國防採購方面，我國一直想取得潛艦及高性能攻擊驅逐艦，但基於中國反應作梗，我國在美國及歐洲市場，一直很不容易獲得這方面的國防武器。（但臺灣已取得F16及幻象或高級戰機）

而每當颱風來襲時，蔬果就會比平常貴上二、三倍，這也是市場供應量減少，而使市場價格機制失靈的案例。若有戰爭時，物資也會缺乏而價格上漲。

Unit **8-12**
產業經濟理論之二：交易成本理論 Part I

傳統的組織理論和個體經濟將「廠商」的存在視為一個事實，很少討論廠商為何會存在的原因。本文即來探討之，由於內容豐富，特分兩單元介紹。

一.交易成本理論內涵說明

Coase在1937年發表的〈公司的本質〉（*The Nature of the Firm*）一文中指出，如果在組織內部進行活動的成本，低於在市場上進行交易的成本，則廠商組織即會成立。他認為市場可透過價格機能運作調節交易（Transaction），然而由於環境不確定性和決策者的有限理性，增加了價格機能運作的成本。另一方面，交易過程中契約關係也會產生協議及談判成本，而影響市場機能的運用效率，廠商組織因此能替代市場而存在。

Williamson在1975年綜合相關文獻，發展出組織經濟學。他認為組織與市場都是完成經濟交易的替代方法，兩者之間的選擇決定於交易之相對效率。當交易困難度高時，市場機能無法發揮其功效，組織便出現。交易成本理論（Transaction Cost Theory）能清楚說明組織的成長及其型式創新，亦可說明單一生產廠商經由對外直接投資的行為，而發展成為多國籍企業的情形。

對外直接投資是廠商在變動環境中，企業發展過程的一部分。而討論企業進行國際直接投資的另一個相當重要的主題，是為何需要在國外投資設廠生產，而不採用外銷或授權方式以達到進入國外市場之目的？

前面所提各種理論，都只是說明企業如何具備跨國投資的能力。但是用來解釋進入國外市場的方式選擇時，則稍嫌不足。因此，交易成本理論便又被用來解釋企業之國際活動型式之選擇。

跨國公司為何不將自有之優勢，在市場上出售或以授權方式以獲得最大利益，卻選擇風險較大，成本較高的直接投資方式？此一問題主要和市場失靈有關。而交易成本過高是造成市場失靈之重要原因。

Williamson指出，由於人類的行為具「有限理性」及「投機主義」的特質，而使得交易雙方總是處於詭譎多變的環境下。

「有限理性」意指人的行為本質是追求理性，但受限於生理及語言溝通能力，無法在複雜的環境下預知各種狀況。

「投機主義」則指人因為自利動機而會伺機操縱或隱瞞資訊。在雙方處於資訊不對稱（Asymmetric Information）時，擁有較多資訊的一方就可欺騙資訊較少的一方，而形成所謂的「道德危機」。

再加上下列三個交易本身所具有的特質，即會產生相當高的交易成本，使得商品或服務的市場交易更為困難：1.環境的不確定性；2.資產特性，可分為實體資產特殊性（Physical Asset Specificity）、位置特殊性（Site Specificity）、人力資源特殊性（Human Asset Specificity）三類，以及3.交易頻率（Frequency）。

交易成本理論闡述

理論詳述

① 當一個公司組織內部在進行某項活動時，公司可以自己做，也可以委託外面市場上的其他組織來做。

② 自己做或委託做？

> 公司要舉辦一場盛大的新品上市記者會或產品代言人記者會，要自己做或委託外面公關公司來做？
>
> $$ \boxed{\text{經詳估後，自己做的投入人力＋物力成本＞委外公關公司做}} $$
> ↓
> 故決定委外來做
> ↓
> 此時，可說委外公關專業公司的交易成本低，而自己做的成本代價高。
> ↓
> 因此，外部公關公司就有存活的理由。

③ 相反的，公司核心研發工作若委外專業單位來做，其雙方間發生的交易成本若很高，還不如自己內部組織來做。

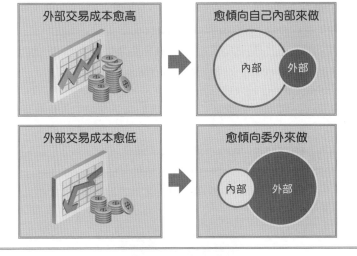

外部交易成本愈高	愈傾向自己內部來做
	內部　外部
外部交易成本愈低	愈傾向委外來做
	內部　外部

交易的詭譎多變

Williamson指出，由於人類的行為具「有限理性」及「投機主義」的特質，而使得交易雙方總是處於詭譎多變的環境下。

 1.有限理性 ➡ 指人的行為本質是追求理性，但受限於生理及語言溝通能力，無法在複雜的環境下預知各種狀況。

 2.投機主義 ➡ ① 指人因為自利動機而會伺機操縱或隱瞞資訊。
② 在雙方處於資訊不對稱時，擁有較多資訊的一方就可欺騙資訊較少的一方，而形成所謂的「道德危機」。

Unit 8-13
產業經濟理論之二：交易成本理論 Part II

熟悉交易成本理論的內涵，即能發揮如何以最低成本達到最大效果的經濟效益。

一.交易成本理論內涵說明（續）

國際企業制定進入國外市場模式決策時，會發現其各有不同程度的交易成本，因此進入模式之選擇是一種權衡。

茲以技術授權為例，公司自行研究發展的技術或知識，乃是企業進行國際化的利器之一。但是技術或知識常具備公共財的特性，不僅容易因為授權而使之擴散出去，造就更多競爭者，且不易公平評定此一技術之真實價值。

透過直接投資方式，可確保公司可獲取由此一技術或知識所衍生之全部利益，並維持公司在外國市場獨占或寡占的地位。

二.交易成本產生原因

透過外部市場或內部組織均為交易的方式，視成本與效率而定。

1975年Williamson認為任何一項交易均因下列六項原因，而導致市場（價格）機能失靈（Market Failure），故產生所謂的「交易成本」(T/C)。

（一)Williamson所提的六項原因：

1.有限理性（不可能完全理性）：每個人受制於知識有限及受感情、心理因素干擾。

2.投機主義（Opportunism）：亦即利己主義及自利心。

3.環境不確定性／複雜性（Uncertainty/Complexity）。

4.資訊不對稱（Information Asymmetric）：指一方資訊情報多，另一方則缺乏情報，因此怕被矇騙。

5.交易對象少。

6.氣氛（不信任）：兩家公司互不信任，各懷鬼胎，各自防範。

(二)交易成本內容：

1.事前T/C：談判協商、搜尋、評估、等待、簽約等成本。

2.事後T/C：適應不良、執行、討價還價、約束、監督、訴訟等成本。

(三)自己來做：倒不如自己內部組織來做，以降低交易成本。

(四)內部也有成本：不過，內部自己也有管銷成本及官僚成本，故必須兩者互相比較，評估何種方式對公司最為有利。

三.交易成本管理機制

學者研究對交易成本之管理機制，大致有以下幾點：1.建立良好的交易氣氛；2.重視信譽；3.尋找及促進交易市場的競爭，而非獨家；4.有效契約原則；5.提供擔保、抵押；6.長期性合作方案，以及7.最後法律仲裁。

影響交易成本6因素

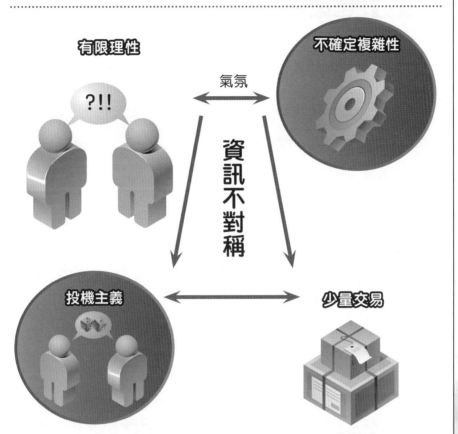

| 人性因素 | 環境因素 |

有限理性

?!!

氣氛

不確定複雜性

資訊不對稱

投機主義

少量交易

外部交易成本低，大多委外組織來做

案例

1.委外做電視廣告（廣告公司）

2.委外做保全（保全公司）

3.零售業自創品牌委外做代工產品（製造商）

4.委外做記者會或公關活動（公關公司）

5.委外做網路行銷活動（網路行銷專業公司）

6.委外找高階及專業人才（獵人才公司）

7.委外做產品包裝設計或簡介目錄設計（設計公司）

8.委外企管改造工作（企管顧問公司）

9.委外做消費者或會員市調工作（市調專業公司）

10.委外高階主管座車租用（租車公司）

Unit **8-14**
外包策略分析

　　外包策略（Outsourcing Strategy）如果運用得當，則不但可降低成本、擴大利潤空間，更能使企業釐清本末、聚焦於核心能力，尤其在全球競爭形態已由「企業對企業」升級為「網絡對網絡」的超級競爭環境，採行策略性外包更能借力使力，結合優秀外圍企業，形成競爭力強勁的企業網絡。

　　但是我們現在所熟悉的外包策略，學理上是如何定義呢？企業採用外包將會羅致哪些意想不到的利益？以下我們即來探討之。

一.外包的定義

　　Quinn在1992年提出策略外包（Strategic Outsourcing）的觀點，並將其定義為公司將與核心競爭力無關的活動外包，因此，對公司而言，此等活動並無重要的策略需求，亦未擁有特殊能力，故可外包出去。

　　Sharpe則在1997年對外包提出更明確的定義，他認為外包就是將一部分或全部落於組織所選定之核心競爭力外圍的功能，交由外部供應商執行；而此等外部供應商的核心競爭力，正是組織所外包的功能。

　　這些外包的功能，長久以來都由組織內部的經理人與員工執行。外包的功能從包括產品設計、廠房工程規劃與設計，到顧客服務以及其他支援性的功能與活動。外包供應商可在組織的事業地點現場或其他地點執行外包功能。

二.外包的好處

　　Mills在1996年指出經由外包所羅致的利益，可歸納整理成以下幾點：

　　(一)專家協助：外包商的核心競爭力即為組織所外包的服務，因此組織將能獲得更多的專家協助。

　　(二)經濟規模：外包商對其他組織亦提供相同服務，故此組織較具經濟規模。

　　(三)科技管道：外包商對其核心競爭力比組織有較佳的尖端發展機會。

　　(四)新技能管道：外包商為服務許多不同的組織，而有較寬廣的技能組合。

　　(五)成本：由於規模經濟，因此外包商的成本比組織為低。

　　(六)分散風險：外包商較有能力處理風險，例如：與數量相關的風險。

　　(七)專注競爭力：藉由外包，組織將較能專注於組織的核心事業。

三.外包的過去與現在

　　相較於過去的「中心—衛星」製造業外包，現今盛行的策略性外包多屬服務業外包，而且外包企業以全球化的巨型企業為主，而非過去的小衛星加工廠。例如：IBM，不但是電腦科技業巨擘，也是全球最大的資訊科技服務企業。這些承包的巨型企業無不以「策略夥伴」自我定位，希望取得各國企業的信任，進一步擴大服務外包的疆界。

外包的定義及利益

外包的定義

 **1992年→Quinn的觀點**
① 公司將與核心競爭力無關的活動外包出去。
② 對公司而言,此等活動並無重要的策略需求,亦未擁有特殊能力。

 **1997年→Sharpe的觀點**
① 外包就是將一部分或全部落於組織所選定之核心競爭力外圍的功能,交由外部供應商執行。
② 此等外部供應商的核心競爭力,正是組織所外包的功能。

外包7好處

Mills在1996年指出經由外包所羅致的利益有以下幾點:

 1.專家協助 ➡ 外包商的核心競爭力即為組織所外包的服務,因此組織將能獲得更多的專家協助。

 2.經濟規模 ➡ 外包商對其他組織亦提供相同服務,故此組織較具經濟規模。

 3.科技管道 ➡ 外包商對其核心競爭力比組織有較佳的尖端發展機會。

 4.新技能管道 ➡ 外包商為服務許多不同的組織,而有較寬廣的技能組合。

 5.成本 ➡ 由於規模經濟,因此外包商的成本比組織為低。

 6.分散風險 ➡ 外包商較有能力處理風險,例如:與數量相關的風險。

 7.專注競爭力 ➡ 藉由外包,組織將較能專注於組織的核心事業。

Unit **8-15**
賽局理論分析 Part I

　　賽局理論目前被廣泛運用在商業競爭的分析，乃至貿易談判各種策略運用的分析基礎。但賽局理論首先是由誰提出呢？後來又如何被發揚光大？由於本主題內容豐富，特分兩單元介紹。

一.馮諾曼率先提出賽局理論

　　1944年，匈牙利裔的數學家，也是計算機的先驅馮諾曼（John Von Neumman）和普林斯頓經濟學者摩根斯坦（Oskar Morgenstern）合著《賽局理論與經濟行為》，是賽局理論的開山之作。一方有所得，則另一方必有所失的零和賽局理論（Zero-Sum Game Theory）由此確立。從此，賽局理論在經濟學界有廣泛的討論和應用。

二.塔克教授提出「囚犯困境」

　　零和賽局雖然得到了完整的解決，但是在賽局中，一方得利，另一方必定受害的零和模式，使其應用相當受限。在很多實際應用上，像國際關係中，國與國之間互相依存，既競爭又合作，這樣的非零和情勢引起相當廣泛的研究興趣。

　　就在1950年，普林斯頓大學數學教授塔克（Albert Tucker）在史丹福大學心理系的一次演講中，介紹了一個非零和的雙人賽局，這就是現在廣為人知的「囚犯困境」（Prisoner's Dilemma），在經濟、政治、心理學上同樣應用極廣。

　　囚犯困境最簡單的例子，就是將兩個囚犯隔離審訊，如果都坦承犯行不諱，考量有悔改表現，判刑三年。如果都拒絕承認犯行，因為缺乏足夠的證據，關一星期還是只能放人。萬一有一方承認犯行，一方不承認，那麼坦承犯行者有悔改誠意，放人；不承認的一方則判重刑六年，符合「坦白從寬，抗拒從嚴」的賞罰原則。

　　對兩人最好的情況，當然是雙方都否認犯行，可是因為隔離審訊，囚犯都會推想對方一旦承認，而自己卻堅持否認，反而倒楣；而如果自己承認，對方否認，那麼自己就賺到了；萬一對方也承認，一起關三年，也不算是最壞。

　　結果，因為推想對方可能會承認，想想還是決定自己承認算了，結果兩個囚犯都失去對自己最有利的機會，而選擇了次佳結果。兩人就是再怎麼想辦法，也無法跳離如此結局，是為困境。

三.一鳴驚人的「納許均衡」

　　當納許（John Nash）進入普林斯頓，很快就選擇「囚犯困境」這個題目，塔克正是他的老師。

　　他的博士論文就證明了在非零和的不合作賽局（Nonzero-Sum Noncooperative Game）中，一定有「均衡」解存在。納許認為只要對手的策略確定，競爭者就可以有最適反應（Best Response），納許定義：當一組策略為最適反應時，就是「納許均衡」（Nash Equilibrium）。

賽局理論的緣起與應用

1.1944年→馮諾曼率先提出賽局理論

★一方有所得，則另一方必有所失的零和賽局理論。

①零和賽局雖得到完整解決，但在賽局中，一方得利，另一方必受害的零和模式，使其應用相當受限。

②在很多實際應用上，像國際關係中，國與國之間互相依存，既競爭又合作，這樣的非零和情勢引起相當廣泛的研究興趣。

2.1950年→塔克教授提出「囚犯困境」

★介紹一個非零和的雙人賽局，這就是廣為人知的「囚犯困境」，在經濟、政治、心理學上同樣應用極廣。

★最簡單的例子就是將兩個囚犯隔離審訊，將產生以下情形：

	甲沉默（合作）	甲認罪（背叛）
乙沉默（合作）	二人同服刑一星期	甲即時獲釋；乙服刑6年
乙認罪（背叛）	甲服刑6年；乙即時獲釋	二人同服刑3年

★結果，兩人就是再怎麼想辦法，也無法跳離如此結局，是為困境。

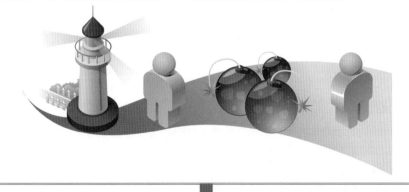

3.1950年→一鳴驚人的「納許均衡」

知識
補充站

美麗境界

納許的均衡理論，也稱為非合作均衡，有一部2001年上映獲得奧斯卡金像獎的電影「美麗境界」（A Beautiful Mind），就是描寫一位數學天才在他精神出了嚴重狀況後，他仍能在數年後將他的數學應用到經濟理論上，同時得到諾貝爾經濟獎的故事。當然故事中的主角就是有名的數學家納許（John Nash），納許之所以後來能於1994年得獎，就是因為他用數學的理論解釋經濟均衡的故事。

Unit **8-16**
賽局理論分析 Part II

當一組策略是互為最適反應時，就是「納許均衡」，這點應用到國際談判，雙輸與雙贏決定在兩方能否掌握充分資訊，了解敵情及有沒有溝通互信基礎。納許的均衡雙贏、雙輸之一線之隔，更加提醒信賴、溝通及合作的重要。

三.一鳴驚人的「納許均衡」（續）

馮諾曼等人提出的優勢策略（Dominant Strategy）雖有唯一的均衡解，但經常不存在；而應用「納許均衡」的觀念，則一定找得到任一參賽者均無誘因偏離的均衡，儘管均衡解可能不止一個。納許的二十七頁有關完全訊息的靜態賽局的博士論文，從此成為用以分析商業競爭，乃至貿易談判各種策略運用的分析基礎。

納許在1950年提出這個論文，年僅二十二歲，光芒四射，腦袋靈光，泉湧不絕。

「納許均衡」（Nash Equilibrium）是納許在他博士論文中提出來的均衡觀念，到達均衡後「任一參賽者均無誘因單方面偏離此均衡」，以此作為檢驗「納許均衡」的標準。另一個方法是定義「納許均衡」為「一組互為最適反應的策略組合」。因為已是最適反應，所以任何一方均無誘因單方面偏離，這兩個定義是等值的。

這個現象在商業競爭行為中，屢見不鮮，常常看到一條街，擠滿賣類似商品的商店，小吃街是如此、婚紗禮服店亦是如此。大家都往中間靠，產生群聚效果。這就是賽局分析中一個有趣的現象——均衡策略。

四.賽局理論的本質

賽局就是多想幾步，想到對手怎麼做，然後決定自己該怎麼做。以下整理歸納的賽局理論之本質，可供參考運用：

(一)策略思考：賽局理論其實就是一種策略思考，透過策略推估，尋求自己的最大勝算或利益，從而在競爭中求生存。

(二)賽局受基本元素影響：賽局的基本元素包括參賽者、策略、結果三種。參賽者的策略選擇影響到結果，儘管參賽者應該都理性的知道自己利益所在，或者自己偏好的優先順序，但是對手的利益和偏好卻未必與自己相同。

(三)受參賽者的選擇之影響：在策略抉擇中，參賽者的選擇及交錯影響，出招前，能不能早一步推估對手可能的招數？推估後會不會影響自己原來的策略選擇？如果沒有足夠的訊息可資研判時，又該如何出招？

(四)愈早判準對手的策略，愈容易採取有利於己的策略：橋牌、球賽等賽局不是勝就是負，是一種零和的競賽，是「零和賽局」的不合作賽局，但在大多數政治、經濟情境中的賽局，卻未必如此。在利益衝突之外，卻經常可能出現共同利益，即使陷入「囚犯困境」中的參賽者，都還是可能「勾結」，以尋求相對有利的結果。

(五)賽局是一種競爭合作關係：可以創造雙贏，甚至多贏，只要策略運用得當，對手就有機會成為「夥伴」，談判妥協，因此成為非常重要的策略。

賽局理論的緣起與應用

1.1944年→馮諾曼率先提出賽局理論

2.1950年→塔克教授提出「囚犯困境」

3.1950年→一鳴驚人的「納許均衡」
★證明了在非零和的不合作賽局中，一定有「均衡」解存在。
★只要對手的策略確定，競爭者就可以有最適反應。
★當一組互為最適反應的策略組合，就是「納許均衡」
　＝到達均衡後「任一參賽者均無誘因單方面偏離此均衡」

賽局理論5本質

1.賽局理論是一種策略思考，透過策略推估，尋求自己最大勝算而生存。

2.賽局受到基本元素，包括參賽者、策略、結果三種影響。

3.在策略抉擇中會受到參賽者的選擇及交錯影響。

4.愈早判準對手的策略，愈容易採取有利於己的策略。

5.賽局是一種競爭合作關係，有可能讓對手成為「夥伴」。

知識補充站

靜態均衡VS.動態均衡

靜態均衡中，參與者是同時出招；在動態競爭下，參與者出招則有先後之別，往往在觀察到對手的動作之後，才決定自己的動作，競爭者之間形成動態的互動現象。例如：甲看到乙上次出手策略，乙同樣觀察甲上次出手策略，依此訂定下一回合的行動，策略交錯影響，構成一個極為豐富的動態關聯。如何尋找一個妥善的均衡觀念來分析參賽者的互動，是一項新的挑戰。賽局的架構可依「靜態／動態」和「完全訊息／不完全訊息」兩種分類標準，分為圖四種不同的賽局，也因此而有相應的均衡觀念。

	完全訊息	不完全訊息
靜態	納許均衡（NE）	貝氏納許均衡（BNE）
動態	子賽局完美納許均衡（SPNE）	完美貝氏納許均衡（PBNE）或序列均衡（SE）

第 **9** 章

企業併購與策略聯盟

 章節體系架構 ▼

Unit 9-1
企業追求成長的方式

在瞬息萬變的經營環境中，企業為求維持競爭優勢，使經營更具穩定性及獲利性，必然會不斷追求成長，企業追求成長的方式，大致可以區分為內部成長與外部成長兩大類型。

所謂內部成長（Internal Growth），就是擴張任何事業，均由企業自身力量來進行，例如：海外投資設廠；而外部成長（External Growth），就是向外部公司進行併購或策略聯盟合作。這兩種方式，對大型跨國企業來說，經常會融合使用，而達成最快速的企業成長需求。

為使讀者對企業追求成長的兩種方式有更進一步認識，茲再分述如下。

一.內部成長

企業不斷的透過自身經營能力提升及經營資源的強化，達到擴充企業規模及增強企業的核心競爭優勢。一般常見的內部成長策略包含有知識產權的收買、直接設廠，以及合資型策略聯盟等三種方式。

二.外部成長

當所處產業面臨成熟期或衰退期，為求分散產業風險，開始將觸角延伸至其他業種來分散產業風險；或是為求競爭力之提升而去研發特定技術，或去經營特定通路；或者市場接近飽和狀態，用盡推的策略或拉的策略，市場始終擴增有限。

此時上述經營策略似乎靠內部成長是無法可行的，有時在競爭壓力下更顯得緩不濟急，如果採取外部成長可能不失為快速而有效的方式。

因此，所謂外部成長，乃是企業捨棄「從頭做起」（Greenfield）的內部成長，透過借力使力的方式，兼併或控制其他企業個體，迅速的借助別人的成功經驗且降低企業本身的學習時間與成本，來達到擴充企業規模及增強企業核心競爭能力。一般常見的外部成長策略包含有策略聯盟和企業合併與收購等三種。

小博士解說

什麼是併購？

我國政府為利企業以併購進行組織調整，發揮企業經營效率，特制定企業併購法，以資適用。該法中提到的「公司」係指依公司法設立之股份有限公司而言。

然而什麼是「併購」呢？依企業併購法規定，所謂併購係指公司之合併（又細分吸收合併與新設合併兩種）、收購（又細分資產收購、股權收購、三角併購、先策略聯盟再併購、先合資再併購五種）及分割三大類型。

企業追求成長2大方式

企業成長方式

1.內部成長

→企業不斷透過自身經營能力提升及經營資源的強化,達到擴充企業規模及增強企業的核心競爭優勢。
①海外投資設廠
②國內投資設廠

2.外部成長

→企業捨棄「從頭做起」的內部成長,透過借力使力的方式,兼併或控制其他企業個體,迅速的借助別人的成功經驗且降低企業本身的學習時間與成本,來達到擴充企業規模及增強企業核心競爭能力。
①收購(Acquisition)
②合併(Merger)
③策略聯盟(Strategic Alliance)

知識補充站

併購種類之定義

左文介紹「併購」的三大類型,茲將該三大類型依企業併購法規定摘述如下:

1.合併:係指參與之公司全部消滅,由新成立之公司概括承受消滅公司之全部權利義務;或參與之其中一公司存續,由存續公司概括承受消滅公司之全部權利義務,並以存續或新設公司之股份、或其他公司之股份、現金或其他財產作為對價之行為。

2.收購:係指公司依法取得他公司之股份、營業或財產,並以股份、現金或其他財產作為對價之行為。

3.分割:係指公司依規定將其得獨立營運之一部或全部之營業,讓與既存或新設之他公司,作為既存公司或新設公司發行新股予該公司或該公司股東對價之行為。

Unit 9-2
跨國併購的動機 Part I

　　企業之所以想要國際化，無非是為了尋求更大的市場、尋找更好的資源、追逐更高的利潤，而突破一個國家的界限，在兩個或兩個以上的國家從事生產、銷售、服務等活動。而企業國際化可透過跨國併購迅速完成，因此企業國際化可說是跨國併購的主要動機。

　　跨國併購的動機相較於國內併購，除了企業內部資源整合及併購綜效利益外，主要在於拓展國外市場或突破貿易及投資障礙，其原因可歸納為十二點，由於內容豐富，特分兩單元介紹。

一.保障原料的供給

　　在原料缺乏的國家，為了確保原料的供給來源，必須從事業對外投資，或為了防止原料被人控制，以致無法經營，必須直接投入上游的生產作業，以確保其來源。

二.突破貿易或非貿易障礙並減少對出口的依賴

　　例如：關稅、外銷配額等貿易障礙。由於各國政府可能採取高關稅的保護政策，保護國內企業，況且近年來地區性的經濟聯盟，對非會員的產品輸入，一律課以高關稅，因此企業唯有到經濟聯盟的國家投資，才能避免高關稅的阻礙，享受會員國的優惠待遇，並減少對出口的依賴。

三.尋求市場的擴張

　　由於國內市場有限，或國內市場成長緩慢，採取直接對外投資或在國外設立銷售子公司，或利用本身的技術、管理及商譽在國外設廠製造，以求取較高利潤。

四.保障本身原有市場地位

　　透過多國籍企業的優越性，一方面可擴展國外市場，另一方面可利用國外低廉的勞力、原料所製造的產品，以較低的價格回銷國內，保衛國內的市場地位。

五.分散風險

　　一家公司在國內的銷售或供應來源，可能因國內經濟的波動、罷工或供應來源受到威脅而出現困境，如果在國外各地進行多角化的投資，當可分散風險，穩定經營。多角化又可分為產品線的多角化及地理上的多角化。

　　而什麼是多角化經營？簡單來說，多角化經營是指企業儘量增大產品大類和品種，跨行業生產經營多種多樣的產品或業務，擴大企業的生產經營範圍和市場範圍，充分發揮企業特長，充分利用企業的各種資源，提高經營效益，保證企業的長期生存與發展。

企業跨國併購的動機

併購的動機／目的

| A公司 | → | 併購B公司 | → | （併購後）A公司＋B公司 |

 動機？目的？

1.保障原料供給
→①在原料缺乏的國家，為了確保原料的供給來源。
②為了防止原料被人控制，必須直接投入上游的生產作業，以確保其來源。

2.突破外國貿易障礙
→①例如：關稅、外銷配額等貿易障礙。
②企業唯有到經濟聯盟的國家投資，才能避免高關稅的阻礙，並減少對出口的依賴。

3.尋求國內外市場擴張
→①採取直接對外投資或在國外設立銷售子公司，以擴張成長。
→②利用本身的技術、管理及商譽在國外設廠製造，以求取較高利潤。

4.保護既有市場地位
→①可擴展國外市場。
②可利用國外低廉的勞力、原料所製造的產品，以較低的價格回銷國內，保衛國內市場地位。

5.分散風險
→①一家公司在國內的銷售或供應來源，可能因國內經濟的波動、罷工或供應來源受到威脅而出現困境。
②透過國外各地進行多角化的投資，當可分散風險，穩定經營。

6.財務面潛在利得

7.獲取新技術、新產品

8.獲得下游通路權

9.取得低成本勞力資源

10.商譽的取得

11.政治及經濟的穩定性

12.促進企業不斷成長需求

Unit **9-3**
跨國併購的動機 Part II

　　跨國併購投資活動，就是利用傳統經濟理論中的比較利益原理。由於併購投資乃屬於企業行為，故在基本併購實務方面，不僅要有周詳的規劃外，還要於行動前針對企業本身投資動機有一番充分的認識與了解。

　　因此，除了前文提到的五點動機外，本單元要再介紹其他七點動機，以供參考。

六.財務方面的利益

　　多國籍企業可以設立財務中心，以調度個別子公司的貸借款、外匯買賣、訂定內部移轉價格及租稅規劃，以使資金能夠靈活運用或減少稅賦等財務支出。

七.引進新技術或新產品

　　企業可從整體利益的考量，直接引進母公司的產品或技術，不必由公司內部從頭做起，也不必像一般當地企業必須向外尋找技術合作對象，不論在成本或時間上，都可以獲致相當大的節省利益。

八.配合原料及最終產品的性質

　　例如：食品公司生產所需的原料不耐久儲存及長途運輸，公司可到國外適當地點設置生產及分配單位，藉以就近使用原料或提供新鮮食品。

九.取得低廉且具生產力的勞力資源

　　倘若本國工資一直居高不下而過於昂貴，以可透過跨國併購，取得較低廉但仍具生產力的勞力資源。

十.商譽的取得

　　例如：高科技產業的併購，往往著重於其無形的智慧財產權或商譽的取得。

十一.政治及經濟的穩定性

　　若一國發生政權不穩定、社會暴動、工會罷工等重大事項，會嚴重衝擊到當地投資行為、經濟發展及金融穩定。可見政治影響經濟，風險巨大，因此企業如擬到高政治風險之國家進行投資前，必須謹慎評估為宜。反過來說，若投資當地國之政治及經濟相當穩定，則有助於企業長期投資之規劃。

十二.達成企業成長的目標

　　所謂達成企業成長的目標乃包括達成企業長期之策略目標、在國內市場飽和後向外擴展並維持國內之市場占有率，以及規模經濟。

企業跨國併購的動機

併購的動機／目的

| A公司 | → | 併購B公司 | → | （併購後）
A公司＋B公司 |

動機？目的？

1.保障原料供給

2.突破外國貿易障礙

3.尋求國內外市場擴張

4.保護既有市場地位

5.分散風險

6.財務面潛在利得
→①可設立財務中心，調度個別子公司的貸借款、外匯買賣、訂定內部移轉價格及
　租稅規劃等。，
　②上述方法可使公司資金靈活運用或減少稅賦等財務支出。

7.獲取新技術、新產品
→①企業可從整體利益的考量，直接引進母公司的產品或技術。
　②不論在成本或時間上，都可以獲致相當大的節省利益。

8.獲得下游通路權
→例如：食品公司生產所需的原料不耐久儲存及長途運輸，公司可到國外設置生產
　及分配單位，就近使用原料。

9.取得低成本勞力資源
→若本國工資過於昂貴，透過跨國併購，即可取得較低廉但仍具生產力的勞力資
　源。

10.商譽的取得
→例如：高科技產業的併購，往往著重於其無形的智慧財產權或商譽的取得。

11.政治及經濟的穩定性
→若一國發生政權不穩定、社會暴動、工會罷工等重大事項，會嚴重衝擊到當地投
　資行為、經濟發展及金融穩定。

12.促進企業不斷成長需求
→①達成企業長期之策略目標。
　②在國內市場飽和後向外擴展並維持國內之市場占有率。
　③規模經濟。

Unit **9-4**
併購的類型與實地審查

當今經濟全球化下，企業為追求快速成長，併購已成企業實現發展的一條捷徑。本文即針對併購類型及如何確保併購案的價值性、合宜性及法律性說明之。

一.併購的類型

併購類型（Merger and Acquisition, M&A）包括了收購與合併兩種不同法律特性的行為，其分類如下：

(一)資產收購（Purchase of Assets）：買方公司向賣方公司收購全部或部分資產，例如：收購工廠、土地、商標、機器設備等。

(二)股權收購（Purchase of Stock）：即指收購股票，包括在證券市場或向個別大股東收購股票或互換股票（Swap）。

(三)吸收合併（Merger by Absorption）：係指企業經合併以後，其中一公司存續，其他公司消滅的情形，而存續公司則全面承擔被合併公司之權利義務。例如：A公司與B公司合併後，A公司繼續存在。

(四)新設合併（Merger by Creation）：係指參與合併的所有公司均消滅，而另成立一家新公司，並由新公司承擔所有消滅公司的權利義務。例如：A公司與B公司合併後，成立新的C公司。

二.併購的「實地審查」

併購案的買方，為確保併購案的價值性、合宜性及法律性，必須進行併購的「實地審查」（Due Diligence, DD），其範圍大致有三類：

(一)經營審查（Commerce Diligence）：包含有：1.市場分析、競爭分析、產業前景分析；2.公司組織、經營範圍（產品、市場地區、客戶）；3.公司目標、策略、核心能力；4.管理階層的品質（經營團隊）；5.生產廠房、機器設備、產能規模、產能利用率；6.研發、技術、品管、專利權、商標權；7.資訊管理、網際網路；8.採購管理；9.行銷、業務；10員工素質；11.董事會，以及12.組織文化、企業文化等。

(二)財務會計審查（Financial & Accounting Diligence）：包含有：1.內部會計控制及財務報表設備與使用情形；2.短、中、長期財務規劃情況；3.資金管理的功能、程序；4.投資決策及效益；5.營運資金水準及現金流量；6.財會部門人數與素質；7.財會資訊化程度；8.稽核循環情況；9.短、中、長期債務情況，以及10.諮詢賣方公司往來的會計師、律師、銀行，了解有無影響賣方公司的重大財務及法律案件等。

(三)法律事項實地審查（Law Diligence）：包含有：1.證券交易法；2.反托拉斯法（公平交易法）；3.勞工法（勞基法）；4.投資法；5.公司法；6.各種稅賦法；7.票據法；8.公司債法；9.商標法；10.專利權法；11.公司併購法；12.金融控股公司法；13.金融資產證券化法，以及14.電信法等。

併購的類型與實地審查

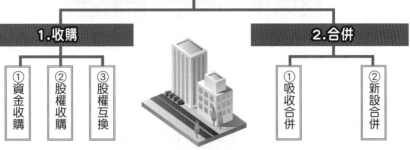

併購2大類型

1.收購
- ① 資金收購
- ② 股權收購
- ③ 股權互換

2.合併
- ① 吸收合併
- ② 新設合併

實地審查（DD）3大類型

併購案的買方，為確保併購案的價值性、合宜性及法律性，必須進行併購的實地審查。

1.經營面審查
- ① 市場分析、競爭分析、產業前景分析
- ② 公司組織、經營範圍
- ③ 公司目標、策略、核心能力
- ④ 管理階層的品質
- ⑤ 生產廠房、機器設備、產能規模、產能利用率
- ⑥ 研發、技術、品管、專利權、商標權
- ⑦ 資訊管理、網際網路
- ⑧ 採購管理
- ⑨ 行銷、業務
- ⑩ 員工素質
- ⑪ 董事會
- ⑫ 組織文化、企業文化

2.財務會計面審查
- ① 內部會計控制及財務報表設備與使用情形
- ② 短、中、長期財務規劃情況
- ③ 資金管理的功能、程序
- ④ 投資決策及效益
- ⑤ 營運資金水準及現金流量
- ⑥ 財會部門人數、素質
- ⑦ 財會資訊化程度
- ⑧ 稽核循環情況
- ⑨ 短、中、長期債務情況
- ⑩ 諮詢賣方公司往來的會計師、律師、銀行，了解有無影響賣方公司的重大財務及法律案件

3.法律面審查
→ 實地進行是否符合各種經營管理相關法律規定之審查。

Unit **9-5**
併購常用的價值評估方法

　　有關企業價值的評估方法很多，實務上併購常用的價值評估方法，大致有以下四種，茲分別說明之。

一.市場比較法

　　市場比較法（或稱市場價值法、市價法）適合用來評估以下三種情形，即：1.相似公司最近併購的價格；2.初次公開發行價格（Initial Public Offering, IPO），以及3.公開交易的公司股價（上市、上櫃或興櫃公司股價）等。

二.淨值法

　　淨值法（又稱會計評價法或資產法）的評價基準如下：

　　(一)清算價值（Liquidation Value）：是指公司撤銷或解散時，資產經過清算後，每一股份所代表的實際價值。在理論上，清算價值等於清算時的帳面價值，但由於公司的大多數資產只以低價售出，再扣除清算費用後，清算價值往往小於帳面價值。

　　(二)淨資產價值（Net Asset Value）：是指總資產減去負債後之淨資產價值，亦稱為淨值（即Assets－Debts＝Equity）。

　　(三)重估後帳面價值：重估有形資產及無形資產的合理（Fair）市價。

三.現金流量折現法

　　現金流量折現法（Discounted Cash Flow, DCF）之進行步驟如下：1.預測賣方公司未來十年或十五年時間的財務損益績效；2.在每一個財測年度，算出淨現金流量，無論是正的或負的；3.估計賣方公司風險調整後的權益資金成本；4.以資金成本必要報酬率（或稱加權資金成本）作為折現率，來折算各期現金流量，並予以加總；5.前項總值減掉賣方公司負債現值，以及6.上述折現現金流量加上非營運資產現值，扣除非營運負債現值，即可得到賣方公司的權益價值現值。

四.獲利倍數法

　　獲利倍數法其實較為簡易，即買方願意出「多少倍」購買賣方公司目前的獲利，用以衡量未來該公司的總獲利，例如：某家電子廠每年能賺5億元，若用十倍來買，即買價就是50億元。

　　至於倍數多少，要看不同產業及不同公司而定，有八倍、十倍，也有十五倍。另外，有些產業適用的獲利定義，係使用EBITDA（Earnings Before Interest,Taxes, Depreciation and Amortization, EBITDA：稅息折舊及攤銷前利潤）獲利額，即扣除拆舊、攤提及利息之前的獲利額，包括電信、有線電視及網路產業等業別均適用。

併購常用的價值評估方法

併購下的企業價值

1.市場價值法
①相似公司最近併購的價格
②初次公開發行價格
③公開交易的公司股價
→上市、上櫃或興櫃公司股價

2.淨值法（會計評價法或資產法）
①清算價值
→指公司撤銷或解散時，資
　產經過清算後，每一股份
　所代表的實際價值。
②淨資產價值（淨值）
→指總資產減去負債後之
　淨資產價值。
③重估後帳面價值
→重估有形資產及無形資產
　的合理（Fair）市價。

223

3.現金流量折現法

| START |

①預測賣方公司未來10年
　或15年時間的財務損益
　績效。
　　↓
②在每一個財測年度，算出
　淨現金流量，無論正或負。
　　↓
③估計賣方公司風險調整後
　的權益資金成本。
　　↓
④以資金成本必要報酬率作
　為折現率，折算各期現金
　流量，並予以加總。
　　↓
⑤前項總值減掉賣方公司負
　債現值。
　　↓
⑥上述折現現金流量加上非
　營運資產現值，扣除非營
　運負債現值。
　　↓

| 賣方公司的權益價值現值 |

4.獲利倍數法
①買方願意出「多少倍」購
　買賣方公司目前的獲利，
　用以衡量未來該公司的總
　獲利。
②倍數多少，要看不同產業
　及不同公司而定。
③有些產業適用的獲利定
　義，係使用稅息折舊及攤
　銷前利潤。

Unit 9-6
併購成功因素及其流程

企業併購是一個進入市場最迅速的手段，但在進行跨國併購，除須有整體的策略及目標規劃外，還要注意什麼呢？

一.美國財經雜誌的調查

企業展開收購行動時，可參考美國《商業周刊》歸納成功的企業收購的關鍵因素，以增加企業收購行動的成功性。

美國《商業周刊》調查顯示企業若要成功完成併購行動，以下是不能忽視的關鍵點，即：1.收購行動必須符合收購方的經營策略目標；2.澈底了解被收購方的產業特性；3.澈底調查收購方的底細；4.收購決策假設要切合實際；5.收購價格要合理，不可買貴；6.收購資金的籌措，要注意不要貸款太多，且避免借錢購買，以及7.收購後的整合與改善行動要妥善且迅速進行。

二.其他學者的研究

另外，也有其他學者的研究顯示，成功的跨國併購，必須基於下列幾項原因，即：1.能夠尋求到優越的適當對象或夥伴；2.必須評估併購對象的競爭優勢地位究竟為何；3.考量文化相容性（Cultural Compatibility）；4.考量到兩家公司的結構；5.必須有值得利用的資源，例如：品牌、通路、技術、專利、財務或公司信譽或人才資源等；6.考量該公司現在及未來股價的高低預測，以及7.應仔細規劃併購之後的相關程序及事宜。

三.跨國併購失敗的原因

企業成功跨國併購的案例雖已不勝枚舉，但實務上仍有失敗的案例。根據多項研究顯示，跨國併購失敗的原因，主要有下列幾點，即：1.缺乏對內部及外部環境的深入研究；2.雙方文化的不相容性，互斥性太高；3.雙方缺乏良性溝通，以及4.被併購公司有很大的財務問題及市場問題的雙重存在。

四.併購執行程序

上述分別提到企業跨國併購成功與失敗的關鍵因素，如果失敗原因已被完全克服及排除後，接下來企業要如何進行呢？有以下幾個步驟與大家分享。

首先，就是與想要併購的公司進行初步接觸，再來對該公司的價值初步評估後，即開始策略擬定及協商——這步驟的主要工作內容是確定新經營團隊、跟銀行協商貸款、裁撤計畫及承受契約的擬定。

再來是買賣雙方要簽定保密協定同意書，然後買方進行實地審查無誤後，即進行雙方的交易，主要架構在融資的安排、租稅的計畫、換股的計畫等，緊接著擬定併購契約並敲定基準日，最後進行結案及交割文件等手續。

併購的成功因素及其流程

成功的企業收購關鍵因素

美國《商業周刊》的調查

1. 收購行動必須符合收購方的經營策略目標。

2. 澈底了解被收購方的產業特性。

3. 澈底調查收購方的底細。

4. 收購決策假設要切合實際。

5. 收購價格要合理,不可買貴。

6. 收購資金的籌措,要注意不要貸款太多,避免借錢購買。

7. 收購後的整合與改善行動要妥善且迅速進行。

併購執行8程序

1. 初步接觸 → 2. 價值初步評估 →

3. 策略擬定及協商
主要工作內容
- 確定新經營團隊
- 跟銀行協商貸款
- 裁撤計畫
- 承受契約

→ 4. 簽定保密協定同意書

8. 結案及交割文件 ← 7. 併購契約及基準日 ←

6. 交易架構
主要工作內容
- 融資安排
- 租稅計畫
- 換股計畫

← 5. 實地審查 (Due Diligence)

225

跨國併購失敗的原因

1. 缺乏對內部及外部環境的深入研究。

2. 雙方文化的不相容性,互斥性太高。

3. 雙方缺乏良性溝通。

4. 被併購公司有很大的財務問題及市場問題的雙重存在。

Unit **9-7**
策略聯盟的意義與方式

策略聯盟（Strategic Alliance）是全球競爭遊戲中，很重要的一個部分，是企業在全球市場上致勝的關鍵。

如果你想要在全球上獲勝，最不智的作法，莫過於自認可以完全靠自己的力量，贏得全世界。

一.策略聯盟的定義

策略聯盟又稱為夥伴關係（Partnership），乃指組織之間為了突破困境、維持或提升競爭優勢，而建立的短期或長期的合作關係。原是企業界提升競爭力的重要策略，目的在透過合作關係，共同化解企業本身的弱點、強化本身的優點，以整體提升企業的競爭力。

美國企業界在1970年代之後面臨日本企業的強大挑戰，不僅部分企業相繼關閉，部分知名企業也面臨空前的壓力。企業專家為協助各企業維持其既有的競爭優勢，發展出策略管理理論，研擬有效的策略，而策略聯盟就是其中比較常被採用的策略。

企業界策略聯盟的最終目的在於尋求企業間的互補關係，亦即企業本身比較缺乏的部分，可以透過合作的方式加以強化。

例如：規模較小的個別商店在面臨同業競爭之後，容易造成經營的困難，如加以結盟就可以達到擴大規模的效果；再如，研發力強的企業，資源可能不見得充足，如果與製造業合作，不僅可以獲得資金，研發過程的實驗、結果的推廣等方面的需求，也都可以獲得滿足，而製造業本身也可以減少研發成本，並投注較多心力在產品品質管制上，可謂互蒙其利。

二.策略聯盟的方式

策略聯盟為近來經濟發展中頗為重要的一環，是企業外部成長策略的主要方式之一，當然企業選擇與他企業合作，有其背景因素，但毋庸置疑的，企業策略聯盟不失為企業成長或再生之利器。

(一)有資本投入合作（股權合作）：包含有：1.成立新的合資企業（合資設廠）；2.彼此交換股權／交叉持股，成為對方的新股東；3.雙方舊公司合併（Merge）成立新公司，以及4.收購（Acquistion）對方的某一公司或某一事業部。

(二)無資本投入合作：包含有：1.R&D共同研發合作；2.技術授權合作；3.業務行銷合作；4.生產合作（OEM）；5.財務融資合作，以及6.資訊情報合作。

(三)水平與垂直行業合作：如果從水平與垂直整合角度來分析策略聯盟的種類，大致可區分為三種：1.水平式策略聯盟（Horizontal Alliance）：係指同業間的合作；2.垂直式策略聯盟（Vertical Alliance）：係指上、中、下游業者間的合作，以及3.多角化策略聯盟（Diversification Alliance）：係指非同業、異業間的合作。

S.A方式

1.有資本投入合作

- ①合資成立一家新公司
- ②彼此交換既有公司股權，成為對方新股東
- ③雙方舊公司合併為新公司
- ④收購對方公司

2.無資本投入合作

- ①R&D共同研發
- ②技術授權合作
- ③生產代工合作
- ④業務行銷合作
- ⑤資訊情報合作

227

價值鏈＼股權	R&D採購	採購	生產(製造)	行銷(業務)	財務(資金)	後勤配送	技術	資訊情報	品牌	人力資源
有股權投資										
無股權投資										

價值鏈：Value-chain，係指企業的營運活動的過程，這些過程均能為企業創造及產生附加價值及利潤，故稱為企業的價值鏈活動。

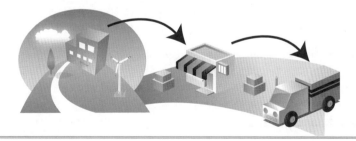

3.水平與垂直行業合作

- ①水平式策略聯盟→同業間的合作
- ②垂直式策略聯盟→上、中、下游業者間的合作
- ③多角化策略聯盟→非同業、異業間的合作

Unit **9-8**
策略聯盟的動機及其成功

　　面對全球科技的快速進步、不斷推陳出新的產品和日益競爭的經營環境，每一產業的企業都在不斷尋求事業經營發展的契機，但也面對更為激烈的挑戰。因此，在企業建立起其獨特而專屬的競爭優勢基礎上，同時也必須尋求與其他企業的合作，藉以整合不同企業的優勢基礎，以建立更為堅實的競爭優勢。因此，企業間的合併、收購、合資、共同研究開發、或共同產銷等企業間的策略聯盟，已成為企業經營的重要策略之一。但企業要如何聯盟，才能成功呢？首先知己知彼，成功就不遠了。

圖解策略管理

一.策略聯盟的動機

　　學者Lorange在1998年研究企業進行策略聯盟的動機，主要包括以下幾點，即：1.為尋求國際市場的進入及擴張；2.為分享對方的核心資源與能力；3.為尋求分攤及降低風險；4.為獲取規模經濟或事業範疇效益；5.為獲取先進技術或互補性技術；6.為降低相互競爭性；7.為尋求突破政府的貿易障礙，以及8.為獲取原物料、人力資本、財務資金、通路、供貨及顧客來源。

二.如何選擇策略聯盟的對象

228

　　一個優良的策略聯盟對象，應該考量到四項重要條件：

(一)尋找策略綜效：即$1+1>2$
1.確定可以獲得重要資源，以及對方擁有我們所需的能力。
2.雙方形成最好的組合，且對彼此均能有所貢獻。

(二)雙方適應能力：
1.雙方公司組織與人員之間的價值觀及組織文化，均能加以調適。
2.對方企業文化和本公司或本集團是否能融合。

(三)雙方彼此的承諾：確認高階決策者的堅定支持，與管理團隊的積極投入配合。

(四)對方的願景如何：對方是否有遠大的願景（Vision），而不是只有短期利益之後，就過河拆橋。

三.策略聯盟的成功因素

　　學者Brouthers 等人在1993年提出策略聯盟的成功，必須雙方夥伴能共同認識到三個C，即：1.互補性技能（Complimentary Skill）；2.互容性目標（Compatible Goals），以及3.互相合作的文化（Cooperative Culture）。

　　學者Faulkner在1995年的研究也認為成功策略聯盟，應該有幾項因素促成的，即：1.夥伴是否具有互補性的技能及核心能力；2.雙方高層經營者是否給予強烈的承諾及主導；3.雙方是否能建立互信的真誠，而非僅靠法律合約，以及4.雙方必須認知到雙方確有不同的組織文化存在。

策略聯盟的動機／對象／成功

策略聯盟8動機

1.為尋求進入國際市場	2.為獲得對方核心資源
3.為尋求分攤及降低風險	4.為獲取規模經濟效益
5.為獲取先進技術	6.為降低相互競爭性
7.為尋求突破政府的貿易障礙	8.為獲取原物料、人力資本、財務資金、通路、供貨及顧客來源

如何選擇策略聯盟對象

1.尋找策略綜效 	2.雙方有高的適應能力 
3.雙方彼此堅定承諾 	4.雙方有遠大願景

策略聯盟的成功因素

1993年→Brouthers 等人提出策略聯盟成功3C要素
①Complimentary Skill→互補性技能
②Compatible Goals→互容性目標
③Cooperative Culture→互相合作的文化

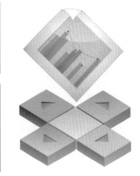

1995年→Faulkner提出策略聯盟成功4要素
①夥伴是否具有互補性技能及核心能力。
②雙方高層經營者是否給予強烈的承諾及主導。
③雙方是否能建立互信的真誠，而非僅靠法律合約。
④雙方必須認知確有不同的組織文化存在。

第 **10** 章

公司治理與企業社會責任

●●●●●●●●●●●●●●●●●●●●●●●● 章節體系架構 ▼

Unit 10-1
公司治理的好處

公司治理（Corporate Governance）已成21世紀任何企業所共同關注的議題。但是公司治理為何受到重視？它是如何產生的呢？而為何企業需要公司治理呢？以下我們要來探討之。

一.公司治理的源起

現代公司治理理論或可追溯至美國1930年代，當時美國大型股份有限公司中，股權結構相當分散，導致所有與支配分離，進而形成經營者支配的現象。在管理階層僅持有少數股份且股東因過於分散而無法監督公司之經營時，管理階層極有可能僅為自身利益而非基於股東最大利益考量來利用公司資產。是以，如何在公司所有者與經營者間建構一制衡機制，以調和兩者利益，並防範衝突發生，乃公司治理必須面對之核心課題。

二.公司治理的強化

1997年亞洲金融危機發生後，「強化公司治理機制」被認為是企業對抗危機的良方。1998年經濟合作暨開發組織（OECD）部長級會議更明白揭示，亞洲企業無法提升國際競爭力關鍵因素之一，即是公司治理運作不上軌道。2001年美國安隆案（Enron）後陸續引發的金融危機，促使美國針對企業管控問題採取積極作為，遂有沙賓法案（Sarbanes-Oxley Act）之公布。

我國於1998年爆發一連串企業掏空舞弊案件，其後更因金融機構不良債權問題嚴重，金融風暴一觸即發，故主管機關於1998年起即開始向國內公開發行公司宣導公司治理之重要性，並在臺灣證券交易所（證交所）、櫃檯買賣中心、證券暨期貨市場發展基金會（以下簡稱「證基會」）及中華公司治理協會等單位共同努力之下，陸續推動獨立董事及審計委員會之制度，及制定符合國情之「上市上櫃公司治理實務守則」，引導國內企業強化公司治理，提升國際競爭力。2006年更進一步將公司治理原則法制化，使其具有法律之約束力，為此分別修正公司法、證券交易法及其相關法規，以期完善公司治理制度。

三.公司治理的三大優點

(一)公司治理有助於企業國際化：公司治理做得好，才能在世界性資本市場獲得青睞與投資，讓公司更容易取得國際性資本，而邁向國際化路途。

(二)公司治理代表股東的期待：公司治理是代表全體大小股東共同期待的重視、承擔與負責。

(三)公司治理能避免舞弊：公司治理做得好，有助於避免執行幹部群的舞弊及自利主義（Opportunism）傾向，遏阻企業內部不法及不當事件發生。

公司治理的定義及優點

何謂公司治理？
一種指導及管理的機制並落實公司經營者責任的過程，藉由加強公司績效且兼顧其他利害關係人利益，以保障股東權益。

公司治理 3 大優點
1. 公司治理做得好，才能在世界性資本市場獲得青睞與投資，讓公司邁向國際化。
2. 公司治理代表全體股東共同期待的重視、承擔與負責。
3. 公司治理做得好，有助於避免執行幹部群的舞弊，遏阻企業內部不法事件發生。

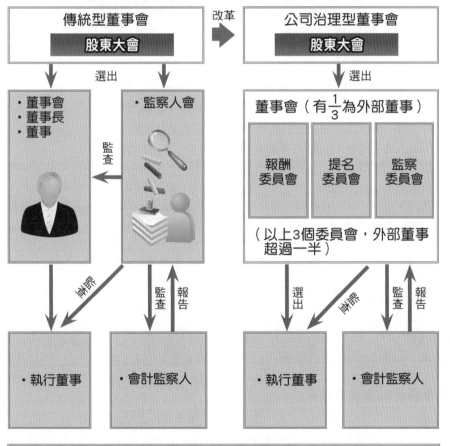

1. 報酬委員會：決定董事長、董事、執行董事之薪資、股票分紅等。
2. 提名委員會：決定董事人選之提名及選任。
3. 監察委員會：決定對執行董事及專業總經理人之監督。

Unit **10-2**
公司治理原則 Part I

公司治理在我國日趨重要，不僅因其係國際間的主要議題，更重要的是優良的公司治理對企業本身助益甚大，因此，公司治理之主要目標在健全公司營運及追求最大利益。

根據國內外學者與企業實務的具體作法來看，公司治理有八項原則可資運用。由於本主題內容豐富，特分兩單元介紹。

一.董事會與管理階層應明確劃分

大家都很清楚一句名言：「權力使人腐化，絕對權力使人絕對腐化」。如果管理階層可以完全控制董事會，企業將失去制衡與監督機制。這對企業長遠發展將是非常大的傷害。但問題是誰來監督董事會？理論上是股東大會，但股東大會又不一定了解公司運作，因此，還是董事會必須廉潔且有效能。

二.董事會應有半數以上董事是外人

在美國，董事是由董事長聘請，但董事長其實只代表董事會裡的一票。一個好的公司，董事長通常會邀請社會的學者、企業家，或是政府部門的人士出任董事，這些人通常也有相當財富，不會受到董事長左右。

以美國摩托羅拉公司董事會為例，該公司董事計有十五位，其中內部董事只有四人，包括創辦人、現任董事長兼CEO、總經理兼CEO及董事會執行委員會主席等。外部董事則有十一人，包括已退休前財務長、默克藥廠資深副總裁、MIT大學媒體實驗室主任、P&G董事會主席、阿肯色大學與Morehouse大學校長，以及其他多位不同行業公司的前任董事長。

這些都要建立在一個前提，即外部董事必須勇於任事及投入，不是酬庸的位置。

三.董事獨立行使職權

董事長聘請董事，就像一個國家的總統，聘請最高法院法官一樣。一旦董事長要解僱董事，必須接受普遍的監督，就像總統不可能隨便開除最高法院法官一樣。如此一來，董事才能獨立行使職權，董事才不會怕董事長，而不敢發言或反對。

四.董事可以開除董事長

董事是向股東負責，不是向董事長負責。董事長經營績效不好，董事可以提出建議、糾正，如果無效，雖然董事是由董事長延聘，但董事可以開除董事長。1993年，有二十餘名的IBM董事成員，就共同決議開除IBM董事長；美國運通（AE）董事會也做過同樣的事。這種機制在臺灣是看不到的。即使董事長被解聘，但是他仍然可以是董事會的董事成員之一。

公司治理8原則

公司治理的具體作法

1.董事會與管理階層應明確劃分

①不要讓「權力使人腐化,絕對權力使人絕對腐化」的名言成真。
②管理階層可以完全控制董事會,企業將失去制衡與監督機制。
③設置董事會,但必須廉潔且有效能。

2.董事會應有半數以上董事是外人

①在美國,董事是由董事長聘請,但董事長其實只代表董事會的一票。
②好公司的董事長通常會邀請學者、企業家或政府部門人士出任董事,因其財富相當,不會受到董事長左右。
③外部董事必須勇於任事及投入,不是酬庸的位置。

3.董事要獨立行使職權

①董事長聘請董事,但不能隨意解僱董事。
②董事長必須接受普遍的監督,董事才不會怕董事長。

4.董事可以開除董事長

①董事是向股東負責,不是向董事長負責。
②董事長經營績效不好,董事可提出建議、糾正,如果無效,董事可開除董事長。

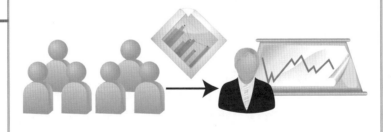

5.董事應持有公司股票

6.董事酬勞大部分應為公司股票

7.建立評估董事機制

8.董事應對股東要求做出回應

Unit **10-3**
公司治理原則 Part II

　　優良公司治理的公司，能妥善規劃經營策略、有效監督策略執行、維護股東權益、適時公開相關資訊，此對公司爭取投資者的信任，增強投資人之信心，吸引長期資金及國際投資人之青睞尤其重要。因此，公司治理原則的確實運作，更顯得相當重要。

五.董事應持有企業股票

　　在美國，董事的薪資不高，通常年薪只有2、3萬美元，但擁有相當的股票選擇權。由於董事是「外人」，如果董事沒有公司股票，公司營運好壞則與董事毫無關係，這將很難要求董事確實執行獨立職權。

　　臺灣許多公司董事是所謂的「法人代表」，公司經營好壞常常與這些人無關，這是不對的。但是很多外部董事，也未必有很多錢可以購買股票（例如：學者），因此只要象徵性的買一些，其實也可以的。

六.董事酬勞大部分應為公司股票

　　董事酬勞與企業成長有絕對正相關，會刺激董事執行職權，如此一來，董事利益將與股東利益結合，與董事長個人利益無關。

七.建立評估董事機制

　　董事出席、發言次數、協助決策能力、受其他董事敬重程度，都可以成為評估董事機制的選項。建立良好的董事評估制度，將使董事更能發揮職權。

　　國外許多公司的董事責任相當沈重。以德州儀器而言，一個月開一次董事會，每年的年度規劃會議共達四個整天，因此德儀的董事每年必須有十五天為德儀開會，開會頻率相當。

　　董事不一定只是認可公司提報的規劃，經營層與董事會雙向互動應該非常頻繁；換言之，董事會必須對經營團隊所提出的策略、方向、政策、原則與計畫，提出不同角度與不同觀點的深入分析、辯論，然後形成共識。

八.董事應對股東要求做出回應

　　在美國，CEO（Chief Executive Office：公司執行長，地位僅次於董事長，是公司第二號有實權地位的最高執行主管）所創造的企業價值太低，而領取過高薪資時，投資機構通常會要求CEO減薪，並要求董事會討論此事。

　　CEO對此可以毫不理會，但不理會的CEO除非有能力扭轉局勢，否則也將面臨下臺的壓力。尤其在美國經常發生CEO上臺下臺的情況。

 **公司治理8原則**

公
司
治
理
的
具
體
作
法

1.董事會與管理階層應明確劃分

2.董事會應有半數以上董事是外人

3.董事要獨立行使職權

4.董事可以開除董事長

5.董事應持有公司股票

①董事沒有公司股票，公司營運好壞則與董事無關，這將很難要求董事確實執行獨立職權。
②在美國，董事的薪資不高，但擁有相當的股票選擇權。
③臺灣許多公司董事是「法人代表」，公司經營好壞常常與這些人無關，這是不對的。
④外部董事只要象徵性的購買一些公司股票，其實也可以的。

6.董事酬勞大部分應為公司股票

①董事酬勞與企業成長有絕對正相關，刺激董事執行職權。
②董事利益將與股東利益結合，與董事長個人利益無關。

7.建立評估董事機制

①董事出席、發言次數、協助決策能力、受其他董事敬重程度，都可成為評估董事機制的選項。
②董事會必須對經營團隊所提出的策略與計畫，提出不同角度的深入分析、辯論，然後形成共識。

8.董事應對股東要求做出回應

①在美國，CEO所創造的企業價值太低，而領取過高薪資時，投資機構通常會要求CEO減薪，並要求董事會討論此事。
②董事會有權要求CEO改進，但不理會的CEO除非有能力扭轉局勢，否則也將面臨下臺的壓力。

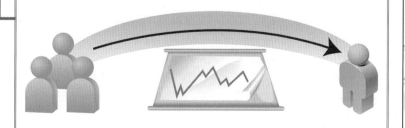

Unit **10-4**
公司應設置各種專門委員會

公司治理分為內部與外部機制兩種。內部機制是指公司透過內部自治之方式來管理及監督公司業務而設計的制度，例如：董事會運作的方式、內部稽核的設置及規範等。

外部機制是指透過外部壓力，迫使經營者放棄私利，全心追求公司利益，例如：政府法規對公司所為之控制、市場機制中的購併等。

一.所有權與經營權已漸分離

我國家族企業色彩濃厚，由家族成員擔任公司負責人或管理階層之情形相當普遍，具有所有權與經營權重疊之特性。此項特性雖使得管理階層在公司內之權威更加集中，有助貫徹命令之執行，但卻容易造成負責人獨裁，危害一般小股東之情形。惟近年來隨著產業結構之調整，電子產業的蓬勃發展，主要技術與資本之結合，漸漸擺脫家族企業之色彩，我國上市公司董事及監察人之持股比例呈下降之趨勢，上市公司之股權結構已漸走向經營權與所有權分離之趨勢。

而公司治理主要著眼於企業所有權與企業經營權分離之現代公司組織體系下，其代理制度可能產生利益衝突、道德風險與代理成本（如委託人之監控成本或代理人之約束成本）之假設下，如何透過法律的制衡管控設計，有效監督企業的組織活動，以及如何健全企業組織運作，防止脫法行為之經營弊端。

二.我國公司治理機制之設計

我國現行股份有限公司機關之設計，主要係仿效政治上三權分立之精神，設有董事會、監察人及股東會等三個機關，其公司治理內部機制係以董事會為業務執行機關，而由監察人監督董事會業務執行，股東會為最高意思機關，可藉由股東代位訴訟、團體訴訟、歸入權等制度的行使運作，同時監控董事會及監察人兩個機關，藉由此三機關權限劃分之制衡關係，達到公司治理之目的。

三.應比照先進國家設置各種專門委員會

除上述獨立董監事人員外，依歐美先進企業的經驗顯示，為進行各種專門領域之監督，經常會再設立各種專門委員會，包括下列常見的四種：

(一)審計委員會：負責檢查公司會計制度及財務狀況、考核公司內部控制制度之執行、評核並提名簽證會計師，並與簽證會計師討論公司會計問題。為貫徹審計委員會之專業性及獨立性，審計委員會通常均由具備財務或會計背景之外部董事參與。

(二)薪酬委員會：負責決定公司管理階層之薪資、分紅、股票選擇及其他報酬。

(三)提名委員會：主要負責對股東提名之董事人選之學經歷、專業能力等各種背景資料，進行調查及審核。

(四)財務委員會：主要負責併購、購置重要資產等重大交易案之審核。

案例

！ 日本旭硝子

日本旭硝子公司是日本知名大型化學科技產品企業集團，全集團員工計5萬人，集團營收額為1.3兆日圓。

▶日本旭硝子公司治理架構

2.提名委員會
對董事成員之提名同意

3.報酬委員會
對董事長、董事、總經理之薪資核定

5.經營會議（每月開1次）
・4家公司總經理出席 ・3位集團幕僚長出席（經營企劃室長、經營管理室長、法務室長）

1.董事會（取締役會）
每月下旬開會一次 議長：瀨谷博道（董事長） 董事：比城恪太郎（日本IBM董事長） 　　　島田晴雄（慶應大學教授） 　　　石津進也（總經理） 　　　雨宮肇（技術長） 　　　松澤隆（財務長） 　　　田中鐵二（副總經理）

7.4家獨立公司

4.監察人會議
・與董事會同時召開 ・計4位監察人

化學品公司	自動車玻璃公司	液晶顯示公司	板玻璃公司

6.集團幕僚單位
・經營企劃室 ・經營管理室 ・新事業企劃室 ・法務室 ・公共事務室 ・環境安全室 ・稽核室

Unit **10-5**
公司治理有問題之判斷

　　我國資本市場向來以散戶投資人為主，法人機構之投資比重偏低。由於個人投資者之投資觀念並未完整正確，因此投資決策多屬草率粗糙，易受市場波動影響而買賣股票頻繁，造成市場周轉率過高。加上這些小股東持有股權之比例較低，且人數眾多不易凝聚力量，對其權利義務亦不甚清楚，故小股東常會放棄其權利之行使，而默許董事及大股東之行為，因此部分公司管理當局利用投資人疏於重視公司基本面之特性，亦不重視公司治理制度。

　　因此，一般投資大眾要如何判斷哪家公司治理風險較高，或是公司治理有問題的公司呢？可從以下五大指標判斷。

一.董事會成員大部分均為家族成員

　　首先，投資人可觀察上市櫃公司的董事會組成，如果最大股東家族成員及其所控制投資公司法人代表擔任董事的席位超過一半，而且董事長與總經理皆由同一家族成員擔任，則最大股東家族成員可充分掌控公司的重大決策，缺乏監督機制，提高公司治理風險。

二.財報附註關係人交易部分複雜且多

　　其次，投資人可觀察財務報表附註的關係人交易部分，如果公司關係人交易金額明顯比同業高出許多，而其中又包含證券買賣、土地交易、資金往來與背書保證，則投資人必須小心其財務報表的透明度與公司資產是否受到不當移轉。

三.與本業無關的轉投資過多且失當

　　再者，投資人必須閱讀財務報表的轉投資明細表，若公司成立許多與本業無關的投資公司，且其買回母公司股票時，最大股東可掌握公司更多的控制權與其投入股市較深，亦加大公司治理的風險。

四.董監事債權設定較多，涉入股市較深

　　另外，投資人如果發現董事、監察人與大股東質權設定（股票質押）過高（例如：30%），則可能隱含大股東投入股市較深，地雷股事件的公司亦有此項特質。

五.連年虧損或獲利比同業差很多

　　企業的存在，無非是想要獲利，而投資大眾購買該公司發行的股票，也是想要賺錢。所以當公司連年虧損或獲利比同業差很多時，美國的CEO都會被董事會要求下臺，那不正意味著該公司的董事會沒有善盡監督之責或公司治理機制出了問題。

公司治理有問題之5指標

如何判斷公司治理有風險？

1.董事會成員大部分均為家族成員	3.與本業無關的轉投資過多且失當
2.財報附註關係人交易部分複雜且多	4.董監事債權設定較多，涉入股市較深

5.連年虧損或獲利比同業差很多

強化公司治理資訊揭露規範

公司治理揭露事項	揭露要求
1. 公開發行公司年報應記載事項（公開發行公司年報應行記載事項準則第七條）	・致股東報告書 ・公司簡介 ・公司治理報告 ・募資情形：資本及股份、公司債、特別股、海外存託憑證、員工認股權憑證及併購之辦理情形暨資金運用計畫執行情形。 ・營運概況 ・財務概況 ・財務狀況及經營結果之檢討分析與風險事項 ・特別記載事項（如關係企業三書表與私募有價證券辦理情等。
2. 強化董事、監察人資訊揭露（公開發行公司年報應行記載事項準則第十條）	・應揭露董、監事及經理人最近年度之酬金，並比較說明給付酬金之政策、標準與組合，訂定酬金之程序及與經營績效之關聯性。 ・應揭露公司董監事所具專業知識及獨立性情形等相關資訊。 ・應揭露董事會運作情形、審計委員會運作情形。 ・與財務報告有關人士辭職解任情形匯總。
3.股權結構	・揭露內部人股權轉讓及質押情形。 ・公司與內部人對轉投資事業之控制能力等相關資訊。 ・揭露公司之股東結構、主要股東名單及股權分散等情形。
4.增列風險管理資訊	・增列財務狀況及經營結果之檢討分析與風險管理事項。 ・應揭露公司員工分紅資訊。 ・更換會計師相關資訊。
5.其他相關強制揭露資訊	・公司治理與上市櫃公司治理實務守則差異性。 ・股東會及董事會之重要決議。 ・公司及其內部相關人員之處罰、違反內部控制制度之主要缺失與改善情形。 ・產業之現況與發展，產業上、中、下游之關聯性，產品之各種發展趨勢及競爭情形暨長、短期業務發展計畫。 ・公司各項員工福利措施、進修、訓練、退休制度與其實施情形，以及勞資間之協議與各項員工權益維護措施情形。

Unit **10-6**
企業社會責任的定義及範圍

隨著消費意識及自我權益認知的高漲，現代企業已充分體認到善盡「企業社會責任」（Corporate Social Responsibility, CSR）的必要性及急迫性。

一.CSR的定義與觀點

(一)本著「取之於社會，用之於社會」理念：CSR係指企業應本著「取之於社會，用之於社會」的理念，多做一些善舉，用以回饋社會整體，使社會得到均衡、平安、乾淨與幸福的發展。

(二)本著「慈悲的資本主義」精神：CSR係指企業應本著「慈悲的資本主義」觀念，勿造成富人與窮人的對立，也勿造成贏得財富卻毀了這個環境的不利事件。因此，在慈悲的精神下，舉凡環保維護、窮人捐助、病人協助、藝文活動贊助等，都是現代企業回饋社會之舉。

(三)內外部全方位的善盡責任：CSR並不是單一的指向社會弱勢團體的捐助而已，舉凡產品品質的不斷改善，超值不為獲利的價格下降回饋、公司資訊公開透明化、產品與服務的不斷創新改善、勞工保障等，均是現代企業CSR應做之事。

(四)要兼顧經濟觀點與社會觀點：CSR觀點係認為企業的功能及任務，並不是唯一的賺錢及獲利。如果只是單一的「經濟觀點」，而缺乏「社會觀點」，那麼在資本主義下的社會，就可能會有失衡與對立的一天。因此，企業必須將經濟觀點與社會觀點同時納入企業的經營理念。這樣的企業才是卓越、優質與受到大眾好口碑的好企業。

242

二.CSR與關係人範圍

企業社會責任（CSR）要面對哪些關係人？大致上與這些人都有一些關係，包括股東、投資機構、顧客、行政主管機關、地區居民、大眾媒體、業界公會、員工、勞工工會、上游供應商、下游通路商，以及非營利事業機關等十二種關係人範圍，企業社會責任即在思考如何滿足這些不同人與不同團體的社會性需求或專業性需求。

小博士解說

消費意識
消費意識（Conscious Consuming）是一個社會舉動，此舉動基於消費者對消費的衝擊而增加了對周圍觀察和消費者的健康是否處於普通狀態。人們開始會評估工作或生活是否平衡和花費在物品上的金錢是否太多。如果人們減少工作，他們就會花比較多的時間在家庭和朋友上，人們便會自願地花費更少的時間在購物上。而在他們購買新物品時，這個決定是出自內心的。

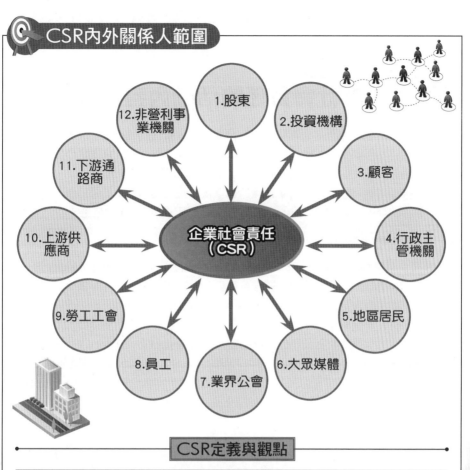

CSR內外關係人範圍

- 1.股東
- 2.投資機構
- 3.顧客
- 4.行政主管機關
- 5.地區居民
- 6.大眾媒體
- 7.業界公會
- 8.員工
- 9.勞工工會
- 10.上游供應商
- 11.下游通路商
- 12.非營利事業機關

企業社會責任（CSR）

CSR定義與觀點

1.本著「取之於社會，用之於社會」理念

2.本著「慈悲的資本主義」的慈悲精神

3.CSR既對外部做好事，也對內部做好事

4.企業應兼具「經濟觀點」及「社會觀點」兩者並行為佳

知識補充站

良知消費

良知消費（Ethical Consumerism）又稱道德消費，是指購買符合道德良知的商品。一般而言，這是指沒有傷害或剝削人類、動物或自然環境的商品。

良知消費除了「正面購買」符合道德的商品，或支持注重世界整體利益而非自身利益營運模式之外，亦可採取「道德抵制」的方式，拒絕購買不符合道德的商品，或是抵制違反道德的公司。

Unit 10-7
企業社會責任的活動內容及效益

全球在地化已成趨勢，企業除了關心利潤、投資擴張及股東權益外，愈來愈多的臺灣企業開始展現關懷社會的經營理念，以具體行動，誠心對社會大眾作出貢獻，除了努力創造更美好的環境外，也成為臺灣企業人性化經營的最佳典範。

那要如何才能善盡企業社會責任（CSR）呢？良善的活動策劃與舉辦，是一個可與外界連接的橋梁，這股看不見的力量，也會產生意想不到的正面效應。

一.CSR與活動主題內容

根據企業實務的作業顯示，大致有下列活動內容，均可歸納為企業應有的社會責任，包括：1.對政府相關法令的遵守及貫徹；2.對外部環境維護與保持（環保）的實踐；3.對顧客個人資訊與隱私資料的維護；4.對社會弱勢團體的救助或贊助捐獻；5.對商品品質與安全的嚴格把關；6.對員工與勞工權益的保障及依法而行；7.對工作場所安全衛生的保護；8.對公司的落實治理（Corporate Governance）；9.對社會藝文與健康活動的贊助；10.對商品或服務定價的合理性，沒有不當或超額利益；11.對媒體界追求知權利的適度配合公開及接受參訪或訪問；12.公司營運資訊情報依法的公開與透明化，以及13.對社會善良風俗匡正的有益貢獻。

二.CSR帶來哪些助益

一家企業若能做好CSR，將會為企業帶來長期可見的效益，包括：1.有助該企業獲得社會全體的信賴；2.有助優良企業形象的塑造；3.有助企業獲得良好的大眾口碑支持；4.有助企業品牌知名度、喜愛度、忠誠度及再購率的提升；5.有助大眾媒體正面性的充分報導與媒體露出；6.有助企業的長期性優良營運績效的獲致及維繫；7.有助得到消費大眾的正面肯定與支持、敬愛；8.有助得到政府機構的正面協助；9.有助得到大眾股東及投資機構的好評，從而支持該公司股價的上升；10.有助內部員工的榮譽感與使命感建立，並營造出優質的企業文化，以提升員工對公司的滿意度與向心力，以及11.有助減少外部團體對該公司做出不利的舉動及造成傷害。

小博士解說

全球在地化

全球在地化（Glocalization）也有譯為在地全球化者，是全球化（Globalization）與在地化（Localization）兩字的結合，意指個人、團體、公司、組織、單位與社群同時擁有「思考全球化，行動在地化」的意願與能力。這個名詞被使用來展示人類連結不同尺度規模（從地方到全球）的能力，並幫助人們征服中尺度、有界限的「小盒子」的思考。

CSR的活動主題內容

1.對環保的實踐	6.營運資訊完全公開透明
2.對弱勢團體的捐助	7.對藝文、運動的贊助
3.對商品品質的把關	8.匡正社會善良風俗
4.落實公司治理	9.對教育活動的贊助
5.對節能減碳的實踐	10.保障勞工基本權益

CSR對企業的助益

1.獲得社會及消費者信賴心	4.塑造優良企業文化
2.塑造企業優良形象	5.獲得投資機構的好評
3.獲得股東支持	6.間接有助營運績效提升

知識補充站

Timberland——地球守護者

Timberland的企業社會責任代表著Timberland「Humanity人性」、「Humility謙遜」、「Integrity正直」和「Excellence卓越」的核心價值，為了建構強而有力的社群，達成永續經營的目標，Timberland的企業社會責任展現在實踐「環境責任」、「社區參與」和「全球性的人權保護」等政策，朝目標邁進。地球守護者Timberland推廣「地球守護者」乃起因於熱愛大自然、具保護天然資源之責任，為了守護地球，採取使地球永續的行為，以種植樹木、使用太陽能源、開發永續產品、獎勵志工活動的方式表現出對大自然的敬意。

Unit 10-8
企業社會責任有哪些作法

企業社會責任（CSR）有很多面向及多元化的不同取向作法，如果我們以不同對象為例來看，大致可發展出九種作法，可資參考使用；但礙於版面有限，僅先介紹七種作法，其他兩種作法則於右圖說明。

一.對大眾媒體

公司的各項資訊與發展，應充分公開給大眾媒體知道，以滿足媒體報導的需求；並應樂於接受媒體的各種專訪需求；同時定期邀請媒體記者餐敘或參訪，以促進雙方的良好互動關係及了解。

二.對社會整體

公司應成立文教基金會或公益慈善基金會，以適度能力捐助或贊助社會各種弱勢團體及慈善非營利事業機構，以使他們能夠得到扶助。

公司並且應該不斷改善營運效率及效能，降低成本，利用降價或其他方式回饋給大眾消費者。

三.對環保

公司應投資適當的環保設備及措施，以避免汙染外部環境，為社會環境打造乾淨無汙染的空間。

四.對消費者

公司應不斷加強研發與技術能力，以提高產品的品質、功能、耐用期限及設計美感，為消費者帶來更好的使用經驗並滿足消費者需求。

五.對投資機構

公司應定期舉辦法人說明會，以使外部投資機構了解本公司的營運狀況，有助於他們做出正確的投資判斷，避免他們投資損失。

六.對政府機構

公司應遵守政府的法規，而從事必要的社會責任活動。同時應編製「年度CSR報告書」，以揭露公司每年度做了哪些CSR活動及投入多少財力、人力及物力。

七.對地方社區

公司應與當地社會民眾多做溝通，以使地方社區了解公司的各項CSR作為。同時應適度回饋社區，以捐獻或義工支援社區方式，與社區建立良好互動關係。

CSR對哪些單位可有作為？

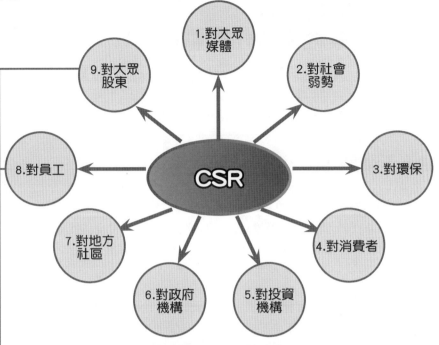

1. 對大眾媒體
2. 對社會弱勢
3. 對環保
4. 對消費者
5. 對投資機構
6. 對政府機構
7. 對地方社區
8. 對員工
9. 對大眾股東

CSR

CSR對投資機構／股東的作法

1. 定期舉辦法人說明會
2. 定期出「年報」
3. 營運資訊即時公開、透明、公告
4. 接受媒體專訪、投資機構專訪
5. 遵守政府法令規定

知識補充站

➤ 兩種 CSR作法——員工及大眾股東

1. **對員工**：公司應依政府人事規章，遵守法令規定，依法執行對待員工的各項權利及義務；並應依企業經營理念，善待員工，避免過多的勞資糾紛及勞資對立，提升員工對公司的滿意度；同時也可鼓勵員工組成社會志工團隊，投入CSR外部活動。

2. **對大眾股東**：公司應塑造優良CSR的企業形象，並透過良好的營運績效，及不斷提升在公開市場的股價，以及回饋理想的股利給股東，使大眾股東得到充分的滿意。

Unit **10-9**
企業社會責任評量指標

我國為協助國內上市櫃公司履行企業社會責任（CSR），追求企業永續發展，財團法人中華民國證券櫃檯買賣中心與臺灣證券交易所共同制定「上市上櫃公司企業社會責任實務守則」，於民國99年2月8日公布，期望企業能為環境及社會多盡一分心力。

一.國內CSR實務守則

櫃買中心表示，企業社會責任實務守則將作為國內上市、上櫃公司落實企業社會責任基本參考原則。

櫃買中心指出，隨著地球環境暖化問題日益嚴重，以及全球性金融風暴的發生，愈來愈多的國際組織及專家開始呼籲企業應重視其社會責任，期許企業除了傳統經營宗旨——獲利之外，也能多考量公司在環境、社會、治理、人權等方面的責任與義務。

「上市上櫃公司企業社會責任實務守則」主要內容涵蓋總則、落實推動公司治理、發展永續環境、維護社會公益、加強企業社會責任資訊揭露，以及附則。

二.國外CSR指數評量

國外高盛、花旗、摩根史坦利、金融時報等，均分別發展出CSR的指數評量的面向，可以歸納為下列四個面向：

(一)公司治理：強調運作透明，才能對員工與股東負責。

(二)企業承諾：強調創新與培育員工，不斷提升員工的價值與提供消費者有益的服務。

(三)社會參與：就是以人力、物力、知識、技能投入社區。

(四)環境保護：強調有目標、有方法的使用與節約能源，減少汙染。

小博士解說

CSR國際標準

CSR標準很多，比較廣泛運用的包括：1.OECD多國企業指導綱領；2.聯合國「全球盟約」；3.全球蘇利文原則；4.全球永續性報告協會（GRI），以及5.道瓊永續性指數（DJSI）。臺灣目前針對國際性的企業社會責任評鑑標準，為企業進行比較完整的CSR體質檢驗的，應該是《天下》雜誌，評鑑標準包括企業治理、企業承諾、社會參與、環境保護等四個面向，比較趨近CSR國際標準。以《天下》雜誌企業公民獎2010年得獎企業為例，台達電、台積電與中華電信，都是國內企業社會責任實踐力非常完整的企業。

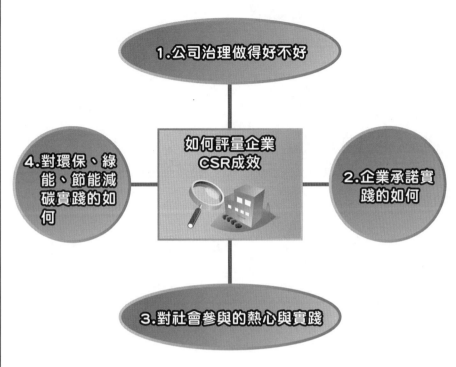

台積電的五落實與十原則

知識補充站

台積電董事長兼執行長張忠謀先生堅信,所謂「企業社會責任」就是成為促使社會向上提升的力量。張忠謀表示,台積電是從「倫理、商業道德、經濟、法治、環保」這五個方面,落實一己之力,樹立安定社會的力量,促使更多人起而效尤,社會亦能因此進步。台積電的社會願景是一個「共創永續發展、公平正義、安居樂業的社會」。台積電實踐企業社會責任的十項原則,是其持續為社會帶來正向發展的重要圭臬:1.堅持誠信正直,對股東、員工、及社會大眾皆同;2.遵守法律、依法行事、絕不違法;3.反對貪腐,拒絕裙帶關係,不賄賂、也不搞政商關係;4.重視公司治理,力求在股東、員工及所有利益關係人之間,達到利益均衡;5.不參與政治;6.提供優質工作機會,包括良好的待遇、具有高度挑戰的工作內容,及舒適安全的工作環境,以照顧員工的身心需求;7.因應氣候變遷,重視並持續落實環境保護措施;8.強調並積極獎勵創新,並充分管控創新改革的可能風險;9.積極投資發光二極體照明以及太陽能等綠能產業,為環保節能盡一份心力,以及10.長期關懷社區,並持續贊助教育及文化活動。

Unit **10-10**
戰略企業社會責任基本架構

從整體戰略面來看，企業社會責任（CSR）活動有其三大基本實踐架構，企業可從這三大領域思考如何善盡社會責任，才能真正發揮良善面的實質效應，進而讓社會大眾產生好的觀感。

一.企業倫理與企業社會責任

所謂企業倫理（Enterprise Ethics），又稱企業道德，是企業經營本身的倫理，是企業的一種價值判斷，也是經營者人生的抉擇。

不僅企業，凡是與經營有關組織都包含有倫理問題。只要由人組成的集合體在進行經營活動時，在本質上始終都存在著倫理問題。

一個有道德的企業應當重視人性，不與社會發生衝突與摩擦，積極採取對社會有益的行為。在這塊領域，企業應該遵守一些作為，包括以下三點：

(一)遵守政府規定：企業應遵守政府相關經濟、產業、勞資與稅務的法令規定及責任活動。

(二)遵守一般社會標準與責任：企業應遵守社會一般性與日常性的規範標準與責任活動，例如：內部員工的紀律、產銷活動的紀律、廣宣的紀律。

(三)應善盡企業的社會責任活動：例如：食品安全、環保、綠化、節能減碳、降低汙染與噪音、回收利用，儘量確保就業不裁員等。

二.企業投資的社會貢獻活動

關於企業投資的社會貢獻活動這塊領域又包括兩個部分：

(一)企業對公益、慈善、文化、教育、救濟及醫療的慈善社會貢獻活動：實務上，企業自己成立慈善基金會或出錢贊助、支援其他慈善法人社團等均是常見，例如：國內的國泰、富邦、台積電、宏達電、遠東、中國信託、統一企業、TVBS、統一超商等均成立慈善、文化或教育基金會。

(二)企業對投資型的社會貢獻活動：此係指企業加強在國內的各項產銷擴大投資活動，或是透過旗下基金會的大型投資活動。

三.透過專業活動的社會革新

除上所述之外，企業還可以透過經營事業的過程活動，展開創新與進步，從而帶動整個社會的革新與進化。例如：統一超商早年率先推出24小時無休服務，帶動社會夜間治安的改善及無休服務便利性；再如企業的技術革新，帶來社會創新產品與創新服務的不斷進展，使社會經濟不斷向上成長，以及物流配送的發達，使社會出現嶄新的企業營運模式等，這些都是企業引領帶動整個社會與經濟系統不斷進步、突破、向上提升價值的重大貢獻。

戰略CSR3大塊實踐領域

3.透過事業活動的社會革新

實例
①統一超商早年率先推出24小時無休服務,帶動社會夜間治安的改善及無休服務便利性。
②企業的技術革新,帶來社會創新產品與創新服務的不斷進展,使社會經濟不斷向上成長。
③物流配送的發達,使社會出現嶄新的企業營運模式。

2.投資的社會貢獻活動

①企業對公益、慈善、文化、教育、救濟及醫療的慈善社會貢獻活動。
②企業加強國內各項產銷擴大投資活動。

CSR

1.企業倫理與企業社會責任

①企業應遵守政府法令規定與責任活動。
②企業應遵守社會一般性與日常性的規範標準與責任活動。
③企業應善盡社會責任活動
→★食品安全、環保、綠化、節能減碳、降低汙染與噪音、回收利用。
　★儘量確保就業不裁員。

企業倫理範圍

知識補充站

　　企業倫理的內容依據主題可以分為對內和對外兩部分:內部即指勞資倫理、工作倫理、經營倫理;外部則指客戶倫理、社會倫理、社會公益。可歸納以下六點來界定其範圍:1.企業與員工間的勞資倫理;2.企業與客戶間的客戶倫理;3.企業與同業間的競爭倫理;4.企業與股東間的股東倫理;5.企業與社會間的社會責任,以及6.企業與政府間的政商倫理。其中企業與同業間的競爭倫理包括有不削價競爭(惡性競爭)、散播不實謠言(黑函、惡意中傷)、惡性挖角、竊取商業機密等,值得留意。

Unit **10-11**
企業社會責任實踐六大課題

企業社會責任（CSR）在實踐過程中，如果能通過以下課題的考驗，更能發揮其正面效應。

一.企業家及高階經營團隊的堅持

企業沒有最高階經營層的堅持，就不易在CSR三大塊領域全力貫徹與全心策劃。

二.企業內部專責單位的成立

企業已有愈來愈多設立外圍的公益基金會或是CSR專責單位，來實際推動CSR工作。有了專責單位就比較會專心一致的策劃及落實CSR工作。

三.企業內部溝通的強化

企業做CSR活動，當然要從企業的年度、盈餘或資本額，提撥一定比例，投資在CSR活動上。此外，在人力調配上，亦必須做一些額外工作。這些都要與員工做良好的溝通，使大家對CSR的工作，認為是每個人必須具備的概念及工作中的一環。

四.應確立社會貢獻活動的使命建構

企業在落實CSR工作之前，應先擬定想達成CSR哪些「目標使命」（Mission）。因為CSR涉及領域很廣泛，有企業內部營運，有外部營運，有對事物的，也有對人，究竟我們的使命責任的優先達成項目及內涵為何，這些都是CSR的前提工作。

例如：我們是要以做到同業汙染最低或零汙染企業，或是我們要做文化教育的最佳贊助者，還是我們要做公益慈善義舉的社會影響力者等。

五.經營資源的最適配置

做CSR工作所用到的企業資源，包括人力、物力及財力，應該有優先性、順序性、全盤性、戰略與戰術區分性、階段性及重點性等區別，然後才投注不同的多少資源，以求發揮最大成效。配置（Allocation）就是希望達成最佳的效率及最好的效能，然後實踐企業所訂的CSR「使命」。

六.對CSR成果的評估及評價

最後一個課題，即是應考量到CSR執行後的成果，這是評價（Evaluation）問題。

CSR既然花費公司資源投入，自然要求有其回報及效益。雖然這些效益不像獲利般的世俗化，但也不能白白浪費做對社會沒有貢獻的事。因此，從有形或無形的兩效益來看，企業都應歸納CSR每年成果究竟何在的問題。另外，評價也是對未來的方向，指出企業可以更努力的方向、作法、項目及思維，然後獲得對整體外部社會有更大的貢獻可言。

CSR實踐6大課題

企業應面對的考驗

1.企業家及高階經營團隊的堅持

→對CSR工作現況的分析及歸納，然後分析出主要課題何在。

2.企業內部專責單位的成立

→對CSR工作願景達成的戰略展開推動，包括重點課題、對象、方針、方向、策略、計畫原則與政策如何。

3.企業內部溝通的強化

→對CSR工作的內部組織溝通，務必做好，讓全體員工都有共識。

4.應確立社會貢獻活動的使命建構

→對CSR工作願景（Vision）的策定及陳述明確、清晰，知道要往最終目標何在。

5.經營資源的最適配置

→對CSR工作推動的組織、人力、配置與預算列出之確定，此涉及到執行力層次。

6.對CSR成果的評估及評價

→最後，就是針對已訂的具體計畫展開執行，並且要追蹤執行後的效益及對社會貢獻何在。

Unit **10-12**
波特教授對企業社會責任看法

麥可‧波特教授對企業社會責任（CSR）看法又是如何呢？以下我們將說明之。

一.CSR是企業營運不可缺少的一部分

　　(一)企業社會責任愈來愈重要：因為大家已經愈來愈注意到企業營運對社會、環境的影響與衝擊，以及大家對全球化的擔憂，使企業受到愈來愈多非政府組織、信評機構，以及整個社會的密切監督。

　　因此，今天每一位企業執行長已經了解到，不能再把企業社會責任只視為次要問題，而是企業營運不可缺少的部分。

　　換句話說，整個社會已經愈來愈意識到企業社會責任的重要性，也愈來愈意識到政府不可能解決所有問題，所以就開始要求企業也必須擔負更多的社會責任。

　　(二)企業要全方位注意相關問題：企業現在不僅是要回饋公司營運所在地的社區，也要注意供應商、聘僱員工、兒童、環境汙染、能源等各種議題。

　　過去企業做決策，只需要單純考慮經濟因素，現在則必須把以上所有因素全部考慮進去。

　　(三)企業不僅要守法，也要遵守法律背後精神：目前每個企業必須要做兩件事，一是守法，不僅是遵守白紙黑字寫下來的法律規定，也要遵守法律背後的精神；二是如果做了汙染環境、歧視勞工、剝削供應商等有害事情，就要馬上停止。

　　(四)企業不僅要回應社會期望，也要對社會有好的影響：目前在企業社會責任這個領域中，大家討論的焦點主要包含了兩個面向，一個是企業必須要回應社會的期望與需求，以及社會關心的議題，像是遵守法律、減輕企業營運對社會造成的傷害等；另一個面向，則是企業必須要有主動貫徹社會責任的策略，對社會產生有意義的、正面的、積極的影響。

二.CSR團隊應是營運單位，也是企業策略的一部分

　　負責企業社會責任的團隊，不應是公司內一個獨立運作的單位，而應是其中一個營運單位，與整個企業的運作結合一起。

　　企業擬定策略時，也應將企業社會責任當作主要策略之一，而不是分開。但現在很少有企業做到這一點。

三.CSR是企業對社會的正面影響力

　　企業的社會影響力，就是企業解決社會所關心議題的能力。例如：企業透過製程的改善，減少有害物質的排放及有毒物質的使用，並清除自己所造成的汙染。

　　換句話說，在環境、能源、營運透明度、勞工待遇等社會所關心的議題上，企業這些領域帶來積極正面影響的能力，就是企業的社會影響力。

波特教授對CSR看法

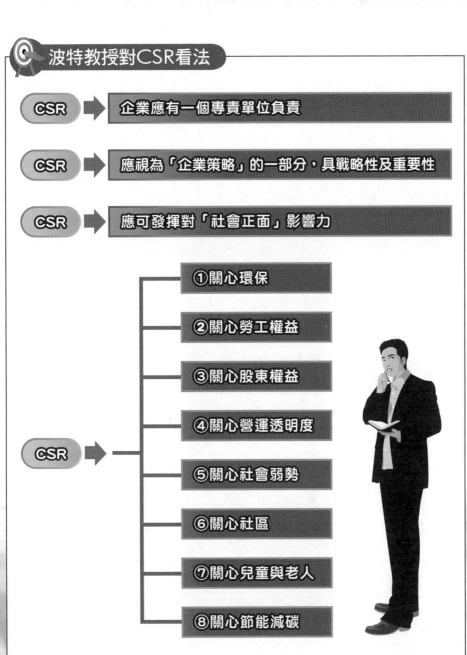

CSR ➡ 企業應有一個專責單位負責

CSR ➡ 應視為「企業策略」的一部分，具戰略性及重要性

CSR ➡ 應可發揮對「社會正面」影響力

CSR ➡
- ①關心環保
- ②關心勞工權益
- ③關心股東權益
- ④關心營運透明度
- ⑤關心社會弱勢
- ⑥關心社區
- ⑦關心兒童與老人
- ⑧關心節能減碳

第 11 章

各種經營計畫及營運報告撰寫案例

●●●●●●●●●●●●●●●●●●●●●●● 章節體系架構 ▼

Unit **11-1**
公司年度經營計畫書撰寫 Part I

面對歲末以及新的一年來臨之際，國內外比較具規模及制度化的優良公司，通常都要撰寫未來三年的「中長期經營計畫書」或未來一年的「今年度經營計畫書」，作為未來經營方針、經營目標、經營計畫、經營執行及經營考核的全方位參考依據。古人所謂「運籌帷幄，決勝千里之外」即是此意。

若有完整周詳的事前「經營計畫書」，再加上強大的「執行力」，以及執行過程中的必要「機動、彈性調整」對策，必然可以保證獲得最佳的經營績效成果。另外，一份完整、明確、有效、可行的「經營計畫書」（Business Plan），也代表著該公司或該事業部門知道「為何而戰」，並且「力求勝戰」。

然而一個完整的公司年度經營計畫書應包括哪些內容？本單元提供以下案例作為撰寫經營計畫書的參考版本，因內容豐富，特分兩單元介紹。

由於各公司及各事業總部的營運行業及特性均有所不同，故可視狀況酌予增刪或調整使用。

一.去年度經營績效回顧與總檢討

本部分內容包括：1.損益表經營績效總檢討（含營收、成本、毛利、費用及損益等實績與預算相比較，以及與去年同期相比較）；2.各組業務執行績效總檢討，以及3.組織與人力績效總檢討。

二.今年度經營大環境深度分析與趨勢預判

本部分內容包括：1.產業與市場環境分析及趨勢預測；2.競爭者環境分析及趨勢預測；3.外部綜合環境因素分析及趨勢預測，以及4.消費者／客戶環境因素分析及趨勢預測。

三.今年度本事業部／本公司經營績效目標訂定

本部分內容包括：1.損益表預估（各月別）及工作底稿說明，以及2.其他經營績效目標可能包括：加盟店數、直營店數、會員人數、客單價、來客數、市占率、品牌知名度、顧客滿意度、收視率目標、新商品數等各項數據目標及非數據目標。

四.今年度本事業部／本公司經營方針訂定

本部分內容可能包括：降低成本、組織改造、提高收視率、提升市占率、提升品牌知名度、追求獲利經營、策略聯盟、布局全球、拓展周邊新事業、建立通路、開發新收入來源、併購成長、深耕核心本業、建置顧客資料庫、擴大電話行銷平臺、強化集團資源整合運用、擴大營收、虛實通路並進、高品質經營政策、加速展店、全速推動中堅幹部培訓、提升組織戰力、公益經營、落實顧客導向、邁向新年度新願景等各項不同的經營方針。

營運業績檢討報告書撰寫架構

一.去年度經營績效回顧與總檢討

1. 損益表經營績效總檢討（含營收、成本、毛利、費用及損益等實績與預算相比較，以及與去年同期相比較）。
2. 各組業務執行績效總檢討。
3. 組織與人力績效總檢討。

二.今年度經營大環境深度分析與趨勢預判

1. 產業與市場環境分析及趨勢預測。
2. 競爭者環境分析及趨勢預測。
3. 外部綜合環境因素分析及趨勢預測。
4. 消費者/客戶環境因素分析及趨勢預測。

三.今年度本事業部/本公司經營績效目標訂定

1. 損益表預估（各月別）及工作底稿說明。
2. 其他經營績效目標可能包括：加盟店數、直營店數、會員人數、客單價、來客數、市占率、品牌知名度、顧客滿意度、收視率目標、新商品數等各項數據目標及非數據目標。

四.今年度本事業部/本公司經營方針訂定

→訂定降低成本、組織改造、提高收視率、提升市占率、提升品牌知名度、追求獲利經營、策略聯盟、布局全球、拓展周邊新事業、建立通路、開發新收入來源、併購成長、深耕核心本業、建置顧客資料庫、擴大電話行銷平臺、強化集團資源整合運用、擴大營收、虛實通路並進、高品質經營政策、加速展店、全速推動中堅幹部培訓、提升組織戰力、公益經營、落實顧客導向、邁向新年度新願景等各項不同的經營方針。

五.今年度本事業部/本公司贏的競爭策略與成長策略訂定

六.今年度本事業部/本公司具體營運計畫訂定

七.提請集團各關企與總管理處支援協助事項

八.結語與恭請裁示

Unit **11-2**
公司年度經營計畫書撰寫 Part II

前面單元提到完整的年度經營計畫書，首先應對去年度經營績效總檢討，再對今年度經營環境深度分析及趨勢預判，接下來擬定今年度的經營績效目標及經營方針，有了這些明確目標後，本單元要更進一步擬定贏的策略及具體計畫，提請集團支援協助。這樣一來，就是一份完整可行的「經營計畫書」。

五.今年度本事業部／本公司贏的策略訂定

本部分內容可能包括：差異化策略、低成本策略、利基市場策略、品牌策略、行銷4P策略（即產品策略、通路策略、推廣策略及定價策略）、併購策略、策略聯盟策略、平臺化策略、垂直整合策略、水平整合策略、新市場拓展策略、國際化策略、集團資源整合策略、事業分割策略、掛牌上市策略、組織與人力革新策略、轉型策略、專注核心事業策略、品牌打造策略、市場區隔策略、管理革新策略，以及各種業務創新策略等。

六.今年度本事業部／本公司具體營運計畫訂定

本部分內容可能包括：業務銷售計畫、商品開發計畫、委外生產／採購計畫、行銷企劃、電話行銷計畫、物流計畫、資訊化計畫、售後服務計畫、會員經營計畫、組織與人力計畫、培訓計畫、關企資源整合計畫、品管計畫、節目計畫、公關計畫、海外事業計畫、管理制度計畫，以及其他各項未列出的必要項目計畫。

七.提請集團各關係企業與總管理處支援協助事項

經營計畫書的邏輯架構如下：1.去年度經營績效與總檢討；2.今年度「經營大環境」分析與趨勢預判；3.今年度本事業部／本公司「經營績效目標」訂定；4.今年度本事業部／本公司「經營方針」訂定；5.今年度本事業部／本公司贏的「競爭策略」與「成長策略訂定」；6.今年度本事業部／本公司「具體營運計畫」訂定；7.提請集團「各關係企業」與集團「總管理處」支援協助事項，以及8.結語與恭請裁示。

小博士解說

營運計畫書

營運計畫書是指公司向金融機關融資貸款，或向特定個別對象私募增資，發行公司債募資或信用評等、向董事會及股東會做年度檢討報告、公司正式上市上櫃申請或申請現金增資等財務計畫時都必須撰寫營運計畫書，可能是當年度或未來三年到五年。其架構包括產業分析、市場分析、競爭分析、營運績效現狀、未來發展策略與計畫、經營團隊、競爭優勢，以及未來幾年之財務預測等內容，好讓對方對本公司產生信心。

年度經營計畫書撰寫架構

一.去年度經營績效回顧與總檢討

二.今年度經營大環境深度分析與趨勢預判

三.今年度本事業部／本公司經營績效目標訂定

四.今年度本事業部／本公司經營方針訂定

五.今年度本事業部／本公司贏的競爭策略與成長策略訂定

→訂定差異化策略、低成本策略、利基市場策略、品牌策略、行銷4P策略、併購策略、策略聯盟策略、平臺化策略、垂直整合策略、水平整合策略、新市場拓展策略、國際化策略、集團資源整合策略、事業分割策略、掛牌上市策略、組織與人力革新策略、轉型策略、專注核心事業策略、品牌打造策略、市場區隔策略、管理革新策略，以及各種業務創新策略。

六.今年度本事業部／本公司具體營運計畫訂定

→訂定業務銷售計畫、商品開發計畫、委外生產／採購計畫、行銷企劃、電話行銷計畫、物流計畫、資訊化計畫、售後服務計畫、會員經營計畫、組織與人力計畫、培訓計畫、關係企業資源整合計畫、品管計畫、節目計畫、公關計畫、海外事業計畫、管理制度計畫，以及其他各項未列出的必要項目計畫。

七.提請集團各關係企業與總管理處支援協助事項

八.結語與恭請裁示

Unit 11-3
營運業績檢討報告書撰寫 Part I

　　一個完整的「營運業績檢討報告案」應包括的報告內容項目與思維，實務上可歸納整理成五大面向，由於內容豐富，特分三單元介紹。

　　完整的營運業績的檢討報告，能夠讓公司發現內部問題，並有所因應及有效改善，同時能在未來拓展業績，讓公司與員工都能有所成長。

一.檢討截至目前業績狀況

　　(一)檢討期間：可能每週、每雙週、每月、每季、每半年或每年一次等狀況。

　　(二)檢討數據分析：應從五種角度分析比較，即：1.實績與預算數／或目標數相比較，其結果如何？成長或衰退？其金額及百分比又是如何；2.實績與去年同期相比較；3.實績與同業／或競爭對手相比較；4.實績與市場總體相比較，以及5.實績與歷年狀況相比較。

　　(三)檢討單位別分析：包括：1.依各事業群檢討業績；2.依各產品線（或產品群）檢討業績；3.依各「品牌」別檢討業績；4.依各館別／各店別檢討業績；5.依各零售、經銷通路別檢討業績，以及6.依各業務單位別檢討業績。

二.檢討業績達成或未達成原因

　　(一)國內環境原因分析：國內環境變化所造成的，可能包括政治因素、經濟景氣因素、法令因素、科技／技術因素、市場結構因素、產業結構因素、環保因素、金融與財金因素、社會因素、家庭與人口因素，以及其他可能因素等。

　　(二)競爭對手因素分析：競爭對手變化所造成的，可能包括低價因素、廣告大量投入、新產品推出、新品牌引入、大型促銷活動、巨星級代言人策略、急速擴點策略、擴大產能、殺價競爭、差異化特色、策略聯盟、地點獨特性、頂級裝潢等各種經營手段與行銷手段施展。

　　(三)國外環境原因分析：國外環境變化所造成的，可能包括國際政治、國際經貿、國際法令、國際競爭者、國際科技、國際產業／市場結構、國際石油、國際運輸、國際金融、國際文化、國際媒體等各種變化因素所致。

　　(四)國內消費者、顧客、客戶因素分析：國內消費者變化所造成的，可能包括消費者的需求、偏好、可選擇性價值觀、生活方式、消費觀、消費能力與所得、消費地點、消費時間、消費通路、消費等級、消費流行性、消費分眾化、消費年齡、消費資訊等產生各種變化，而影響本公司業績。

　　(五)本公司內部自身環境原因分析：本身的條件變化所造成的，可能包括組織文化／企業文化、人才素質、老闆抉擇、行銷4P因素、目標市場選擇、市場定位、品牌定位、生產、採購、研發、技術、品管、資訊化、成本結構、策略規劃、財務會計、售後服務、物流運籌、包裝設計、企業形象、公司政策、全球布局、規模化，組織設計、管理制度等各種導致本公司業績好或不好的影響因素。

營運業績檢討報告書撰寫架構

1.檢討截至目前業績狀況

①檢討的期間
→可能每週、每雙週、每月、每季、每半年或每年一次等狀況。

②檢討的數據分析
→從五種角度分析比較
❶實績與預算數／或目標數相比較，其結果如何？成長或衰退？其金額及百分比又是如何？
❷實績與去年同期相比較。
❸實績與同業／或競爭對手相比較。
❹實績與市場總體相比較。
❺實績與歷年狀況相比較。

③檢討單位別分析
❶依各事業群檢討業績。
❷依各產品線（或產品群）檢討業績。
❸依各「品牌」別檢討業績。
❹依各館別／各店別檢討業績。
❺依各零售、經銷通路別檢討業績。
❻依各業務單位別檢討業績。

2.檢討業績達成或未達成原因

①國內環境原因分析
②競爭對手因素分析
③國外環境原因分析
④國內消費者、顧客、客戶因素分析
⑤本公司內部自身環境原因分析

3.應挑出業績未達成的關鍵問題

4.研訂問題解決及業績達成的具體對策

5.考慮及評估執行力或組織能力

Unit **11-4**
營運業績檢討報告書撰寫 Part II

　　前面單元針對截至目前業績狀況及業績達成或未達成原因兩個要項，予以分析檢討，再來本單元即要挑出業績未能達成的問題關鍵及思考因應之道。

三.應挑出業績未達成的關鍵問題

　　公司應挑出業績未達成的最關鍵與最迫切所需解決的問題所在點：

　　(一)從短期及長期面分析：首先找出「短期」內應解決的問題點，以及「長期」內才可以獲得解決的問題點之區別。

　　(二)從營運功能面分析：從企業上述各種「營運功能面」整理出各種關鍵核心的問題點。

　　(三)從損益表結構面分析：也可從「損益表」結構面整理出各種關鍵核心的問題點，例如：營業額衰退的所在點、營業成本偏高的所在點、營業毛利偏低的所在點、稅前淨利偏低的所在點，以及EPS低的所在點等，均可看出問題的端倪所在。

　　(四)邏輯樹分析：可用魚骨圖或樹狀圖整理出問題所在或公司劣勢所在。

　　(五)從產業結構／市場結構分析：也可能必須從整個「產業結構／市場結構」的價值鏈與競爭變化，整理出關鍵的問題點以及解決對策。

　　(六)回到問題的本質：問題發生及問題解決的最終因素，大部分還是回歸到人才、人才團隊、經營團隊、組織能力等人的本質根本的問題。這是最根本也是最棘手，但也是一勞永逸的方式。

四.研訂問題解決及業績達成的具體對策

　　再來是集思廣益研訂出問題解決及業績達成的各種因應對策及具體方案如下：

　　(一)從制高點看問題：應先從站在大戰略、大布局、大競爭的戰略性制高點，來看待對問題解決或業績提升的「贏的競爭策略」是什麼？「政策方針」是什麼？「布局」是什麼的定調為優先。

　　(二)關鍵成功因素何在：要思考這個產業、行業、大市場、分眾市場的關鍵成功因素（Key Success Factor, KSF）為何？我們是否已擁有？為什麼沒擁有？是否可以擁有等問題。

　　(三)研訂出具體對策：經過上述集思廣益的思考後，再來是研訂出具體的細節因應對策及計畫，包括6W/3H/1E的十項思考原則，即1.What（達成什麼目標、目的）；2.Who（派出有能力的哪些單位及人員去做）；3.When（何時應該去做）；4.Where（在哪些地點做）；5.Whom（對哪些對象而做）；6.Why（為何要如此做，其可行性如何）；7.How to Do（該如何做，作法有何創新）；8.How Much（花多少預算去做）；9.How Long（需要多久時間去做），以及10.Effectiveness（或Evaluate）（成本與效益分析、績效／成果追蹤考核、損益表預估等）。

營運業績檢討報告書撰寫架構

1.檢討截至目前業績狀況

①檢討的期間　　②檢討的數據分析　　③檢討單位別分析

2.檢討業績達成或未達成原因

①國內環境原因分析　　　　②競爭對手因素分析
③國外環境原因分析　　　　④國內消費者、顧客、客戶因素分析
⑤本公司內部自身環境原因分析

3.應挑出業績未達成的關鍵問題

→最關鍵與最迫切所需解決的問題所在
　①從短期及長期面分析→找出「短期」內應解決的問題點，以及「長期」內才
　　　　　　　　　　　　　可以獲得解決的問題點之區別。
　②從營運功能面分析

> 營運功能面→產、銷、人、發（研發）、財、資等面向

　③從損益表結構面分析
　　❶營業額衰退的所在點　　❷營業成本偏高的所在點
　　❸營業毛利偏低的所在點　❹稅前淨利偏低的所在點
　　❺EPS低的所在點
　④邏輯樹分析→可用魚骨圖或樹狀圖整理出問題所在或公司劣勢所在。
　⑤從產業結構／市場結構分析→從價值鏈與競爭變化，整理出關鍵問題點以及
　　　　　　　　　　　　　　　　解決對策。
　⑥回到問題的本質→人才與組織能力。

4.研訂問題解決及業績達成的具體對策

　①從制高點看問題
　　❶應該站在大戰略、大布局、大競爭的戰略性制高點來看待問題。
　　❷思考贏的「競爭策略」是什麼及贏的「布局」是什麼。
　②關鍵成功因素何在→思考在這個產業及市場競爭中的關鍵成功因素。
　③研訂出具體對策→要思考6W／3H／1E的十項思考原則
　　❶What→達成什麼目標、目的？
　　❷Who→派出有能力的哪些單位及人員去做？
　　❸When→何時應該去做？　　❹Where→在哪些地點做？
　　❺Whom→對哪些對象而做？　❻Why→為何要如此做，其可行性如何？
　　❼How to Do→該如何做，作法有何創新？
　　❽How Much→花多少預算去做？
　　❾How Long→需要多久時間去做？
　　❿Effectiveness（或Evaluate）→成本與效益分析、績效／成果追蹤考核、損
　　　　　　　　　　　　　　　　　益表預估等如何？

5.考慮及評估執行力或組織能力

Unit **11-5**
營運業績檢討報告書撰寫 Part Ⅲ

　　檢討過去營運業績的好與壞，是為了讓公司在未來能走的更紮實及更長遠。因此，當公司營運創佳績時，仍要虛心找出成功的原因；業績不理想時，也勿氣餒，只要不放棄改革與前進的決心，明天一定會更好。

四.研訂問題解決及業績達成的具體對策（續）

　　(四)是否需要外部單位協助：應思考是否需找外部專業的機構或人員，協助問題解決方案的評估及制定。

　　(五)邏輯樹分析：問題解決對策亦可考慮用魚骨圖或樹狀圖加以呈現。

五.考慮及評估執行力或組織能力

　　最後，要考慮及評估「執行力」或「組織能力」的最終關鍵點：

　　(一)為什麼不能有好的成果：很多的好計畫、好策略、好點子，最後並不一定能產生好的成果，主要是因為自己公司組織人員的「執行力」或「組織能力」（Organizational Capabilities）出了問題。

　　(二)建立強大執行力：對於某些重大營運計畫或日常營運過程中，均必須關注到建立一種強大的「執行力」的員工紀律與企業文化，例如：郭台銘董事長的鴻海集團就是以「強大執行力」而出名的。

　　(三)明確區分執行力階段：對於執行力的過程，應該可以區分為執行前→執行中→執行後三個階段。每個階段都有應注意的事情，包括人力、制度、辦法、規章、要求、監督、賞罰、組織、支援、目標、回報、調整、訓練、改善、成果等各種內涵，才會產生強大的執行力成果。

小博士解說

什麼是邏輯樹？

邏輯樹（Logic Tree）又稱問題樹、演繹樹或分解樹等，是一種用來分析問題的工具。邏輯樹是將問題的所有子問題分層羅列，從最高層開始，並逐步向下擴展，把一個已知問題當成樹幹，然後開始考慮這個問題和哪些相關問題或子任務有關；每想到一點，就給這個問題（也就是樹幹）加一個「樹枝」，並標明這個「樹枝」代表什麼問題；一個大的「樹枝」上還可以有小的「樹枝」，如此類推，找出問題的所有相關聯項目。邏輯樹主要是幫助你理清自己的思路，不進行重複和無關的思考。邏輯樹能保證解決問題的過程的完整性，它能將工作細分為一些利於操作的部分，確定各部分的優先順序，明確地把責任落實到個人。

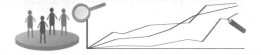

營運業績檢討報告書撰寫架構

1.檢討截至目前業績狀況

①檢討的期間
②檢討的數據分析
③檢討單位別分析

2.檢討業績達成或未達成原因

①國內環境原因分析
②競爭對手因素分析
③國外環境原因分析
④國內消費者、顧客、客戶因素分析
⑤本公司內部自身環境原因分析

3.應挑出業績未達成的關鍵問題

→最關鍵與最迫切所需解決的問題所在
　①從短期及長期面分析
　②從營運功能面分析
　③從損益表結構面分析
　④邏輯樹分析
　⑤從產業結構／市場結構分析
　⑥回到人及組織能力的問題本質

4.研訂問題解決及業績達成的具體對策

①從制高點看問題並思考贏的「競爭策略」
②關鍵成功因素何在
③研訂出具體對策
　→要思考6W／3H／1E的十項思考原則
④是否需要外部單位協助
　→應思考是否需找外部專業的機構或人員，協助問題解決方案的評估及制定。
⑤邏輯樹分析
　→問題解決對策亦可考慮用魚骨圖或樹狀圖加以呈現。

5.考慮及評估執行力或組織能力

①為什麼不能有好成果
　❶很多的好計畫、好策略、好點子，最後並不一定能產生好的成果。
　❷主要是因為自己公司組織人員的「執行力」或「組織能力」出了問題。
②建立強大執行力
　→對於營運過程必須建立一種強大的「執行力」的員工紀律與企業文化。
③明確區分執行力階段
　→執行力的過程要確實管理
　❶執行力的管理，要區分執行前→執行中→執行後三個階段。
　❷每個階段都要有應注意的事情，包括人力、制度、辦法、規章、要求、監督、賞罰、組織、支援、目標、回報、調整、訓練、改善、成果等各種內涵。

Unit **11-6**
品牌行銷部營運檢討報告書撰寫

一個完整的年度「品牌行銷事業部」營運檢討報告書之撰寫架構，茲歸納整理如下，並以某家化妝保養品四年總檢討為基準，提供讀者參考使用。

一.過去四年發展績效與問題總檢討

首先，針對過去四年發展績效與問題進行總檢討，檢討內容可能包括：1.營收績效檢討；2.營業成本、毛利、營業費用、營業損益績效檢討；3.市場與品牌地位排名績效檢討；4.虛擬通路及實體通路績效檢討；5.產品開發績效檢討；6.品牌知名度、形象度與滿意度績效檢討；7.價格策略檢討；8.品牌打造作法檢討；9.廣宣預算檢討；10.代言人績效檢討；11.組織與人力績效檢討；12.採購績效檢討；13.產、銷、存管理制度檢討，以及14.總體競爭力反省檢視暨業績停滯不前之全部問題明確列出等。

二.國內市場競爭環境之現況與未來分析

再來，針對國內化妝保養品市場環境、競爭者環境及消費者環境之現況與未來變化趨勢進行分析與說明如下：

(一)市場環境分析：包括產值規模、市場結構、產品研發、行銷通路、市場價格、廣宣預算及作法等。

(二)競爭者環境分析：包括各大競爭者的營收狀況、市占率排名、品牌定位、競爭策略、產品特色、公司資源、組織人力、產銷狀況等。

(三)消費者環境分析：包括消費者區隔、消費者需求、消費者購買行為、消費者購買通路、消費者品牌選擇因素等。

三.未來三年經營方針及競爭策略分析

上述國內市場環境的現況與未來分析後，即要針對本公司未來三年（中期計畫）的經營方針及競爭策略進行分析，並擬定經營方向與贏的成長競爭策略。

四.明年度營運計畫與目標加強說明

公司中長期計畫擬定後，即要針對明年度營運計畫與營運目標加強說明如下：1.組織與人力招聘及變革加強計畫；2.產品開發目標計畫；3.實體通路開發具體目標計畫；4.虛擬通路運用調整計畫；5.品牌打造計畫；6.銷售具體計畫；7.會員經營計畫；8.公關計畫；9.定價計畫；10.產、銷、存管理制度計畫，以及11.其他相關計畫等。

五.明年度損益表預估及工作底稿說明

本部分內容可能包括：1.營收預估（月別）；2.營業成本預估（月別），以及3.營業毛利預估（月別）等。

圖解策略管理

品牌行銷事業部──營運檢討報告書撰寫架構

1.過去四年發展績效與問題總檢討

① 營收績效檢討
② 營業成本、毛利、營業費用、營業損益績效檢討
③ 市場與品牌地位排名績效檢討
④ 虛擬通路及實體通路績效檢討
⑤ 產品開發績效檢討
⑥ 品牌知名度、形象度與滿意度績效檢討
⑦ 價格策略檢討
⑧ 品牌打造作法檢討
⑨ 廣宣預算檢討
⑩ 代言人績效檢討
⑪ 組織與人力績效檢討
⑫ 採購績效檢討
⑬ 產、銷、存管理制度檢討
⑭ 總體競爭力反省檢視暨業績停滯不前之全部問題明確列出

2.國內市場競爭環境之現況與未來分析

① 市場環境分析　　　② 競爭者環境分析　　　③ 消費者環境分析

3.未來三年經營方針及競爭策略分析

① 未來三年的經營方針分析說明
② 未來三年贏的成長競爭策略分析說明

4.明年度營運計畫與目標加強說明

① 組織與人力招聘及變革加強計畫
② 產品開發目標計畫
③ 實體通路開發具體目標計畫
④ 虛擬通路運用調整計畫
⑤ 品牌打造計畫
⑥ 銷售具體計畫
⑦ 會員經營計畫
⑧ 公關計畫
⑨ 定價計畫
⑩ 產、銷、存管理制度計畫
⑪ 其他相關計畫

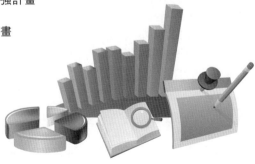

5.明年度損益表預估及工作底稿說明

① 營收預估（月別）　　② 營業成本預估（月別）　　③ 營業毛利預估（月別）

Unit **11-7**
活動行銷案與連鎖店經營計畫書撰寫

天下沒有難做的生意——這是阿里巴巴創始人馬雲的經營語錄。因此，開店創業沒有不景氣，只有不努力的問題。但要如何努力呢？除了撰寫完整的創業計畫書外，如能妥善運用行銷企劃，更有加分的效果。

一.活動行銷企劃案撰寫架構

企業行銷實務上，經常會舉辦各種行銷案或事件行銷案，例如：有些企業經常在臺北華納威秀（信義區）或其他重要人潮聚集的廣場舉辦活動；另外，政府機構舉辦各種節慶活動或政策宣導活動等，也會找外面的公關活動公司或整合行銷公司來代辦。

茲列示撰寫一個活動（事件）行銷企劃案，可能含括的架構內容有活動緣起、活動宗旨與目的、活動目標、活動名稱、活動主軸與特色、活動內容之設計、節目或活動流程、活動宣傳（媒體宣傳）、活動網站、活動現場布置與示意圖、活動主協辦單位、活動標誌與Slogan（廣告語、標語）、活動DM設計、活動預算、活動專案小組、活動效益分析、活動成本與效益比較、活動時程進度表、活動目標對象、活動地點、活動日期與時間、活動整體架構圖示、活動備案措施、活動來賓邀請、活動記者會舉辦，以及活動結束後檢討與結案等二十六個要點。

二.創業直營連鎖店經營計畫書架構

關於創業直營連鎖店，例如：花店、咖啡店、早餐店、中餐店、冰店、飲食店、西餐店、服飾店、飾品店、麵包店、火鍋店等之經營計畫書要如何撰寫呢？

茲列示撰寫一個連鎖店創業經營計畫書，可能含括的架構如下：

(一)開創行業的競爭環境分析與商機分析：首先針對3C來分析，即競爭者分析（Competitor Analysis）、顧客分析（Customer Analysis），以及自身公司分析（Company Analysis）。

(二)開創行業的公司定位與鎖定目標客層：利用S-T-P架構分析三部曲，來分析區隔市場、鎖定目標客層，以及產品定位。

(三)開創行業的競爭優劣勢分析：利用SWOT分析所要開創行業的各種競爭優勢與劣勢。

(四)開創行業的營運計畫內容說明：包括營運策略的主軸訴求、連鎖店命名與商標設計、店面內外統一識別（CI）設計、店面設備與布置概況圖示、產品規劃與產品競爭力分析、產品價格規劃、每家店的人力配置規劃、通路計畫（第一家旗艦店開設地點及時程）、預計三年內開設的據點分析、店面服務計畫、店面作業與管理計畫、資訊計畫、廣告宣傳與公關報導計畫、總部的組織規劃與職掌說明、每家店的每月損益概估及損益平衡點估算、前三年的公司損益表試算、第一年資金需求預估、投資回收年限與投資報酬率估算，以及產品生產（委外製造）計畫說明等十九個要點。

活動行銷企劃案撰寫架構

不能忽略的26要點

1. 活動緣起
2. 活動宗旨與目的
3. 活動目標
4. 活動名稱
5. 活動主軸與特色
6. 活動內容之設計
7. 節目或活動流程
8. 活動宣傳（媒體宣傳）
9. 活動網站
10. 活動現場布置與示意圖
11. 活動主協辦單位
12. 活動標誌與Slogan（廣告語、標語）
13. 活動DM設計

14. 活動預算
15. 活動專案小組
16. 活動效益分析
17. 活動成本與效益比較
18. 活動時程進度表
19. 活動目標對象
20. 活動地點
21. 活動日期與時間
22. 活動整體架構圖示
23. 活動備案措施
24. 活動來賓邀請
25. 活動記者會舉辦
26. 活動結束後檢討與結案

創業直營連鎖店經營計畫書架構

1. 開創行業的競爭環境分析與商機分析

2. 開創行業的公司定位與鎖定目標客層

3. 開創行業的競爭優劣勢分析

4. 開創行業的營運計畫內容說明
- ★營運策略的主軸訴求
- ★店面內外統一識別設計
- ★產品規劃與產品競爭力分析
- ★每家店的人力配置規劃
- ★預計三年內開設的據點分析
- ★店面作業與管理計畫
- ★廣告宣傳與公關報導計畫
- ★每家店的每月損益概估及損益平衡點估算
- ★投資回收年限與投資報酬率估算

- ★連鎖店命名與商標設計
- ★店面設備與布置概況圖示
- ★產品價格規劃
- ★第一家旗艦店開設地點及時程
- ★店面服務計畫
- ★資訊計畫
- ★總部的組織規劃與職掌說明
- ★前三年的公司損益表試算
- ★第一年資金需求預估
- ★產品生產（委外製造）計畫說明

Unit 11-8
中長期貸款與上市公司年度報告書大綱

　　企業以舉債融資的模式，擴大投資經營，乃是常有的事，其中向銀行申請中長期貸款也頗為常見，而上市櫃公司除此管道外，又多了一些其他募集資金的管道。同時上市公司依規定要撰寫年度報告書，本文也將其撰寫架構一併說明。

一.如何向銀行申請中長期貸款

　　企業要如何向銀行申請中長期貸款，當然撰寫「營運計畫書」是免不了的，茲列示撰寫一份向銀行申請中長期貸款的營運計畫書，可能含括的架構內容如下：1.本公司成立沿革與簡介；2.本公司營業項目；3.本公司歷年營運績效概況，包括國內外客戶狀況、內銷及外銷比例、歷年營收額及損益額概況、各產品銷售額及占比，及本公司在同業市場的地位及排名等五內容；4.本公司組織表及經營團隊現況；5.本公司財務結構現況；6.本公司面對經營環境、產業環境及全球市場環境的有利及不利點分析說明；7.本公司經營的競爭優勢及核心競爭能力分析；8.本公司未來三年的經營方針與經營目標；9.本公司未來三年的競爭策略選擇；10.本公司未來三年的業務拓展計畫；11.本公司未來三年的產品開發計畫；12.本公司未來三年的技術研發計畫；13.本公司未來三年的兩岸擴廠投資計畫；14.本公司未來三年財務（損益）預測數據；15.本公司未來三年的資金需求及資產運用計畫；16.結語，以及17.附件參考。

二.上市公司年度報告書大綱

　　上市公司應定期向股東大會說明本公司的經營狀況，茲列示撰寫一份上市公司年度報告書，可能含括的架構內容如下：1.致股東報告書；2.公司簡介；3.公司治理報告，包括公司之組織架構、董事與監察人資料、經理級以上主管人員資料、最近年度支付董監事／總經理／副總經理之薪獎、公司治理運作情形（董事會運作情形、審計委員會運作情形、內部控制制度執行狀況、最近年度股東會及董事會之重要決議、會計師資訊、董監事及經理人持股股數移轉及股東質押情況）等五要點；4.募資情形，包括股本來源、股東結構、股東分散情形、主要股東名單、最近二年每股市價／淨值／盈餘／股利狀況、員工分紅及董監事酬勞、公司併購情形、公司債／特別股／海外存款憑證／員工認股權證之辦理情形、資金運用計畫執行情形等九要點；5.營運概況，包括①業務內容（業務範疇、總體經濟及產業概況、技術及研發概況、長短期業務發展計畫）；②市場及產銷情況，包括市場分析與主要產品之產銷過程；③從業員工資料；④環保支出資訊；⑤勞資關係，以及⑥重要契約；6.財務概況，包括近三年損益表狀況與資產負債表狀況；7.財務狀況及經營結果之檢討分析與風險事項，以及8.補充揭露事項等。

向銀行申請中長期貸款之營運計畫書架構

1.本公司成立沿革與簡介	10.本公司未來三年的業務拓展計畫
2.本公司營業項目	11.本公司未來三年的產品開發計畫
3.本公司歷年營運績效概況	
4.本公司組織表及經營團隊現況	12.本公司未來三年的技術研發計畫
5.本公司財務結構現況	13.本公司未來三年的兩岸擴廠投資計畫
6.本公司面對經營環境、產業環境及全球市場環境的有利及不利點分析說明	14.本公司未來三年財務（損益）預測數據
7.本公司經營的競爭優勢及核心競爭能力分析	15.本公司未來三年的資金需求及資產運用計畫
8.本公司未來三年的經營方針與經營目標	16.結語
9.本公司未來三年的競爭策略選擇	17.附件參考

上市公司年度報告書大綱

1.致股東報告書

2.公司簡介

3.公司治理報告
　①公司之組織架構
　②董事與監察人資料
　③經理級以上主管人員資料
　④最近年度支付董監事、總經理、副總經理之薪獎
　⑤公司治理運作情形

4.募資情形
　①股本來源　　②股東結構
　③股東分散情形　④主要股東名單
　⑤最近二年每股市價、淨值、盈餘及股利狀況
　⑥員工分紅及董監事酬勞
　⑦公司併購情形
　⑧公司債、特別股、海外存款憑證、員工認股權證之辦理情形
　⑨資金運用計畫執行情形

5.營運概況
　①業務內容
　　→❶業務範疇
　　　❷總體經濟及產業概況
　　　❸技術及研發概況
　　　❹長短期業務發展計畫
　②市場及產銷情況
　③從業員工資料
　④環保支出資訊
　⑤勞資關係
　⑥重要契約

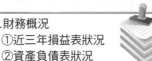

6.財務概況
　①近三年損益表狀況
　②資產負債表狀況

7.財務狀況及經營結果之檢討分析與風險事項

8.補充揭露事項

第 **12** 章

知名企業中期經營計畫說明會

 章節體系架構 ▼

Unit 12-1
日本EPSON公司中期經營計畫

日本EPSON公司從2012年到2014年中期經營計畫說明會，由該公司總經理報告，茲將其大綱歸納整理如下，以供參考。

一.中期經營計畫——創造與挑戰

本部分內容包括：1.數位影像的創新（Digital Image Innovation）；2.EPSON三個成長戰略（Printer、Projector、Display），以及3.中期集團的經營方針，即收益力強化改革計畫，包含有事業及商品組合的明確化及強化、Device事業結構改革的推進、成本效率的澈底強化、公司治理體系的變革、企業文化與全員改革的推進、三年後獲利額1千億日圓的達成等六要點。

二.事業及商品組合與個別事業戰略

(一)做好產品組合管理：依BCG模式，以市場成長率高低及獲利率高低為兩軸區別之。

(二)列表機事業部門：包含有：1.成長與衰退的產品項目；2.未來各產品項目的戰略發展方向性說明，以及3.重點戰略說明。

(三)中小型液晶顯示器事業部門：包含有：1.市場的預測；2.戰略方向性；3.重點戰略說明，以及4.商品力強化、數量擴大及成本降低。

(四)半導體事業門：即指重點戰略。

三.中期計畫的研究開發方針

本公司從2012年到2014年的研究開發計畫包含有：1.Imaging on Paper；2.Imaging on Screen，以及3.Imaging on Glass等內容。

四.固定費用結構的改革計畫及改善效果金額

本部分內容包含有三大事業部門的費用改造計畫，以及員工效率化的改造計畫。

五.中期成本效率化的計畫與目標數

本部分內容包含有採購成本的削減計畫、物流成本的削減計畫、服務支援成本的削減計畫，以及國內生產據點的整合化與集中化等四要點。

六.公司治理體系的變革

本部分乃指治理目的、治理改革具體內容，以及治理組織體系的改革等三要點。

七.中期三年的營收及純益目標數據

本部分就2009年到2011年的中期計畫提出三年的營收及純益目標數據。

日本EPSON公司中期經營計畫說明會

總經理報告

1.中期經營計畫——創造與挑戰
①數位影像的創新
②EPSON三個成長戰略
③中期集團的經營方針

2.事業及商品組合與個別事業戰略
①做好產品組合管理
②列表機事業部門
③中小型液晶顯示器事業部門
④半導體事業門

3.中期計畫的研究開發方針
①Imaging on Paper
②Imaging on Screen
③Imaging on Glass

4.固定費用結構的改革計畫及改善效果金額
①三大事業部門的費用改造計畫
②員工效率化的改造計畫

5.中期成本效率化的計畫與目標數
①採購成本的削減計畫
②物流成本的削減計畫
③服務支援成本的削減計畫
④國內生產據點的整合化與集中化

6.公司治理體系的變革
①治理目的
②治理改革具體內容
③治理組織體系的改革

7.中期三年的營收及純益目標數據

結語

277

Unit **12-2**
日本資生堂未來三年計畫概要

圖解策略管理

日本資生堂從2012年到2014年的三年計畫概要，由該公司總經理報告，茲將其大綱歸納整理如下，以供參考。

一.新三年計畫的三大宣言

本部分內容包含有：1.創造世界顧客最愛的品牌；2.迎向世界級最高等級的經營品質目標，以及3.提升資生堂集團作戰力組織體。

二.資生堂新三年計畫的全體像

本公司從2012年到2014年的三年計畫包含有：1.成長性的擴大與獲利力的提升；2.戰略方向性，以及3.數據目標，即獲利率10%以上，海外營收占比40%以上。

三.具體戰略構築上的關鍵字

本部分內容包含有：1.成長性擴大與獲利提升兩種並存；2.全球化；3.聚焦化，以及4.公司外部資源的活用。

278

四.全球資生堂品牌的育成與強化

本部分內容包含有：1.產品線集中及商品體系的創新；2.城市戰略的開展；3.海外新興市場的擴大，以及4.集團結合力量的集中及市占率擴大。

五.亞洲市場壓倒性存在感的確立

本部分內容包含有1.亞洲全區域的行銷展開；2.中國事業的擴大，以及3.日本第一品牌的鞏固。

六.資生堂集團價值提升的基盤強化計畫

本部分內容包含有：1.美容顧問活動革新的全球進化展開；2.價值創造力的強化，即指肌質改善與效果感研究的強化、對新興領域的展開強化、結合公司內部及委外研究開發的展開等內容，以及3.全球各生產據點的整備，即指新開工廠及關掉工廠、核心領域工廠的集中強化、建構全球化導向最適生產供給體制等內容。

七.迎向世界最高經營品質的推動

本部分內容包含有：1.全球化人才的育成；2.組織能力的提升；3.公司治理體制的進化；4.結構改革的持續推動，以及5.企業社會責任（CSR）積極參與。

八.未來三的年經營數據目標

主要提出三年營收及純益目標、成本結構改善目標，以及股東股利發放目標。

日本資生堂未來三年計畫概要

總經理報告

1.新三年計畫的三大宣言
①創造世界顧客最愛的品牌
②迎向世界級最高等級的經營品質目標
③提升資生堂集團作戰力組織體

2.資生堂新三年計畫的全體像
①成長性的擴大與獲利力的提升　②戰略方向性　③數據目標

3.具體戰略構築上的關鍵字
①成長性擴大與獲利提升兩種並存
②全球化
③聚焦化
④公司外部資源的活用

4.全球資生堂品牌的育成與強化
①產品線集中及商品體系的創新
②城市戰略的開展
③海外新興市場的擴大
④集團結合力量的集中及市占率擴大

5.亞洲市場壓倒性存在感的確立
①亞洲全區域的行銷展開
②中國事業的擴大
③日本第一品牌的鞏固

6.資生堂集團價值提升的基盤強化計畫
①美容顧問活動革新的全球進化展開
②價值創造力的強化
③全球各生產據點的整備

7.迎向世界最高經營品質的推動
①全球化人才的育成　　　　②組織能力的提升
③公司治理體制的進化　　　④結構改革的持續推動
⑤企業社會責任（CSR）積極參與

8.未來三年的經營數據目標
①營收及純益目標
②成本結構改善目標
③股東股利發放目標

結語

Unit **12-3**
日本獅王與SHARP公司經營計畫

日本獅王（Lion）日用品公司「中期經營計畫」報告與日本SHARP公司年度記者接見會之經營計畫報告，茲彙整如下，以供參考。

一.日本獅王日用品中期經營計畫

日本獅王日用品公司的中期經營計畫架構，茲歸納整理如下：

(一)計畫主軸：即如何提升企業價值，計畫如下：

1.追求消費者的清潔、健康及美。

2.從「生活者價值」迎向「企業價值」提升。

(二)年度合併業績目標：

1.營收額目標：4千億日圓（成長5.4%）。

2.純益：2百億日圓（純益率5%）。

3.ROE（股東權益報酬率）：10%。

(三)年度重點改革：

1.成長基盤的再造：包含有核心事業的強化及新事業範疇的育成（家庭日用品、藥品、化學品事業），以及商品開發及企劃力的強化等兩要點。

2.獲利結構的改革：包含有製成品成本的降低、最適供應鏈管理的建立，以及生產力的提升等三要點。

3.組織能力的提升：包含有人才育成與組織活化，以及企業社會責任的積極參與等兩要點。

二.日本SHARP公司年度經營計畫說明

日本SHARP公司年度記者接見會之經營計畫報告架構，茲歸納整理如下：

(一)迎向2012年「創業100周年」：包含有：1.實現世界No.1液晶顯示面板地位，以及2.開發省能源及創新能源機器設備，以彰顯對世界環境與人類健康的貢獻。

(二)今年度重點事業任務說明：

1.液晶電視機及大型液晶面板事業：包含有：①液晶電視機的世界需求；②液晶新技術（65型、52型）；③液晶電視機的省能源效果分析；④AQUOS品牌追求畫質、音質、設計的最高峰之美，以及⑤大型液晶面板事業（龜山第二工廠的擴充目標每月9萬張）。

2.太陽電池事業：包含有：①太陽電池的生產擴大（結晶系太陽電池、薄膜太陽電池）；②太陽電池的發電成本，以及③太陽電池二氧化碳削減效果。

(三)年度經營目標：

1.合併總營收目標。　　　2.合併總純益目標。　　　3.純益率目標。

4.EPS目標。　　　　　　5.ROE目標。　　　　　　6.市占率目標。

7.海外事業拓展目標。

日本獅王日用品中期經營計畫

報告開始

1.計畫主軸	2.今年合併業績目標	3.今年重點改革
→企業價值提升 ①追求消費者的清潔、健康及美 ②從「生活者價值」迎向「企業價值」提升 	①營收額目標 →4千億日圓 （成長5.4%） ②純益 →2百億日圓 （純益率5%） ③ROE （股東權益報酬率） →10%	①成長基盤的再造 ②獲利結構的改革 ③組織能力的提升 

結　語

日本SHARP公司年度經營計畫說明

報告開始

1.迎向2012年「創業100周年」	2.今年度重點事業任務說明	3.今年度經營目標
①實現世界No.1液晶顯示面板地位 ②開發省能源及創新能源機器設備，以彰顯對世界環境與人類健康的貢獻 	①液晶電視機及大型液晶面板事業 ②太陽電池事業 	①合併總營收目標 ②合併總純益目標 ③純益率目標 ④EPS目標 ⑤ROE目標 ⑥市占率目標 ⑦海外事業拓展目標 

結　語

Unit **12-4**

日本豐田汽車企業戰略簡報

日本豐田汽車公司未來四年企業戰略發展簡報如下，茲羅列其大綱，以供參考。

一.企業經營環境

本部分內容包含有：1.市場環境變化趨勢；2.環境議題變化趨勢，以及3.原物料上漲變化趨勢。

二.策略性優先議題

未來公司資源將專注在下列三項策略性優先議題，即1.強化省能源及低二氧化碳新車的開發；2.積極降低成本以改善獲利性；3.擴大在資源豐富國家及新興潛力市場國家的投入營運（例如：中國、印度、巴西），以及4.加速PHV及HV車的研發。

三.全球各地區成長策略

本部分內容包含有1.美國市場營運策略說明；2.歐洲市場營運策略說明；3.中國及俄羅斯市場營運策略說明；4.印度及巴西市場營運策略說明，以及5.日本市場營運策略說明。

四.海內外本年度銷售目標計畫

海外及日本五大區域的本年度銷售目標計畫圖示，並將最近五年目標數據比較。

五.朝向低碳社會需求環境變化的因應對策

本部分內容包含有：1.Hybrid Vehicle（HV）的策略說明；2.HV系統：車型更小、更輕、更省成本；3.環境科技創新與應用；4.開發PHV車（中長期計畫），以及5.加速EV的研發。

六.管理基礎的改善

本部分內容包含有：1.控制降低及固定鋼材成本的上升，以及2.管理基礎的改革，即品質、成本及人力素質。

七.全球銷售計畫

本公司近四年持續上升的全球銷售汽車數量，以及本年度預估達970萬輛。

八.本年預估獲利率目標與對股東的回饋

本年會克服各種障礙，努力達成10%的獲利目標及970萬全球銷售汽車數，並預估股利分配。

日本豐田汽車企業發展戰略報告書8大架構項目

社長（總經理）
每年度負責對外簡報

↓

1.分析外部經營環境變化如何

↓

2.提出未來策略性優先議題為何

↓

3.研訂對全球各國、各地區成長策略

↓

4.提出海內外本年度銷售目標數據

↓

5.朝向低碳社會需求變化的因應對策為何

↓

6.提出對內部管理改善計畫

↓

7.研討全球銷售具體計畫與數據

↓

8.提出本年獲利預估及股利發放預估

↓

END→創造豐田新未來

Unit **12-5**
日本花王與Canon公司營運計畫簡報

日本花王年度營運發展與Canon三年中期經營計畫簡報大綱如下，以供參考。

一.日本花王公司年度營運發展簡報

（一)去年度經營狀況摘要報告：包含有：1.去年度損益表概述（營收、毛利、淨利、EPS、ROE）；2.由於商品高附加價值及銷售力強化，使營收業績仍能持續微幅上升；3.面對原物料價格上升影響，使獲利僅微幅上揚，以及4.採取成本下降對策。

（二)今年度成長戰略：即花王公司中期成長戰略，朝商品的高附加價值提升，確保獲利的成長達成，即：1.對保養品及男性用品事業的加速成長；2.對基盤事業清潔用品事業的強化；3.對海外子公司事業加速成長，以及4.對潛在對象的併購投資。

（三)各事業的發展主軸及預算目標：包含有：1.Beauty事業；2.Beauty-Care事業；3.男性市場商品事業；4.居家日用品及清潔品事業，以及5.健康食品事業。

（四)今年度影響公司損益績效的外在因素及對策：包含有：1.原物料價格上漲的影響；2.匯率變動對營收的影響；3.國內同業競爭使定價下降的影響，以及4.因應對策，即朝不受原物料上漲影響的高附加價值產品推展開發、加強營業銷售力的組織及作為、專注亞洲地區海外子公司的成長要求、持續成本與費用下降改革計畫的推動。

（五)今年度財務預測：包含有：1.預估今年度損益表概況，以及2.預估今年度EPS、ROE及ROA概況。

（六)今年度較大資金支出預估：對未來成長領域的設備或可能併購等支出。

二.日本Canon公司中期經營計畫書

（一)預計未來三年合併損益表概況：即2012年到2014年合併營收額及合併獲利額概況之預估。

（二)預估未來三年四大事業群之營收額及占比分析：即IT Solution事業群、電子商務設備事業群、產業機器事業群，以及辦公文書商業設備事業群。

（三)未來三年五大戰略，以確保中期經營計畫的實現：1.顧客滿意度No.1的實現，即指組織體制的充實計畫、服務技術人員的技術力提升計畫、對應窗口的強化計畫等三內容；2.ITS 3000計畫的推進，即指：①新綜合公司的再出發（Canon IT Solution股份有限公司）、②事業領域的擴大對策，即對SI事業領域的強大及擴大（包括金融、製造、醫療等系統整合）、對Solution商品力的強化、對IT產品銷售的強化等三內容；3.各事業群收益力（獲利力）的提升，即指對文書辦公設備事業競爭力的強化、對數位相框3千億日圓的實現、對產業機器事業的強化與擴充等三內容；4.主要商品市占率No.1的實現，即指No.1商品的維持與強化品項（表列）、對潛在No.1商品的加速品項（表列）等兩內容，以及5.經營品質的提升，即指經營品質協議會的實施、企業社會責任的強化、事業永續經營體制的建構、集團支援服務的推進等四內容。

（四)三年後的願景：即Canon未來三年的發展願景陳述。

日本花王公司年度營運發展簡報

報告開始

1.去年度經營狀況摘要報告
①去年度損益表概述
②由於商品高附加價值及銷售力強化，使營收業績仍能持續微幅上升
③面對原物料價格上升影響，使獲利僅微幅上揚
④採取成本下降因應對策

2.今年度成長戰略
→朝商品的高附加價值提升，確保獲利的成長達成。
①對保養品及男性用品事業的加速成長
②對基盤事業清潔用品事業的強化
③對海外子公司事業加速成長
④對潛在對象的併購投資

3.各事業的發展主軸及預算目標

4.今年度影響公司損益績效的外在因素及對策

5.今年度財務預測
①預估今年度損益表概況
②預估今年度EPS、ROE及ROA概況

6.今年度較大資金支出預估
①對未來成長領域的設備資本支出
②可能併購的支出

結　語

285

日本Canon公司中期經營計畫書

報告開始

1.預計2012年到2014年三年合併損益表概況

2.預估未來三年四大事業群之營收額及占比分析
①IT Solution事業群
②電子商務設備事業群
③產業機器事業群
④辦公文書商業設備事業群

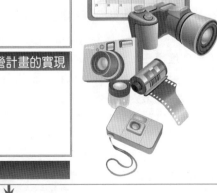

3.未來三年五大戰略，以確保中期經營計畫的實現
①顧客滿意度No.1的實現
②ITS 3000計畫的推進
③各事業群收益力（獲利力）的提升
④主要商品市占率No.1的實現
⑤經營品質的提升

4.三年後Canon發展願景

結　語

Unit **12-6**
統一超商與臺灣大哥大法人說明會

國內統一超商與臺灣大哥大兩公司之法人說明會報告大綱如下,以供參考。

圖解策略管理

一.統一超商法人說明會報告大綱

統一超商便利商店連鎖公司每年度法人說明會報告大綱,茲整理歸納如下:

(一)本公司事業範疇:包含有:1.便利商店事業;2.藥妝店事業;3.百貨公司事業;4.生活日用品事業;5.超市事業;6.飲品、咖啡事業;7.電子商務(網購)事業,以及8.配送運輸事業。

(二)近五年營收及總店數:本流通集團近五年營收及總店數圖示。

(三)國內市場總店數及市占率演進:即7-ELEVEn在國內市場歷年總店數及市占率演進。

(四)今年底國內外子公司概述:今年為止在國內及海外的主要子公司概述。

(五)財務績效說明:包含有:1.合併損益報表;2.合併資產負債表,以及3.合併現金流量表。

(六)今年度的資本支出:包含有臺灣地區與海外地區等列示。

(七)明年度經營展望:包含有:1.開店計畫,即預計明年度淨增加220店,成長率4.7%;2.毛利率改善計畫,以及3.獲利額小幅上升。

(八)對7-ELEVEn的營運策略:包含有:1.調整產品組合,即指完整產品線、差異化產品線、改善毛利率(自有品牌、獨家品牌之推出)等三內容;2.創新服務,即指自有品牌、i-bon服務、預購、網路購物等四內容,以及3.保持領導地位,即指穩定的招店策略、新店模式研究等兩內容。

(九)對轉投資子公司的店數成長展望:包含有康是美、統一星巴克、無印良品、Plaza、Cold Stone(酷聖石)、Mister Donut(甜甜圈),等六子公司。

二.臺灣大哥大法人說明會報告大綱

臺灣大哥大行動電信公司每年度法人說明會報告大綱,茲整理歸納如下:

(一)年度第三季營運成果:包含有:1.第三季合併損益分析(實際、財測與達成率);2.第三季部門別營運成果(營收、EBITDA及淨利),即指行動業務、固網業務、有線電視業務等各部門與合計數據;3.行動業務同業營收比較分析說明(中華電信、台哥大、遠傳);4.加值與4G服務營運成果;5.資產負債表分析說明;6.公司債到期年度,以及7.現金流量表分析說明。

(二)年度第四季財務預測。

(三)近期大事記:包含有庫藏股買回與榮耀記事等。

(四)Key Message。　　　　**(五)Q&A。**

統一超商法人說明會報告大綱

報告開始

1.本公司八大事業範疇	2.本流通集團近五年營收及總店數圖示
3.7-ELEVEn在國內市場歷年總店數及市占率演進	4.今年為止在國內及海外的主要子公司概述
5.財務績效說明 ①合併損益報 ②合併資產負債表 ③合併現金流量表	6.今年度的資本支出 ①臺灣地區列示 ②海外地區列示
7.明年度經營展望 ①開店計畫 ②毛利率改善計畫 ③獲利額小幅上升	8.對7-ELEVEn的營運策略 ①調整產品組合 ②創新服務 ③保持領導地位
9.對轉投資子公司的店數成長展望	

結　語

287

臺灣大哥大法人說明會報告大綱

報告開始

1.年度第三季營運成果
　①第三季合併損益分析→實際、財測與達成率
　②第三季部門別營運成果→營收、EBITDA及淨利
　③行動業務同業營收比較分析說明
　④加值與4G服務營運成果
　⑤資產負債表分析說明
　⑥公司債到期年度
　⑦現金流量表分析說明

2.年度第四季財務預測

3.近期大事記
　①庫藏股買回　　　　②榮耀記事

4.Key Message

5.Q&A

結　語

Unit 12-7
統一企業法人說明會報告

統一食品飲料公司法人說明會報告內容大綱，茲歸納整理如下，以供參考。

一.統一企業集團簡介

臺灣最大食品公司、大陸領導食品廠商之一及亞洲聚焦發展食品及流通事業。

二.集團主要企業及品牌

本部分內容包含有：1.食品飲料：統一企業；2.零售通路：統一超商、家樂福大賣場；3.貿易：南聯國際貿易；4.投資：統一國際開發，以及5.金融：統一證券。

三.統一企業營運表現

本部分內容包含近三年的營運表現，即：1.臺灣地區食品營收趨勢圖，即指乳飲群（茶、乳品、咖啡、果汁、包裝水）營收、速食群（速食麵）營收、保健群（保健食品及麵包）營收、食糧群（大宗食材、食用油、麵粉、飼料）營收、綜合食品群（冷凍食品、肉品、冰品、調味料）營收等五內容；2.統一企業營運績效表現列表，即指母公司營收、營業毛利額及比例、營業淨利額及比例、本期淨利額及比例、股東權益報酬率、稅後每股盈餘、資產報酬率等七內容；3.統一企業在臺灣各品牌的市占率，即指優酪乳（46%）、鮮乳（27%）、茶飲料（42%）、果汁（13%）、速食麵（48%）等五內容，以及4.統一企業在臺灣對各食品公司的轉投資，即指光泉公司（持股31%）、維力公司（持股32%）、大統益食用油公司（持股38%）等三內容。

四.統一集團流通事業介紹

統一企業集團擁有的國際品牌的經營權包括：如7-ELEVEn（菲律賓和上海，臺灣7-ELEVEn是日本7-ELEVEn授權永久經營）、星巴克（臺灣地區）、Mister Donut（統一多拿滋）、Duskin（樂清服務）、酷聖石冰淇淋（Colds Stone）等。此外，統一也自行創設品牌包括：統一夢時代購物中心、統一時代百貨、康是美藥妝店、速邁樂加油中心、二十一世紀風味館、統一速邁自販（自動販賣機）、博客來網路書店、統一渡假村、伊士邦健身俱樂部、統一速達（即黑貓宅急便）等。

五.統一亞洲地區食品事業版圖與其他

(一)中國大陸：包含有：1.統一企業中國控股公司，2007年12月17日在香港上市；2.目前在大陸計有13座工廠，53條飲料生產線，50條速食麵生產線；3.統一企業在大陸近三年營收成長趨勢圖，各產品別毛利率及全公司營業利益與淨利益表；4.大陸策略聯盟及投資，即指今麥郎飲品（持股50%）、安德利果汁（持股15%）、完達山乳業（持股9%），以及5.大陸其他食糧事業（黃豆油、飼料）。

(二)東南亞食品事業：包含有泰國統一（持股100%）、印尼統一（持股49%）、越南統一（持股100%）、菲律賓統一（持股100%）及東南亞總營收額。

(三)已處分別的非核心事業：包括萬通銀行、統一安聯保險、統懋半導體等。

統一企業法人說明會報告大綱

報告開始

1.統一企業集團簡介
①臺灣最大食品公司
②大陸領導食品廠商之一
③亞洲聚焦發展食品及流通事業

2.集團主要企業及品牌
①食品飲料→統一企業
②零售通路→統一超商、家樂福大賣場
③貿易→南聯國際貿易
④投資→統一國際開發
⑤金融→統一證券

3.統一企業營運表現
①臺灣地區食品營收趨勢圖
　★乳飲群營收　　　★速食群營收　　　★保健群營收
　★食糧群營收　　　★綜合食品群營收
②統一企業營運績效表現列表
　★母公司營收　　　★營業毛利額及比例　★營業淨利額及比例
　★本期淨利額及比例　★股東權益報酬率　★稅後每股盈餘
　★資產報酬率
③統一企業在臺灣各品牌的市占率
　★優酪乳　　　　　★鮮乳　　　　　　★茶飲料
　★果汁　　　　　　★速食麵
④統一企業在臺灣對各食品公司的轉投資
　★光泉公司　　　　★維力公司　　　　★大統益食用油公司

4.統一集團流通事業介紹
①統一超商
②臺灣關係企業
　★康是美藥妝店　　★無印良品　　　　★統一星巴克
　★多拿滋　　　　　★Plaza賣場　　　★Cold Stone冰店
　★統一時代百貨　　★統一速達　　　　★捷盟物流
③大陸市場
　★康是美　　　　　　　　　　　　　★上海7-ELEVEn
　★山東超市
④海外市場
　★菲律賓7-ELEVEn　★越南統一超市

5.統一的亞洲地區食品事業版圖與其他
①中國大陸　②東南亞食品事業　③已處分別的非核心事業

結　語

Unit 12-8
日本SONY公司三年中期經營報告 Part I

　　日本SONY公司未來三年「中期經營方針」對外報告書，由其董事長報告，茲將其報告大綱歸納整理如下，由於內容豐富，特分兩單元介紹。

一.三年前發表的SONY再生計畫推展實際成果說明

　　(一)現在SONY的概況：包含有：1.SONY最強的部分仍然加以維持；2.電視機及遊戲機事業在2017年均已達成盈餘化；3.對失敗事業及高風險事業的投資，已充分檢討完成，以及4.建構新的事業模式。

　　(二)實行同業領導品牌的計畫作為：包含有：1.對新技術及新服務嚴選的投資；2.軟體服務的技術優先加入；3.對新興市場的率先投入，以及4.展開與同業的競爭比較績效評估。

　　(三)對去年度結構改革進步的報告：包含有：1.商品類別過多的削減（已削減15類產品）；2.人員削減（已削減1萬人）；3.資產處分賣掉（已賣掉1千2百億日圓）；4.成本削減（已削減2千億日圓），以及5.生產據點的統合（已有11處據點）。

　　(四)行動電話事業部門的成果檢討：包含有：1.2017年銷售1億臺手機；2.對集團企業帶來合作效益（音樂、電影），以及3.全球有2億5千萬個使用者。

290

　　(五)電子事業部門成果檢討：包含有：1.Bravia液晶電視機獲得世界性領導地位品牌，以及2.對公司獲利貢獻大。

　　(六)Game事業部門成本檢討：包含有：1.PS4及PSP普及臺數5千萬臺達成，以及　2.2017年度轉虧為盈。

小博士解說

「轉投資」事業效益分析

　　一般大企業都會有轉投資事業，而轉投資有兩種方式：一是成為自己公司的關係企業，持股比例較高，而且總經理由本公司指派；二是單純的財務投資，只獲取財務上市利益或分配股利利益。惟企業大量轉投資新事業，不見得每一家都能賺錢，通常在2~3年內都不會賺錢。但如果持股超過20％，就要將子公司的年度損益，依權益法彙編回母公司的合併財務報表。一旦子公司長期虧損，就會損及母公司的財務結果，這對母公司的市場股價及總市值是不利的。因此，母公司必須對任何一個轉投資新事業，在事前作深入的評估才行，包括產業分析、市場分析，對母公司策略性綜效分析、未來五年損益分析、資金流量分析，以及競爭優勢分析等。一般來說，外資對於轉投資太多、太複雜或者不太懂得，都不太願意投資這家公司。因此，現在一般好公司，都不太會亂作轉投資事業。

日本SONY公司三年中期經營報告

董事長報告

1.三年前發表的SONY再生計畫推展實際成果說明

　①現在SONY的概況

　　★SONY最強的部分仍然加以維持

　　★電視機及遊戲機事業在2017年度均已達成盈餘化

　　★對失敗事業及高風險事業的投資,已充分檢討完成

　　★建構新的事業模式。

　②實行同業領導品牌的計畫作為

　　★對新技術及新服務嚴選的投資

　　★軟體服務的技術優先加入

　　★對新興市場的率先投入

　　★展開與同業的競爭比較績效評估

　③對2017年度結構改革進步的報告

　　★商品類別過多的削減

　　★人員削減

　　★資產處分賣掉

　　★成本削減

　　★生產據點的統合

　④行動電話事業部門的成果檢討

　⑤電子事業部門成果檢討

　⑥Game事業部門成本檢討

　　★PS4及PSP普及臺數5千萬臺達成

　　★2017年度轉虧為盈

291

2.現在面對的經濟環境

3.今年重要的三個經營對策

4.未來三年中期財務戰略

5.迎向成功的SONY United

Unit 12-9
日本SONY公司三年中期經營報告 Part II

前文已對SONY公司三年前再生計畫說明大部分，現更進一步完整介紹。

一.三年前發表的SONY再生計畫推展實際成果說明（續）

(七)電影事業部門成果檢討：包含有：1.過去六年全美電影收入達成年收10億美元；2.全美電影新上映排行榜電影數目居第一位；3.協助手機、電視、電子等事業單位之資源整合綜效，以及4.電影銷售全球化發行。

(八)金融事業部門成果檢討：包含有：1.SONY生命保險公司過去三年持續10％以上成長，以及2.顧客滿意度高。

(九)音樂事業部門成果檢討：包含有：1.SONY與BMG合併，規模化及效率化，以及2.音樂對手機及電影事業的綜效發揮。

(十)合併損益表（近三年）：營收及純利額均已見改善。

二.現在面對的經濟環境

現在SONY公司面對的經濟環境有四點，即1.全球景氣瞬間衰退與低迷；2.全球顧客對商品及服務要求的品質及創新愈來愈高，但價格卻愈來愈低；3.未來新技術革新仍會帶來新商機的出現，以及4.金融市場顯得脆弱及不安定。

三.今年重要的三個經營對策

(一)對核心事業的持續強化：包含有：1.2014年液晶電視機居世界第一位；2.Game事業加速具魅力的軟體產品上市；3.對投資的嚴選，要確保成長性與值得性的投資，以及4.對操作營運效率的提升——供應鏈管理的改善。

(二)對網路服務商品的新開發展開。

(三)對金磚四國（BRIC）成長契機的最大極限活用：對BRIC四國在2014年的營收額要倍增到2兆日圓目標（註：BRIC包括中國、印度、巴西及俄羅斯四國）。

四.未來三年中期財務戰略

未來三年中期財務戰略包含有：1.營業純益率目標為5％，而這依賴於必要的創新活動；2.確定各種資本投資的報酬率評估及審查機制，確保投資效益產生及避免不當投資；3.2014年股東權益報酬率（ROE）達到10％目標，以及4.確保資產負債表結構性的妥當及適切比例要求。

五.結語——迎向成功的SONY United

未來三年中期重要目標包含有：1.持續企業各種改革活動；2.確保業者領導地位的各種計畫貫徹；3.要求獲利額的擴大（虧損事業要轉虧為盈、投資嚴選、營運效率提高），以及4.營收額的成長（海外事業營收持續成長、各事業部門營收持續成長）。

日本SONY公司三年中期經營報告

董事長報告

1.三年前發表的SONY再生計畫推展實際成果說明

⑦電影事業部門成果檢討
　★去年六年全美電影收入達成年收10億美元
　★全美電影新上映排行榜電影數目居第一位
　★協助手機、電視、電子等事業單位之資源整合綜效
　★電影銷售全球化發行
⑧金融事業部門成果檢討
　★SONY生命保險公司過去三年持續10%以上成長　　★顧客滿意度高
⑨音樂事業部門成果檢討
　★SONY與BMG合併，規模化及效率化
　★音樂對手機及電影事業的綜效發揮
⑩合併損益表（近三年）
　★營收及純利額均已見改善

2.現在面對的經濟環境

①全球景氣瞬間衰退與低迷。
②全球顧客對商品及服務要求的品質及創新愈來愈高，但價格卻愈來愈低。
③未來新技術革新仍會帶來新商機的出現
④金融市場顯得脆弱及不安定。

3.今年重要的三個經營對策

①對核心事業的持續強化
　★2014年液晶電視機居世界第一位。
　★Game事業加速具魅力的軟體產品上市。
　★對投資的嚴選，要確保成長性與值得性的投資。
　★對操作營運效率的提升——供應鏈管理的改善。
②對網路服務商品的新開發展開。
③對金磚四國（BRIC）成長契機的最大極限活用

 BRIC包括中國、印度、巴西及俄羅斯四國

4.未來三年中期財務戰略

①營業純益率→達到5%目標
②確定各種資本投資的報酬率評估及審查機制
　→確保投資效益產生及避免不當投資
③2014年股東權益報酬率（ROE）→10%目標
④確保資產負債表結構性的妥當及適切比例要求

　　　↓

結　　語——迎向成功的SONY United

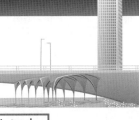

❶持續企業各種改革活動　　❷確保業者領導地位的各種計畫貫徹
❸要求獲利額的擴大　　❹營收額的成長

Unit 12-10
日本Panasonic公司年度經營方針報告

日本Panasonic（原松下電器，現已改名）「年度經營方針」記者招待會，由其總經理報告，茲將其報告大綱整理歸納如下，以供參考。

一.去年度綜合概述與經營現狀

(一)重點工作主題的進展情況：

1.海外增加銷售成果：包含有：10%成長率達成與金磚四國新興市場的推廣。

2.四個戰略事業部門的概況說明。

3.產品的創新概況說明。

4.核心戰略：包含有二氧化碳排出量削減計畫與環保議題全球的推動。

(二)現在的經營環境趨勢變化：包含有：1.全球金融危機與世界消費力衰退，以及2.新興市場擴大與低價格的走向明顯。

二.今年度重點工作任務

(一)在嚴峻環境下的基本方針：包含有：1.展開澈底的構造改革及體質強化，以及2.往成長的方向要求前進突破。

(二)對去年推動的GP3專案計畫做最後的衝刺。

(三)期待全球景氣復甦時，能有飛躍的成長。

(四)今年度經營體質的再造：

1.對成長投資及撤退的削減事業部門決策，一定要非常明確化，例如連續三年虧損的事業單位，展開撤退及停止的準備期。

2.對公司治理體系的強化。

3.對每一項主力產品成本結構的降低再檢視。

4.對設備投資，抱持審慎態度，力求最小投資及最大效果。

(五)今年度成長出擊的工作：包含有：1.成長與發展的主力在商品的創新及革新上市（商品力提升務求從顧客觀點為出發點，並以省能源、安全、品質、環保等為要求）；2.對海外金磚四國的加強拓展，以及對先進國家富裕層顧客群的深耕；3.加強全球品牌（Panasonic）行銷工作及通路銷售網的布建；4.薄型液晶電視事業部門的成長計畫說明，即指總投資設備金額的修正與今年度銷售目標數（1,550萬臺）；5.對本集團眾多家電數位商品線的資源整合與綜效發揮合作推動（冷氣、照明、冰箱、電視、小家電、手機等產品）；6.家電線產品全球市場加速拓展，以及各海外子公司重點銷售任務的推動；7.新事業部門的開創（例如：機器人事業部專案計畫）；8.對三洋電機公司的併購後，營運績效的改善，以及9.四個未來新戰略事業，即指太陽電池、燃料電池、二次電池、省能源設備。

(六)對環境經營的強化：包含有省能源No.1、二氧化碳排出總量削減、全球化的積極推進等三內容。

日本Panasonic公司年度經營方針報告

董事長報告

⬇

1.去年度綜合概述與經營現狀

①重點工作主題的進展情況
　★海外增加銷售成果　★四個戰略事業部門的概況說明
　★產品的創新概況說明　★核心戰略
②現在的經營環境趨勢變化
　★全球金融危機與世界消費力衰退
　★新興市場擴大與低價格的走向明顯

⬇

2.今年度重點工作任務

①在嚴峻環境下的基本方針
　★展開澈底的構造改革及體質強化
　★往成長的方向要求前進突破
②對去年推動的GP3專案計畫做最後的衝刺
③期待全球景氣復甦時，能有飛躍的成長
④今年度經營體質的再造
⑤今年度成長出擊的工作
　★成長與發展的主力在商品的創新及革新上市
　★對海外金磚四國的加強拓展，以及對先進國家富裕層顧客群的深耕
　★加強全球品牌（Panasonic）行銷工作及通路銷售網的布建
　★薄型液晶電視事業部門的成長計畫說明
　★對本集團眾多家電數位商品線的資源整合與綜效發揮合作推動
　★家電線產品全球市場加速拓展，以及各海外子公司重點銷售任務的推動
　★新事業部門的開創
　★對三洋電機公司併購後之營運績效的改善
　★四個未來新戰略事業
⑥對環境經營的強化
　★省能源No.1
　★二氧化碳排出總量削減
　★全球化的積極推進

⬇

結　語——打破困局，迎向挑戰，創造佳績

第 13 章

策略管理重要知識觀念

●●●●●●●●●●●●●●●●●●●●●●● 章節體系架構 ▼

Unit **13-1**
製造業營運管理循環 Part I

要了解企業的整體經營管理面，就必須先了解其整體「營運管理」（Operation Process），這個營運管理的循環內容，即是掌握如何管理好或經營好一個企業的關鍵點。而企業的「營運管理」循環，要從製造業及服務業來區別，本單元先從製造業說明，由於內容豐富，特分兩單元介紹。

一.製造業的涵蓋範圍

所謂製造業（Manufacture Industry），顧名思義即是必須製造出產品的公司或工廠，幾近占了一個國家或一個社會系統的一半經濟功能，可區分為傳統產業及高科技產業兩種：傳統產業，乃指統一企業、臺灣寶僑家用品、聯合利華、金車、味全、味丹企業、可口可樂、黑松、東元電機、大同、裕隆汽車、三陽機車等公司；而高科技產業，則指台積電、奇美、聯電、宏達電、鴻海、華碩、聯發科技等公司。

二.製造業的營運管理循環架構

製造業的營運管理循環之架構，實務上是由主要活動與支援活動兩構面所組成的營運循環。其中支援活動是由人力資源管理、行政總務管理、法務與智財權管理、資訊管理、工程技術管理、稽核管理、企劃管理、公關管理等八大管理系統組成，然後這些管理系統支援以下主要活動：

(一)研發（R&D）管理：乃指對既有產品及新產品的研究開發管理，因為這是企業產品力的根基來源。

(二)採購管理：乃指對原物料、零組件、半成品之採購管理，主要職責在追求較低的採購成本、穩定的採購品質及供應的穩定性。

(三)生產管理：乃指產品及其生產與製造的過程，主要職責在追求有效率、準時出貨的生產管理，以及降低生產成本。

(四)品質管理：乃指對零組件、原物料及完成品的品質水準控管，主要職責在要求穩定的品質水準。

(五)物流管理：乃指產品配送到國外客戶或國內客戶指定地點的倉儲中心或零售據點，主要職責在追求最快速度配送效率與最安全的物流管理。

(六)銷售（行銷）管理：乃指為使產品在零售市場上或企業型客戶上，能夠順利銷售出去的所有行銷過程與銷售行為，主要包括B2B及B2C兩種型態。

(七)售後服務管理：乃指產品在銷售之後的詢問、客訴、回應、安裝、維修等管理，主要包括客服中心（Call Center）、維修中心、會員中心等。

(八)財會管理：主要根據客戶的應收帳款及應付帳款管理；另外，資金供需管理、投資管理亦屬之。

(九)會員經營管理：乃指對重要客戶的會員分級對待或客製化對待，以及會員卡的促銷優惠。

製造業的涵蓋範圍

製造業係指必須製造出產品的公司或工廠，幾近占一個國家或社會系統的一半經濟功能。

 1.傳統產業 ➡ 例如：統一企業、臺灣寶僑家用品、聯合利華、金車、味全、味丹企業、可口可樂、黑松、東元電機、大同、裕隆汽車、三陽機車等公司。

 2.高科技產業 ➡ 例如：台積電、奇美、聯電、宏達電、鴻海、華碩、聯發科技等公司。

製造業營運管理循環架

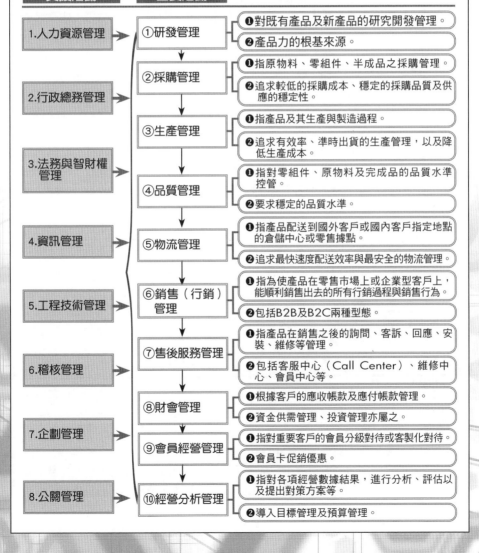

支援活動	主要活動	
1.人力資源管理	①研發管理	❶對既有產品及新產品的研究開發管理。
		❷產品力的根基來源。
2.行政總務管理	②採購管理	❶指原物料、零組件、半成品之採購管理。
		❷追求較低的採購成本、穩定的採購品質及供應的穩定性。
	③生產管理	❶指產品及其生產與製造過程。
3.法務與智財權管理		❷追求有效率、準時出貨的生產管理，以及降低生產成本。
	④品質管理	❶指對零組件、原物料及完成品的品質水準控管。
		❷要求穩定的品質水準。
4.資訊管理	⑤物流管理	❶指產品配送到國外客戶或國內客戶指定地點的倉儲中心或零售據點。
		❷追求最快速度配送效率與最安全的物流管理。
5.工程技術管理	⑥銷售（行銷）管理	❶指為使產品在零售市場上或企業型客戶上，能順利銷售出去的所有行銷過程與銷售行為。
		❷包括B2B及B2C兩種型態。
6.稽核管理	⑦售後服務管理	❶指產品在銷售之後的詢問、客訴、回應、安裝、維修等管理。
		❷包括客服中心（Call Center）、維修中心、會員中心等。
7.企劃管理	⑧財會管理	❶根據客戶的應收帳款及應付帳款管理。
		❷資金供需管理、投資管理亦屬之。
	⑨會員經營管理	❶指對重要客戶的會員分級對待或客製化對待。
		❷會員卡促銷優惠。
8.公關管理	⑩經營分析管理	❶指對各項經營數據結果，進行分析、評估以及提出對策方案等。
		❷導入目標管理及預算管理。

Unit 13-2
製造業營運管理循環 Part II

掌握製造業的十大營運管理循環,才能找出並凸顯出自己贏的關鍵成功要素。

圖解策略管理

二.製造業的營運管理循環架構(續)

(十)經營分析管理:乃指對各項經營數據結果,進行分析、評估以及提出對策方案等,並且導入目標管理及預算管理。

三.製造業贏的關鍵成功要素

製造業業者要在競爭對手中勝出,其「關鍵成功要素」(KSF)如下:

(一)要有規模經濟效應化:此指採購量及生產量,均要有大規模化,如此成本才會下降,產品價格也才有競爭力。試想,一家20萬輛汽車廠,跟2萬輛汽車廠比較起來,哪家成本會低些,這是大家都明白的事。此亦大者恆大的道理。

(二)研發力(R&D)強:研發力代表著產品力,研發力強,可以不斷開發出新的產品,此種創新力將可以滿足客戶需求及市場需求。

(三)穩定的高品質:品質穩定使客戶信任,才會持續不斷下訂單,有好品質的產品,才會有好口碑。

300

(四)企業形象與品牌知名度:例如IBM、Panasonic、SONY、TOYOTA、Intel、可口可樂、三星、LG、HP、SHARP、美國Apple、捷安特、Toshiba、Philips、P&G、Unilever、美國微軟等製造業,均具有高度正面的企業形象與品牌知名度,故能長期永續經營。

(五)不斷改善,追求合理化經營:例如台塑企業、日本豐田汽車、Canon公司等製造業,都強調追根究柢、消除浪費、控制成本、合理化經營及改革經營的理念,因此,能夠降低成本、提升效率及鞏固高品質水準,這就是一家生產工廠的競爭力根源。

小博士解說

關鍵成功因素

企業經營的「關鍵成功因素」(Key Success Factors, KSF),係指影響企業營運成敗的諸多因素中,最為關鍵的少數核心要素。當企業能在這些少數關鍵因素取得領先優勢時,比較容易成功。但每個產業特性不同,KSF也會略有不同,此乃必然。例如:高科技業、傳統製造業、金融服務業、零售百貨業等都有其不同的KSF。這些KSF也形成了它們的產業進入障礙。有些公司的KSF,可能是研發、專利權、規模經濟量產、資本雄厚、品牌優勢;有些公司則可能是最佳優勢、服務優良、產品創新、產品差異化、低成本報價、通路掌握、資訊科技等。因此,企業要勝出,必須觀察、培養及厚實它們在這個產業中的關鍵成功因素,而形成它們的獨特核心專長及能力。

製造業贏的5要素

製造業贏的關鍵成功因素

1.要有規模經濟效應化
→大規模的採購量及生產量,成本才會下降,產品價格也才有競爭力。

2.研發力強
→研發力代表著產品力,研發力強,才能不斷滿足客戶需求及市場需求。

3.穩定的高品質
→高品質穩定能使客戶信任,訂單才會不中斷。

4.企業形象與品牌知名度
→高度正面的企業形象與品牌知名度,才能長期永續經營。

5.不斷改善,追求合理化經營
→唯有追根究柢、消除浪費、控制成本、合理化經營及改革經營的理念,才是製造業競爭力的根源。

知識補充站

大者恆大策略

大者恆大策略主要在追求第一大市占率目標,不斷擴大生產規模或連鎖規模,並加速相關投資,形成市場上獨大的第一領導品牌,而把二、三、四名拉得很遠。因而形成良性循環,大者恆大恆賺錢,然後再用賺來的錢,擴大規模或投資或做廣告等,所以市占率就更高,公司或集團也就更大。有時,也稱之為「贏者通吃」。例如:統一超商的市占率接近50%;量販店的家樂福及大潤發也變成前二大,而把愛買等其他量販店拉開距離。

Unit 13-3
服務業營運管理循環

前面單元介紹的製造業營運管理循環，我們會發現與本文要介紹服務業最大的差異是，前者是以生產產品為主軸，後者則是以「販售」及「行銷」產品為主軸。

一.服務業的涵蓋範圍

所謂服務業（Service Industry）是指利用設備、工具、場所、訊息或技能等為社會提供勞務、服務的行業。

例如：統一超商、麥當勞、新光三越百貨、家樂福量販店、全聯福利中心、佐丹奴服飾連鎖店、阿瘦皮鞋、統一星巴克、無印良品、誠品書店、中國信託銀行、國泰人壽、長榮航空、臺灣高鐵、屈臣氏、康是美、全家便利商店、君悅大飯店、智冠遊戲、摩斯漢堡、小林眼鏡、TVBS電視臺、燦坤3C、全國電子、85度C咖啡、王品餐飲等，都是目前消費市場最被人熟知的服務行業。。

二.服務業的營運管理循環

服務業營運管理循環架構如下：1.人資管理；2.行政總務管理；3.法務管理；4.資訊管理；5.稽核管理，以及6.公關管理等支援體系在從事九項主要活動，包含有商品開發、採購、品質、行銷企劃、現場銷售、售後服務、財會、會員經營及經營分析等管理。

三.服務業贏的關鍵成功要素

服務業業者要在競爭對手中勝出，其「關鍵成功要素」（KSF）如下：

(一)打造連鎖化、規模化經營：服務業的連鎖化經營，才能形成規模經濟效應化。不管是直營店或加盟店的連鎖化、規模化經營，皆為首要競爭優勢的關鍵，例如：統一超商7-11的5,221家店、家樂福的119家大店、全聯福利中心的931家店等。

(二)提升人的高品質經營：服務業的「人的品質」經營，才能使顧客感受到滿意及忠誠度。

(三)不斷創新與改變經營：服務業的進入門檻很低，因此，要不斷創新、改變經營；唯有創新，才能領先。

(四)強化品牌形象的行銷操作：服務業也很重視品牌形象。因此會投入較多的廣告宣傳與媒體公關活動的操作，以不斷提升及鞏固服務業品牌形象的排名。

(五)形塑差異化與特色化經營：服務業的差異化與特色化經營，才能與競爭對手有所區隔，也才有獲利的可能。服務業如沒有差異化特色，就找不到顧客層，而且會因此陷入價格競爭。

(六)提高現場環境設計，裝潢高級化：服務業也很重視現場環境的布置、燈光、色系、動線、裝潢、視覺等。因此，有日趨高級化、高檔化的現場環境投資趨勢。

(七)擴大便利化的營業據點：服務業也必須提供便利化，據點愈多愈好。

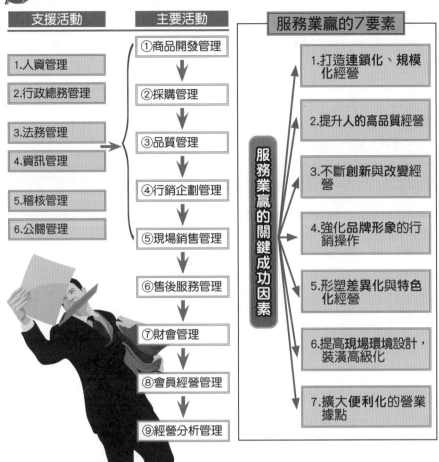

服務業營運管理循環架構

支援活動

1. 人資管理
2. 行政總務管理
3. 法務管理
4. 資訊管理
5. 稽核管理
6. 公關管理

主要活動

① 商品開發管理
② 採購管理
③ 品質管理
④ 行銷企劃管理
⑤ 現場銷售管理
⑥ 售後服務管理
⑦ 財會管理
⑧ 會員經營管理
⑨ 經營分析管理

服務業贏的關鍵成功因素

服務業贏的7要素

1. 打造連鎖化、規模化經營
2. 提升人的高品質經營
3. 不斷創新與改變經營
4. 強化品牌形象的行銷操作
5. 形塑差異化與特色化經營
6. 提高現場環境設計，裝潢高級化
7. 擴大便利化的營業據點

服務業與製造業的管理差異

知識補充站

相較於製造業，服務業提供的是以服務性產品居多，而且也是以現場服務人員為主軸，這與製造工廠作業員及研發工程師居多的製造業，顯著不同。兩者差異點如下：1.製造業以製造與生產產品為主軸，服務業則以「販售」及「行銷」這些產品為主軸；2.服務業重視「現場服務人員」的工作品質與工作態度；3.服務業比較重視對外公關形象的建立與宣傳；4.服務業比較重視「行銷企劃」活動的規劃與執行，包括廣告活動、公關活動、媒體宣傳活動、事件行銷活動、節慶促銷活動、店內廣宣活動、店內布置、品牌知名度建立、通路建立及定價策略等，以及5.服務業的客戶是一般消費大眾，經常有數十萬到數百萬人之多，與製造業的少數幾個OEM大客戶有很大不同。因此，在顧客資訊系統的建置與顧客會員分級對待經營等，比較賦予高度重視。

Unit **13-4**
創新力組織制勝五大條件 Part I

　　創新力是企業對策略規劃與實踐最好的呈現。根據日本《商業週刊》最近對日本企業「創新力」（Innovation）排名的一項調查顯示，唯有企業加強對內部組織創新的革新與努力，才是對抗近年來全球經濟不景氣的最佳要因。

　　該項調查又總結出一個卓越創新組織制勝的五大條件，由於內容豐富，特分兩單元介紹。

一.研究開發—— 堅持開放導向，產生新商品

　　日本帝人化纖公司即是秉持著「開放型創新」（Open Innovation）的政策及原則，廣泛與外部公司、外部大學及外部客戶等外部資源，大幅展開研發合作機制，並且因而獲得一些不錯的新商品之順利研發完成。該公司總經理八木成男表示：「若只靠自身的研發人才及研發能力，那將無法勝過我們的主力競爭對手。藉助大量外部智慧與外部人才，將是我們未來研發的主軸與方針所在。」

　　八木成男也表示：「今後要多傾聽顧客的意見與看法，由顧客端會產生出很多很好的新商品企劃案。此外，在公司內部行銷業務部門及研發部門，也要多做溝通及資訊情報共有化。最後，海外開放創新的來源與技術支援，也是我們必須做好的。」

　　另外，日本富士相紙公司、佳能（Canon）公司等則鼓勵員工提出新商品及新技術的「創意提案」，從廣泛員工的點子創意中，尋求開放型創新的成果。

二.營業體制—— 澈底做好「顧客滿意度」

　　在這次創新力組織中，被歸納出來的第二個因素條件，即是如何做好顧客滿意度提升的目標，並從此目標做好根基，然後發展出各種創新的作法與行動。該調查顯示，排名在前十名的企業，幾乎都很重視有很高的顧客滿意度。

　　從顧客的抱怨與意見不斷的蒐集、歸納、整理、分析及決策，都是創新力很高公司的一個改善產品與改善服務的重要來源。此外，高顧客滿意度也成為這些公司免費的口碑行銷，從而得到不少新顧客的產生。

　　因此，一個卓越創新力的公司，不只從研究創新著手，更要將視野延伸到營業部門及顧客身上，從他們的意見、抱怨、需求、看法及觀點，然後成為自身下一次創新產品與創新服務的最佳來源。

三.夥伴關係—— 與上游供應商要有高度的一體感

　　此次調查中，也發現自身公司必須與上游的原物料或零組件供應商，彼此間要有高度的一體感；亦即要與這些供應商有以下互動與支持：

　　(一)良好互動：保持良好的協力互助關係，此乃首要之務。

　　(二)給予供應商最大的激勵：要激勵這些供應商或協力廠做出更大的突破與進步，以滿足公司的研發需求。

創新力是組織制勝最佳要因

創新力是企業對策略規劃與實踐最好的呈現，唯有企業加強對內部組織創新的革新與努力，才是對抗近年來全球經濟不景氣的最佳要因。

企業創新5大條件

1.研究開發→堅持開放導向，產生新商品
① 藉助大量外部智慧與外部人才，將是企業未來研發的主軸與方針所在。
② 要多傾聽顧客的意見與看法，由顧客端會產生出很多很好的新商品企劃案。
③ 公司內部行銷業務部門及研發部門，也要多做溝通及資訊情報共有化。
④ 鼓勵員工提出新商品及新技術的「創意提案」，尋求開放型創新的成果。

2.營業體制→澈底做好「顧客滿意度」
① 從顧客的抱怨與意見不斷的蒐集、歸納、整理、分析及決策，都是創新力很高公司的一個改善產品與改善服務的重要來源。
② 高顧客滿意度也成為公司免費的口碑行銷，從而得到不少新顧客的產生。

3.夥伴關係→與上游原物料、零組件供應商要有高度的一體感
① 與上游供應商保持良好的協力互助關係，此乃首要之務。
② 要激勵這些供應商或協力廠做出更大的突破與進步，以滿足公司的研發需求。

4.情報化投資→做好情報管理

5.公司內部組織→組織士氣提升

何謂「經營團隊」？

知識補充站

經營（或稱管理）團隊（Management Team）是企業經營成功的最本質核心。企業是靠人及組織營運展開的。因此，公司如擁有「專業的」、「團結的」、「用心的」、「有經驗的」的經營團隊，則必可為公司打下一片江山。
但是團隊，不是指董事長或總經理，而是指公司中堅幹部（指經理、協理）及高階幹部（副總級及總經理級）之更廣泛的各層主管所形成的組合體。而在部門別方面，則是跨部門所組合而成的。

305

Unit 13-5
創新力組織制勝五大條件 Part II

強大創新力組織的打造，最終目標在獲得顧客的高度滿意，但前題是要建立在組織員工士氣的提升，以及外部支援體系的良好互動。

三.夥伴關係—— 與上游供應商要有高度的一體感（續）

(三)要建立公平與公正的交易制度：讓供應商有長期與穩定的訂單來源。

(四)要定期評鑑供應商合作品質：要定期評鑑這些供應商的交貨品質、交貨時間、交貨數量與交貨速度等評比指標。

(五)自身公司要融入供應商：使這些供應商成為公司的長期戰略合作夥伴。

四.情報化投資—— 做好情報管理

對於優良的創新力組織體系而言，他們還有一項共同的特色，亦即他們都有完整、及時與精密的情報資訊系統與管理制度，他們也投資不少的軟硬體在IT的發展上。這些創新力組織都有完整的資訊情報系統，提供每天、每週、每月詳實的營業日報情報及整體市場銷售狀況，以及一些質化的店家老闆訪談、大型量販店採購人員訪談、消費者訪談等情報資訊與市場調查。

透過這些POS、銷售報表、庫存報表、產品報表及質化訪談的意見反應，這些創新力公司都能及時得到正確與豐富的資訊數據，供他們做快速的回應與創新的應變，包括業務創新、產品創新、計價創新、促銷創新等各種手法，而使他們這些公司能夠持續領先市場。總而言之，情報化也成為創新力的根源與背景支撐之一。

五.公司內部組織—— 組織士氣提升

最後影響創新力組織的要因，即是員工士氣是否得到提升，這些包含有：1.員工是否有交流互動的機會；2.員工是否被賦予改善活動及提案活動的動能；3.組織是否有一套足以激勵員工士氣的制度設計（例如：賞罰分明、領導與管理、員工考績評價、員工被公正的拔擢及活用等設計），以及4.是否有優良與正面的組織文化，以及創新為導向的企業經營理念。

六.結語—— 打造強大創新力組織

總結來說，面對巨變的全球經濟景氣低迷、消費萎縮與過度激烈競爭的環境下，今後要打造一個具備強大創新力，而且足以制勝領先的組織，它必須做好下列五項條件，即：1.擁有一個以「開放型」為導向的研究開發體系與制度；2.要優先做到高度的「顧客滿意度」，然後才有創新力可言，顧客若不滿意，何來「創新」之有；3.要將上游供應商納入戰略夥伴的一體感，唯有他們強大，我們也才會強大；4.要做好跨部門之間的資訊情報共有化與對外部連接的IP化，以及5.要有效透過各種合理、明確、公平的機制運作，以提升組織員工的士氣，唯有高士氣，才會有高創新可言。

企業創新5大條件

創新力是企業對策略規劃與實踐最好的呈現，唯有企業加強對內部組織創新的革新與努力，才是對抗近年來全球經濟不景氣的最佳要因。

1.研究開發→堅持開放導向，產生新商品

2.營業體制→澈底做好「顧客滿意度」

3.夥伴關係→與上游原物料、零組件供應商要有高度的一體感
①與上游供應商保持良好的協力互助關係，此乃首要之務。
②要激勵這些供應商或協力廠做出更大的突破與進步，以滿足公司的研發需求。
③要建立公平與公正的交易制度，讓供應商有長期與穩定的訂單來源。
④要定期評鑑供應商的交貨品質、交貨時間、交貨數量與交貨速度等評比指標。
⑤要使自身公司融入供應商，並使這些供應商成為公司的長期戰略合作夥伴。

4.情報化投資→做好情報管理
①優良的創新力組織體系，都有完整、及時與精密的情報資訊系統與管理制度。
②透過POS、銷售報表、庫存報表、產品報表及質化訪談的意見反應，有助於創新力公司及時做出回應與創新的應變，而能夠持續領先市場。

5.公司內部組織→組織士氣提升
①員工是否有交流互動的機會。
②員工是否被賦予改善活動及提案活動的動能。
③組織是否有一套足以激勵員工士氣的制度設計。
④是否有優良與正面的組織文化，以及創新為導向的企業經營理念。

| 結　語　→　打造強大創新力組織 |

❶擁有一個以「開放型」為導向的研究開發體系與制度。
❷要優先做到高度的「顧客滿意度」，然後才有創新力可言。
❸要將上游供應商納入戰略夥伴的一體感，唯有他們強大，我們也才會強大。
❹要做好跨部門之間的資訊情報共有化與對外部連接的IP化。
❺要有效透過各種合理、明確、公平的機制運作，以提升組織員工士氣，唯有高士氣，才有高創新。

Unit **13-6**
事業模式與獲利模式

所謂事業模式，也可稱為商業模式（Business Model）或獲利模式（Profit Model），乃指企業以何種方式，產生營收來源及獲利來源。

一.事業模式攸關獲利與否

事業模式是企業經營當中非常重要的一件事。不管是既有的事業或是進入新事業領域，都必須要有可行的、具成長性的、有優勢條件的、吸引人的，以及能夠賺錢的事業模式。

二.事業模式的考量因素

仔細一點來說，就是做任何一個事業，都必須要先考慮以下三點：

(一)營收模式是什麼：你的營收模式是什麼？客戶群有哪些？市場規模多大？你想進哪一塊市場？你憑什麼能耐進去？你的營收來源及金額會是多少？這些都做得到嗎？實現了嗎？你的模式可不可行？你的模式是否具有競爭力？你的模式如何勝過別人？這些顧客願意給你生意做嗎？如果顧客願意，是為了什麼？

(二)營業收入是否能涵蓋營業成本與費用：你的營業成本及營業費用要花多少？占營收多少比率？在多少營收額下，才會損益平衡？別的競爭者又是如何？對公司總體貢獻及重要性大不大？獲利率又是多少？以及投資報酬率（ROI）是多少等問題，而國際的標準數據又是如何？

(三)開始獲利年度是否能接受：最後，才會看到是否真能獲利？在第幾年可以獲利？能獲利多少？

> ### 小博士解說
>
> #### 何謂「成本／效益分析」？
>
> 所謂「成本／效益分析」（Cost and Effect Analysis）分析，即指對某一件投資案、某一件設備更新案、某一件策略聯盟合作案、某一個業務革新計畫、某一個單位的成立、某一件政策的改變或是某一個委外事務及某一個組織的存廢等，均必須值得進行成本與效益的分析，提出投入成本與產出效益之分析及評估。
>
> 然後依據效益必須大於成本的正面結果下，才能做出好的決策來，避免決策失誤的不良影響。當然，有時候企業亦考量到長期的戰略性效益，而暫時犧牲性短期的回收效益。因此，必須從戰略層面與戰術層面，區別看待此事。

事業與的獲利模式

這是指企業以何種方式，產生營收來源及獲利來源。

事業模式攸關獲利與否

1. 事業模式是企業經營當中非常重要的一件事。
2. 不管是既有事業或進入新事業領域，都必須要有可行、具成長性、有優勢條件、吸引人，以及能夠賺錢的事業模式。

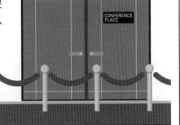

事業模式3考量因素

1.營收模式是什麼？

- 客戶群有哪些？
- 想進哪一塊市場？
- 你的營收來源及金額會是多少？
- 這些顧客願意給你生意做嗎？
- 市場規模多大？
- 憑什麼能耐進去？
- 你的模式是否具有競爭力？
- 如果顧客願意，是為了什麼？

2.營業收入是否能涵蓋營業成本與費用？

- 你的營業成本及營業費用要花多少？
- 在多少營收額下，才會損益平衡？
- 對公司總體貢獻及重要性大不大？
- 獲利率多少？投資報酬率多少？
- 占營收多少比率？
- 別的競爭者又是如何？
- 國際標準數據又是如何？

3.開始獲利年度是否能接受？

- 最後，才會看到是否真能獲利？
- 在第幾年可以獲利？獲利多少？

知識補充站

策略「綜效」是何意義？

所謂「綜效」（Synergy），即指某項資源與某項資源結合時，所創造出來的綜合性效益，亦即1＋1＞2。例如：金控集團是結合銀行、證券、保險等多元化資源而成立的，而且其彼此間的交叉銷售，也可產生整體銷售成長的效益出來；再如某公司與他公司合併後，亦可產生人力成本下降及相關資源利用結合之綜合性改善；再如統一7-11將其零售流通多年經營的技術Know-How，移植到統一康是美及星巴克公司身上，以加快經營成效，此亦屬一種綜效成果。

Unit **13-7**
波特教授的國家競爭優勢來源

策略學者麥可·波特（Michael E. Porter）繼1980年的《競爭策略》和1985年的《競爭優勢》後，於1990年又出版另一部劃時代的著作──《國家競爭優勢》（*The Competitive Advantage of Nations*）。

一.國家對產業有何競爭優勢

著名的國家競爭優勢，又稱為「國家競爭優勢鑽石理論」。讀者如以書名而論，以為該書主體為國家，實則不然。書中明言：「國家競爭優勢」這一名詞是沒有意義的。因為一國經濟乃由不同產業所構成，產業不同，所需之條件或環境也會有差異。自此而言，一國條件或環境未必適合所有產業。

因此，如波特書中所稱，正確的問題應該是：「為什麼一個國家成為某些產業在國際競爭中成功的基地？」如果找到這個原因，此乃這個國家就這些產業而言所具有的競爭優勢。

綜上所述，我們得知國家競爭優勢理論既是基於國家的理論，也是基於公司的理論。國家競爭優勢理論試圖解釋，如何才能造就並保持產業可持續的相對優勢。

也就是說，我們不是來探討這個國家有何競爭優勢，而是何以這個國家為何在某些產業具有全球性領導優勢。例如：當年芬蘭小國的Nokia為何手機最強？瑞士鐘錶為何最強？臺灣資訊產業為何最強？美國化工業及製藥業為何最強？

二.波特的鑽石體系

波特的「鑽石體系」乃針對某一特定產業何以在某特定國家擁有競爭優勢，嘗試提出一具有普遍解釋能力的理論架構。基本上，波特認為，一產業在某一國家內何以產生優勢地位，其原因來自下列四組關鍵因素：

(一)生產要素：提供企業高品質而專業的投入，包含有：1.人力資源（教育普及）；2.資金；3.硬體基礎建設（港口、高速公路、航空、科學園區），以及4.行政基礎建設。

(二)需求條件：包含有：1.內行而挑剔的本地顧客需求；2.本地市場對某些產業環節的特殊需求，有助於建立市場競爭力，以及3.能夠預知其他地區未來趨勢的本地顧客。

(三)相關及支援產業：包含有：1.當地有強大的配套供應商及相關領域廠商，以及2.形成產業群聚而不是各自獨立的產業。

(四)企業策略與同業競爭：包含有：1.本地環境能鼓勵效率、投資與持續升級，以及2.本地廠商之間有公開而激烈的競爭，競爭帶動進步、升級。

由於此四組因素以圖形表示，其狀如一鑽石，各因素間彼此相互關聯，故稱其為「鑽石體系」。不過，波特認為，一國特定產業之發展及其競爭優勢又受「機會」與「政府」因素之影響，他之所以未將兩變數納入體系之內，乃在於不管「機會」或「政府」因素如何有利，假使缺乏前述關鍵因素之存在，也是徒然。再者，「政府」因素所帶給產業的影響可正可負，此點對於政府決策當局應有重要涵義，值得注意。

波特鑽石體系——國家競爭優勢

國家競爭優勢這一名詞是沒有意義的。因為一國經濟乃由不同產業所構成，產業不同，所需之條件或環境也會有差異。自此而言，一國條件或環境未必適合所有產業。

企業策略與同業競爭

1. 本地環境能鼓勵效率、投資與持續升級。
2. 本地廠商之間有公開而激烈的競爭，競爭帶動進步、升級。

生產要素

→提供企業高品質而專業的投入：
 ・人力資源
　（教育普及）
 ・資金
 ・硬體基礎建設
　（港口、高速公路、
　航空、科學園區）
 ・行政基礎建設

相關及支援產業

1. 當地有強大的配套供應商及相關領域廠商。
2. 形成產業群聚而不是各自獨立的產業。

需求條件

1. 內行而挑剔的本地顧客需求。
2. 本地市場對某些產業環節的特殊需求，有助於建立市場競爭力。
3. 能夠預知其他地區未來趨勢的本地顧客。

311

何謂「持續性競爭優勢」？

知識補充站

所謂「持續性競爭優勢」（Sustainable Competitive Advantage)是指公司對目前所擁有的各種競爭優勢點，能夠在可見的未來持續下去。因為競爭優勢是瞬息萬變的，不管在技術、規模、人力、速度、銷售、服務、研發、生產、特色、財務、成本、市場、採購等優勢，均會隨著競爭對手及產業環境的變化而變化。因此，今天的優勢，明天不見得仍然保有，故必須想盡各種方法與行動，以確保優勢能持續領先下去。至少領先半年，一年也可以。

Unit **13-8**
經營情報蒐集分析

策略的研訂之前，對各種經營情報的蒐集、歸納、分析，以及做出對公司的決策性建議，是高階幕僚人員重要的工作執掌。

一.為什麼要蒐集經營情報

蒐集情報是為了幫助理性決策，也就是要降低風險，避免浪費資源。很多公司如果商品銷售不佳，往往直接推出送贈品或者降價的促銷方案，這就跳過中間蒐集情報的步驟，直接進入策略了。事實上，公司需要更多的資訊，才能判斷滯銷的原因。所以當問題產生之後，公司需要一些資訊來幫助決策，這就是公司的情報需求。

而競爭者情報乃指對公司經營有可能產生重大影響之其他公司的相關重要資訊。公司的競爭對手，包括目前市場上的直接競爭對手、新進入市場或未來可能加入市場競爭的潛在競爭對手，以及提供替代性商品的間接競爭對手。

企業為了保持競爭優勢，須建立一套蒐集競爭者情報的系統，以持續蒐集競爭對手的相關資訊，經過內部的資訊分析程序，解讀競爭對手相關的重要情報，並運用於經營決策之參考。

二.經營情報的蒐集方式

經營情報可以區分為外部情報與內部情報兩種，其蒐集方式茲分述如下：

(一)外部情報：

1.一般情形：包含有消費動向、法令動向、政經動向等三要項。

2.特定範圍：包含有經營手法、組織體制、既有競爭者、既有營運模式、新事業競爭者、新事業營運模式等六要項。

(二)內部情報：

1.各部門、各公司、集團的發展計畫、預算與實際狀況。

2.內部組織、人員、幹部的狀況。

3.營運的相關問題點。

透過上述兩種情報的交互評估及分析，就可以獲致相關的影響結果及對策建言。一般上市櫃的大公司或大企業集團，經常會有一個專責的單位負責此項事務的推動。

小博士解說

蒐集競爭者情報的好處

公司進行競爭者情報蒐集活動，可獲得以下好處，即以競爭對手為標竿，比較評估公司的經營績效，並利用競爭對手的弱點，進而掌握競爭對手的優勢，從中獲得新的商業構想，使經營企劃有討論分析之焦點，對組織產生刺激而持續改善。

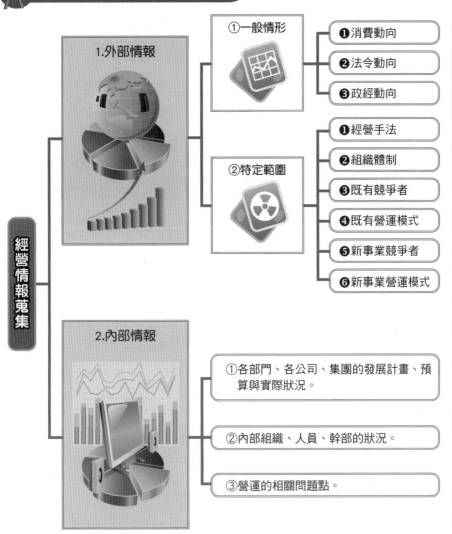

企業蒐集經營情報的方式

經營情報蒐集

1.外部情報

①一般情形
- ❶消費動向
- ❷法令動向
- ❸政經動向

②特定範圍
- ❶經營手法
- ❷組織體制
- ❸既有競爭者
- ❹既有營運模式
- ❺新事業競爭者
- ❻新事業營運模式

2.內部情報
- ①各部門、各公司、集團的發展計畫、預算與實際狀況。
- ②內部組織、人員、幹部的狀況。
- ③營運的相關問題點。

313

知識補充站

策略性定位

每個人都需要定位，例如：公司有財務長、營運長、技術長、法務長、策略長、知識長、顧客長等，代表著他們是以他們個人專業領域的知識、能力與經驗，作為個人生涯的定位。

而對企業而言，產品有定位，公司整體也會有定位。公司的定位，就稱為策略性定位。所謂「策略性定位」（Strategic Position），意指公司以怎麼樣的事業範疇、願景目標及核心競爭力所在的地方，及其所顯示出來的差異化特色所在。

Unit 13-9
企業運作經營管理整體面向

有人說「世界上唯一不變的就是要變」，因此「變」是經營管理的不二法門。

一.外部環境

經營管理以「人」為中心，好的專業人才和組織就是企業最大的資源，但企業資源相對於經營環境是極其有限的，必須不斷因應外在環境的變化而適當的整合資源，才可生存和成長。而什麼是外在環境呢？僅以STEP加以說明如下：

S→Social（社會）：指與經營有關的利害相關之社會、文化、消費者及群體之變化與趨勢，例如：環保意識、健康知識、流行文化、年輕人消費力、教育程度提高、國際化風潮等變化均屬之。

T→Technology（科技）：指與產品、研發及生產相關的技術演變。

E→Economics（經濟）：指國內外及全球的經濟狀況與經貿組織規定。

P→Politics（政治）：指國內外及世界之政治局勢、政府產業政策與法令鬆綁的趨勢。

二.產業內部環境

再者，產業對經營也有頗大影響，主要包括顧客、供應商、通路、競爭者與一般社會大眾，有專家學者將這些影響因素以6C來考量：1.Customer：顧客的變化；2.Competitor：競爭者的變化如何；3.Core-Competence：核心競爭力的變化；4.Channel：通路的變化；5.Chain-Alliance：聯盟的變化，以及6.Computer：資訊的變化。

三.企業經營管理的關聯性

企業之經營管理亦可用「MOST」來說明其上下之關聯性，即：1.M→Mission（使命）；2.O→Objective（目標）；3.S→Strategy（策略）：經營概念力，以及4.T→Tactics（戰術）：計畫執行力。

四.企業功能與管理功能

一般來說，企業管理可以分成兩大功能，即：1.企業功能：乃指經營的硬體設施，包含有人事、財務、生產、行銷、資訊、法務、採購與研發等內容，以及2.管理功能：乃指經營的軟體功能，包含有規劃、組織、領導、溝通、激勵、控制，以及組織的行為作為主軸。

五.策略管理

綜合上述企業的管理功能和外部（STEP）環境、產業內部環境（6C）和經營者的主要架橋工作，非得靠策略，無以為功。策略猶如人體之神經和血液系統，可以感受外部經營環境的變化，啟動企業內部的管理系統予以因應，達到最適化的境界。

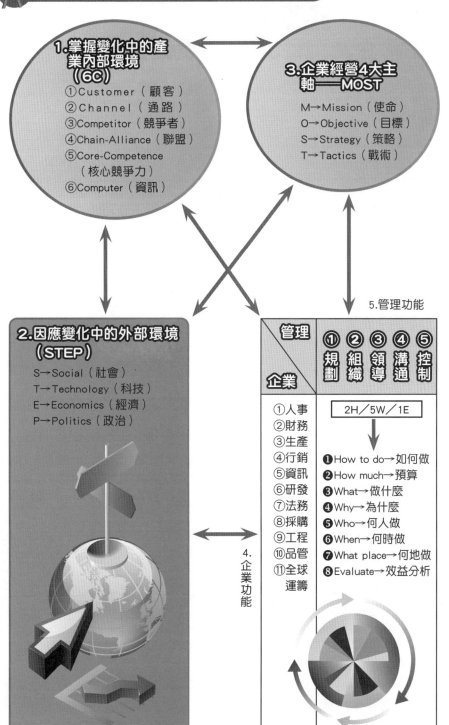

1.掌握變化中的產業內部環境（6C）
①Customer（顧客）
②Channel（通路）
③Competitor（競爭者）
④Chain-Alliance（聯盟）
⑤Core-Competence（核心競爭力）
⑥Computer（資訊）

3.企業經營4大主軸──MOST
M→Mission（使命）
O→Objective（目標）
S→Strategy（策略）
T→Tactics（戰術）

2.因應變化中的外部環境（STEP）
S→Social（社會）
T→Technology（科技）
E→Economics（經濟）
P→Politics（政治）

5.管理功能

管理／企業	①規劃	②組織	③領導	④溝通	⑤控制
①人事					
②財務					
③生產					
④行銷					
⑤資訊					
⑥研發					
⑦法務					
⑧採購					
⑨工程					
⑩品管					
⑪全球運籌					

2H／5W／1E

❶How to do→如何做
❷How much→預算
❸What→做什麼
❹Why→為什麼
❺Who→何人做
❻When→何時做
❼What place→何地做
❽Evaluate→效益分析

4.企業功能

第十二章　策略管理重要知識觀念

315

Unit 13-10
企業經營3C／1E要素架構

企業整體經營架構四大要素，可以包括三個C及一個E，茲分述如下：

一.顧客要素

顧客（Customer）是營收業績的主要來源。因此，企業經營務必做到以下顧客分析，即：1.顧客需求的掌握及滿足（以顧客導向為核心）；2.鎖定目標顧客及創造顧客價值；3.分析市場結構變化與因應對策，以及4.分析顧客的變化與因應對策。

二.企業本身要素

企業本身（Company）的條件與優勢是創造能否最後獲利的核心要素。因此，企業經營務必對本身進行以下分析，即：1.經營資源（優勢、弱點）分析與對策；2.經營績效（業績）分析與對策；3.確認經營方針與願景，並依此而追尋；4.策定企業競爭優勢策略，以及5.延攬及內訓培養優良的團隊人才。

三.競爭對手要素

企業在自由市場運作，不可能沒有競爭對手（Competitor），企業的一舉一動都會與競爭的動作相關。因此，企業經營務必對競爭者進行以下分析，即：1.競爭對手現狀的掌握；2.競爭對手未來策略的分析；3.與競爭對手的競合分析；4.永遠比競爭對手早一步做，領先一步，以及5.盡可能與競爭對手創造出差異化。

四.經營環境要素

企業營運必然會因外部環境（Environment）的變化而受到影響，可能是好的，也可能是不好的。因此，企業經營務必隨時做好內外部環境之經營情報的蒐集與分析，並及時因應環境的變化而做出正確的判斷與策略。

小博士解說

CAPEX

CAPEX即是「長期性資本支出」（Capital Expenditure）之意。例如：台塑石化公司投資8千億元建造雲林麥寮六輕大廠，這8千億即是資本支出，包括填海工程、整地工程、設備採購、廠房建立、研發與品質設備、運油車輛採購、輸油管鋪建等，均屬於CAPEX。
因CAPEX先期投資大，且回收較為慢，可能需時3～5年也說不定，因此，必須以銀行團長期聯貸及增資活動等來支應才行。台塑石化公司在營運5、6年後，已開始賺大錢，成為台塑集團中最賺錢的公司。

圖解策略管理

企業經營3C／1E要素架構

1.顧客（Customer）

①顧客需求的掌握及滿足（以顧客導向為核心）
②鎖定目標顧客及創造顧客價值
③分析市場結構變化與因應對策
④分析顧客的變化與因應對策

4.經營環境（Environment）

成功四部曲
①策略 ②決心
③方法 ④人才

2.企業（Company）

①經營資源（優勢、弱點）分析與對策
②經營績效（業績）分析與對策
③確認經營方針與願景，並依此而追尋
④策定企業競爭優勢策略
⑤延攬及內訓培養優良的團隊人才

3.競爭對手（Competitor）

①競爭對手現狀的掌握
②競爭對手未來策略的分析
③與競爭對手的競合分析
④永遠比競爭對手早一步做，領先一步
⑤盡可能與競爭對手創造出差異化

317

何謂產業生命週期？

知識補充站

產業一如人的生命，也會歷經出生、嬰兒、兒童、青少年、壯年、中年、老年等生命階段。而產業或產品大致也會有四種階段，即導入期、成長期、成熟（飽和）期及衰退期。當然有部分產業在衰退期時，若能經過技術創新或服務創新，將會有一波「再成長期」出現。例如：手機業，過去是黑白手機，但現在則有彩色手機、照相手機，且是可上網的智慧型手機。再如傳統影像管的電視機（CRT-TV），現在則有普及的液晶電視（LCD-TV）。這些都是再創新成長的展現。

分析「產業生命週期」（Industry Life Cycle）的意義，除了解其處在產業哪個階段外，最重要的是要研擬階段的因應策略，以具體行動來面對產業週期。當然，產業趨勢也有不可違逆時，此時只能順勢而為，不能勉強逆勢而上。換言之，必須走上大家共同遵循的道路方向上，否則將是一條死胡同。

Unit 13-11
資料、資訊、知識與智慧四種層次

　　企業在規劃如何導入知識管理前，必須先了解知識可以帶來的價值。資料經過處理、分析後，可以變成有用的資訊；資訊經過審核、分類後，可以變成有價的知識；而知識經過行動、驗證後，便可以協助企業變成智慧型企業，創造利潤、降低成本、提高競爭力，產生有形與無形的價值。

> 知識，是指能協助個人、企業或團體創造智慧與價值的有用資訊。

　　茲針對資料、資訊、知識與智慧之區別，更進一步說明如下，以供參考。

一.數據資料

　　數據是事件審慎、客觀的紀錄。以組織的專業用語來說，數據是結構化的交易紀錄。

二.資訊

　　資訊是一種訊息，它通常是透過文件或視訊系統傳送。資訊必須能夠啟發接收者，它也是能夠扭轉乾坤的數據。當數據結合意義後，才會形成資訊。我們透過不同方式為數據賦予價值，進而轉變成資訊。

三.知識

　　知識比資訊或數據更深、更廣、更豐富。知識乃來自於資訊，一如資訊是從數據而來。

四.智慧

　　知識可貴的原因之一，在於它比數據或資訊都要更接近行動。知識的評估應該以它對決策或行動所造成的影響為準。舉例來說，優秀的知識可以大幅提升產品開發與生產的效率。在策略、競爭對手、客戶、行銷通路、產品與服務的生命週期方面，我們也能憑藉著知識的幫助，做出更為明智的決策。而行動的結果，將會使組織的知識，轉換為組織決策上的智慧，因為在不斷行動的過程中，組織會累積出正確的與有價值的知識出來，然後產生並創新價值。

資料／資訊／知識／智慧4層次

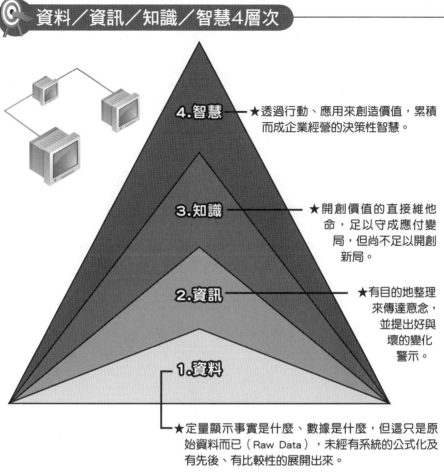

4.智慧 ──★透過行動、應用來創造價值，累積而成企業經營的決策性智慧。

3.知識 ──★開創價值的直接維他命，足以守成應付變局，但尚不足以開創新局。

2.資訊 ──★有目的地整理來傳達意念，並提出好與壞的變化警示。

1.資料

──★定量顯示事實是什麼、數據是什麼，但這只是原始資料而已（Raw Data），未經有系統的公式化及有先後、有比較性的展開出來。

319

知識管理的定義與元素

知識補充站

所謂知識管理（Knowledge Management）乃指能協助企業組織或個人，透過資訊科技，將知識經由創造、分類、儲存、分享、更新，並為企業或個人產生實質價值的流程。而一個完整的知識管理重要元素，必須包括四種元素，而KM則代表知識管理。因此，知識管理方程式即為P、K、T及S的組合。

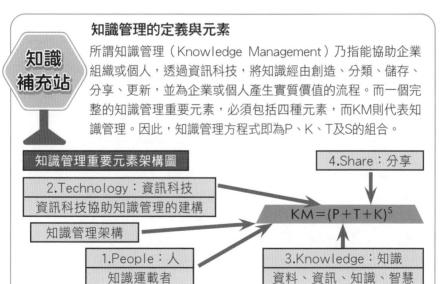

知識管理重要元素架構圖

2.Technology：資訊科技
資訊科技協助知識管理的建構

知識管理架構

1.People：人
知識運載者

4.Share：分享

$$KM=(P+T+K)^{S}$$

3.Knowledge：知識
資料、資訊、知識、智慧

Unit **13-12**
OEM、ODM及OBM之意義

企業的營運模式很多種，尤其是製造業，常會聽到哪些是OEM廠商，哪些是ODM廠商，哪些是OBM廠商。內行人一聽當然知道怎麼一回事，但也有人聽得一頭霧水，以下我們就來簡單扼要說明這三種英文名詞各有什麼代表涵義。

一.何謂OEM

所謂OEM（Original Equipment Manufacture）即是指「委託代工生產」之意。包括國內廣達、仁寶公司等為國外名牌大廠代工生產筆記型電腦，或是明碁電通為國際手機大廠代工手機一樣。其生產規格、功能等均依照國外大廠的要求而做。賺的是辛苦的微薄生產代工利潤。但是OEM量很大，還是值得做，否則就沒有大訂單了。

而國外大廠因為擁有品牌、通路及市場能力，故能賺取較多的行銷利潤。而這些國外大廠所獲利潤與國內廠商製造代工利潤相比，則是天與地的差別（Production Profit vs. Marketing Profit）。

二.何謂ODM

所謂ODM（Original Design Manufacture）又比OEM高一個層次，亦即指代工產品的設計、規格、功能，均由臺灣本公司所提出，有一些附加設計與研發價值在裡面，只要獲得國外大廠認同，即可以形成訂單生產。

過去臺灣電子產品ODM廠商，長期以來靠著強大的產品設計力、低成本生產力和良好的客製化服務，滿足歐美先進國家品牌客戶低成本製造的需求，曾建構起在全球市場規模高達540億美元的霸業。在過去幾些年來，這些主要集中在PC與消費性電子產品領域的臺灣ODM廠商，雖然沒有響亮的品牌，卻創造高達34％的年複合成長率，成績亮眼。

不過，現在臺灣ODM廠商為了成長，已到不得不轉型發展的關鍵時刻，因為中國OEM（設備代工製造）廠商追上來了，值得本土企業研擬因應對策以突圍。

三.何謂OBM

所謂OBM（Original Brand Manufacture）又比ODM高一個層次，也是最高的層次，此即指自創品牌。包括生產與行銷均掛上自己公司的牌子，享有行銷利潤。例如：臺灣的宏達電HTC手機、acer電腦、ASUS電腦、Giant（捷安特）、大陸臺商的康師傅；另外，統一7-ELEVEn也自創7-SELECT自有品牌的諸多產品。再如明碁電通公司既為國外大廠代工生產手機，也有自己推出的BenQ手機的自創品牌的雙重模式存在。當然，以全球銷售量來看，BenQ的銷售量還是比OEM訂單少很多。畢竟，以自有品牌行銷全球是一段投資很大，而且很艱辛的路途。不是大廠的實力，是做不起來自有品牌的。不過，由韓國三星集團成功於2012年進入世界百大品牌排名第20名來看，國內某些大廠的自創品牌是正確的。

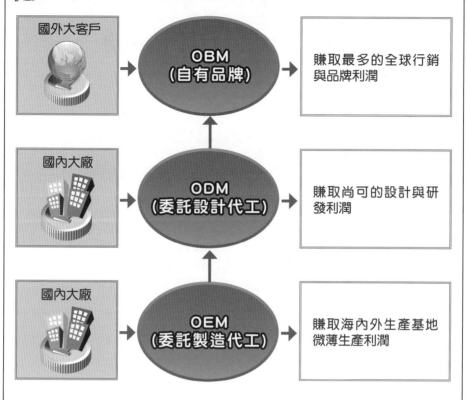

OEM／ODM／OBM之層次

國外大客戶 → **OBM（自有品牌）** → 賺取最多的全球行銷與品牌利潤

國內大廠 → **ODM（委託設計代工）** → 賺取尚可的設計與研發利潤

國內大廠 → **OEM（委託製造代工）** → 賺取海內外生產基地微薄生產利潤

知識補充站

進入障礙因素

任何產業都可以讓人自由進出，這就是市場機制、自由貿易與資本主義的真諦，它是公平競爭的。雖然如此，不同產業還是有不同程度的進入障礙（Entry Barrier）。例如：要開一家成衣廠與要開一家生產汽油公司（像台塑石油）的進入障礙，真是天與地之別。成衣廠可能只要2億新臺幣，但是汽油提煉廠可能要4千億新臺幣才做得起來。因此，這裡就點出了產業的進入障礙高低問題了。具體進入障礙因素，可有幾項因素造成：1.投資總金額的大小程度；2.規模經濟的程度；3.顧客市場規模的大小程度；4.產品與製程技術取得難易程度；5.配方、原料、組件的祕密程度；6.上、中、下游垂直整合能力的程度；7.重要精密零組件或原料來源取得難易及成本高低程度；8.少數關鍵顧客被鎖住的程度；9.行銷通路被鎖住的程度；10.政府法令管制的程度；11.品牌忠誠度與公司形象難以撼動的程度；12.價格因素的重要程度；13.專利權保障，以及14.外國消費者接受外來品牌的開放性程度。

Unit 13-13
專案小組的意義及成立時機

「專案小組」或「專案委員會」是什麼？公司為何要成立？以下我們來探討。

一.成立專案小組的目的

公司經常 會成立各種「專案小組」（Project Team），以解決特定的重大事情。這種專案小組是打破既有組織架構的功能，而希望達成特定目標與使命，很可能在完成任務後即予解散，也可能一直存留在組織架構內，成為常態性編制。

二.專案小組由誰督導

當公司在面對處理重大事項，而且涉及到跨部門或跨公司業務時，經常會組成專案小組或專案委員會的特別功能組織單位，以打破既有組織架構與指揮體系。通常都會有一個召集人及副召集人，在公司輩分也必須非常高，才會帶得動這個專案小組。通常是董事長或總經理親自督導，有時也由執行副總或某部門資深副總或廠長擔任。

三.專案小組具有各種功能

而一個專案委員會或專案小組的旗下，還會依各單位的功能，再劃分多個小組。可能包括業務組、生產組、研發組、品管組、人力資源組、綜合企劃組、財務組、採購組、法務組、資訊組、稽核組、海外組等各種名稱。

四.專案小組有時間限制

專案小組通常是有時間上的限期要完成任務的，而究竟多長，則要看這個案子的大小，才能決定。大案可能要半年時間，小案可能一個月就會結束。

五.企業界常見的組織模式

此種組織模式，在企業界經常用到。例如：上市專案小組、布局全球小組、西進大陸小組、投資小組、降低成本小組、教育訓練委員會、新產品研發小組、品質改善小組、公司e化委員會、組織改造委員會、業務推進委員會、提案委員會、市調小組、宣傳小組、策略聯盟小組、法令小組、新廠籌設委員會等。

六.專案小組成立原因及時機

成立專案小組的原因及時機有以下幾點：1.這項任務涉及到跨公司或跨部門共同參與時，因此必須成立專案小組；2.這項任務是非常重要的，非得極高階主管出面領軍不可；3.它是任務導向性，在某個時間內，一定要完成任務才行；4.這項任務必須借重公司內部及外部各種專長人員共同參與，才會完成任務的；5.在既有傳統官僚組織體系內，似乎無法以既有模式來運作完成，以及6.為了培育後進人才與幹部儲備，必須賦予重要專案，給他們歷練機會。

專案小組的意義及成立時機

1.成立專案小組的目的

→①打破既有組織架構，成立專案小組，達成特定目標與使命。
　②可能在完成任務後解散，也可能存留在組織架構內，成為常態性編制。

2.專案小組由誰督導

→①因是跨部門組織，必須由公司輩分高的擔任召集人及副召集人，才能帶動。
　②通常是董事長或總經理親自督導，有時也由執行副總或某部門資深副總或廠長擔任。

3.專案小組具有各種功能

→①旗下會依各單位的功能，再劃分多個小組。
　②例如：★業務組　　　★生產組　　　★研發組
　　　　　★人力資源組　★綜合企劃組　★財務組
　　　　　★採購組　　　★法務組

4.專案小組有時間限制

→大案可能要半年時間，小案可能一個月就會結束。

5.企業界常見的組織模式

→例如：★上市專案小組　★布局全球小組　　★西進大陸小組
　　　　★降低成本小組　★教育訓練委員會　★新產品研發小組
　　　　★公司e化委員會　★業務推進委員會　★新廠籌設委員會

6.專案小組成立原因及時機

→①這項任務涉及到跨公司或跨部門共同參與時。
　②這項任務是非常重要的，非得極高階主管出面領軍不可。
　③在某個時間內，一定要完成任務。
　④這項任務必須借重公司內外部各種專長人員共同參與。
　⑤在既有傳統官僚組織體系內，無法以既有模式運作完成時。
　⑥為培育後進人才與幹部，必須賦予重要專案歷練的機會。

企業為何要成立專案小組？

Unit **13-14**
對外簡報撰寫原則與訣竅

對外部機構的簡報，包括對策略聯盟夥伴、銀行團、法人說明會、董事會、媒體記者團、投資機構、海外總公司、重要客戶及業務夥伴的簡報，茲事體大，應慎重。

一.簡報撰寫原則

(一)美編水準要夠：精心編製的簡報能讓人一目了然，美編一如女生的妝扮，是一個外在美的呈現。

(二)注意邏輯順序：簡報大綱及內容，一定要有邏輯性與系統性，就像一部好電影一樣，從頭到尾都很有邏輯性的進展，不可太混亂。

(三)簡報撰寫要掌握圖優於表，表優於文字的表達方式：文字不能寫得太冗長，也不能太少，能用圖表表達，絕對優於一大串文字，因為圖表能讓人一目了然。

(四)簡報內容一定要站在聽簡報者的角度為出發點：包括客戶、老闆、股東、投資人、合作夥伴及消費者等人的角度及立場。

(五)簡報內容要從頭到尾多看幾遍，多討論幾次，務必周全，沒有遺漏：多想想對方會問什麼問題，盡可能在簡報內容一次呈現，才能代表一個完美的簡報內容。

(六)簡報內容要給對方高度信心，且沒有太多質疑：簡報內容要展現出貴公司團隊及專案小組已有萬全的規劃準備及經驗。

(七)簡報撰寫要「to the point」：即寫出對方真正想聽、想要知道、能滿足他們需求、帶給他們利益、為他們解決問題，以及為他們找到新出路與新方向的所在。

(八)簡報撰寫要思考到「6W／3H／1E」十項完整事項是否已含括：包括6W：What, When, Where, Who, Why, Whom；3H：How much, How long, How to do；1E：Evaluate，不要遺漏對這十項原則的思考點。

(九)簡報內容應適度運用一些有學識基礎的專業用詞：如果能夠「實務＋學問」，即是頂級的簡報內容。因為聽簡報的對象有可能是老闆、高階主管、專業性很強的經理人或碩博士以上學歷者，因此要展現有學識基礎的專業內容，才有說服力。

(十)撰寫首尾頁要有基本禮貌：例如結尾時帶上一句「謝謝聆聽，敬請指教」。

(十一)數據表達為優先：簡報內容最好要有數據，因為有數據才能下決策。

二.簡報管理要點

一份簡報就代表一個團隊，需要多人參與構思與行動，實務上有以下幾點可供參考：1.要組成「堅強的簡報團隊」親赴現場；2.要注意簡報人層次的「對等性」，亦即了解聽簡報者或公司是什麼職務與階層，就要派出相對的簡報人出馬，以示尊重；3.要提早到對方現場做好各項準備，然後從容等待對方聆聽者出席；4.「書面資料、份數及裝訂」在事前準備妥當，不可缺漏；5.負責現場的「簡報人」是主角，一定要做好演練準備，以及6.簡報完畢後，對方所提各項問題，我方都應虛心接受及妥善溫和回答，不應讓對方有我方善辯的不良感受，並且要感謝對方所提問題。

簡報撰寫11大原則

1.簡報美編水準要夠，才能吸引簡報對象的目光。

2.簡報撰寫從頭到尾要有邏輯性的進展，不可太混亂。

3.簡報撰寫要掌握圖優於表，表優於文字的表達方式，使人一目了然。

4.簡報內容一定要站在聽簡報者的角度為出發點。

5.簡報內容要從頭到尾多看幾遍，多討論幾次，務必周全，沒有遺漏。

6.簡報內容要給對方高度信心，且沒有太多質疑。

7.簡報撰寫要「to the point」，即寫出對方真正想要知道的所在。

8.簡報撰寫要思考到「6W／3H／1E」十項完整事項是否已含括。

9.簡報內容應適度運用一些有學識基礎的專業用詞，那麼「實務＋學問」，即是一項
說服力很強的頂級簡報內容。

10.簡報撰寫首尾頁要有基本禮貌。

11.簡報內容最好要有數據，因為有數據才能下決策。

簡報管理6要點

1.要組成「堅強的簡報團隊」親赴現場。

2.要注意簡報人層次的「對待性」問題，以示尊重。

3.提早親赴現場準備，然後從容等待對方聆聽者出席。

4.書面資料、份數及裝訂應事前準備妥當。

5.簡報人是主角，要做好演練準備。

6.簡報完畢後，應虛心妥善應對對方提問。

知識
補充站

理想的簡報人

實務上，理想的簡報人不見得是簡報撰寫人，他必須具備以下態度：1.簡報人要事前對簡報內容有充分準備及演練，而不是一個簡報機器，一定要讓對方感受到專業、投入、用心、準備，以及帶給對方的信賴感；2.簡報人要看對方的階層與職務，而派出相對應的簡報人員，例如：對方如果是中大型公司，總經理在聽簡報，那我就不能派出年資太淺的基層專員，一定要派出經理、協理或副總經理到場對應；3.簡報時間務必在對方要求的時間內完成，原則上，一項簡報盡可能在三十分鐘內完成，除非是超大型簡報，涉及很多專業面向，才能夠超過；4.簡報人應有的態度是謙虛中帶有自信、誠懇中帶有專業、平實而不浮華、團隊而非個人英雄；5.簡報人不宜緊張，要有大將之風，以及6.簡報人應口齒清晰、服裝端莊、有活力、神情不宜太拘謹、要面帶笑容、落落大方、說話引人注意。

國家圖書館出版品預行編目資料

圖解策略管理/戴國良著. -- 三版. -- 臺北
市：五南圖書出版股份有限公司, 2022.10
　面；　公分
ISBN 978-626-343-283-3 (平裝)

1.CST: 策略管理

494.1　　　　　　　　111013564

1FRN

圖解策略管理

作　　　者－戴國良

發　行　人－楊榮川

總　經　理－楊士清

總　編　輯－楊秀麗

主　　　編－侯家嵐

責任編輯－侯家嵐

文字校對－許宸瑞

內文排版－賴玉欣

封面設計－姚孝慈

出　版　者－五南圖書出版股份有限公司

地　　　址：106台北市大安區和平東路二段339號4樓

電　　　話：(02)2705-5066　傳　　真：(02)2706-6100

網　　　址：https://www.wunan.com.tw

電子郵件：wunan@wunan.com.tw

劃撥帳號：01068953

戶　　　名：五南圖書出版股份有限公司

法律顧問　林勝安律師事務所　林勝安律師

出版日期：2012年 3 月初版一刷
　　　　　2015年11月初版四刷
　　　　　2019年 2 月二版一刷
　　　　　2022年10月三版一刷

定　　　價　新臺幣420元整

經典永恆·名著常在

五十週年的獻禮——經典名著文庫

五南，五十年了，半個世紀，人生旅程的一大半，走過來了。

思索著，邁向百年的未來歷程，能為知識界、文化學術界作些什麼？

在速食文化的生態下，有什麼值得讓人雋永品味的？

歷代經典·當今名著，經過時間的洗禮，千錘百鍊，流傳至今，光芒耀人；

不僅使我們能領悟前人的智慧，同時也增深加廣我們思考的深度與視野。

我們決心投入巨資，有計畫的系統梳選，成立「經典名著文庫」，

希望收入古今中外思想性的、充滿睿智與獨見的經典、名著。

這是一項理想性的、永續性的巨大出版工程。

不在意讀者的眾寡，只考慮它的學術價值，力求完整展現先哲思想的軌跡；

為知識界開啟一片智慧之窗，營造一座百花綻放的世界文明公園，

任君遨遊、取菁吸蜜、嘉惠學子！